全国工程勘察设计大师丛书

创新思维结构设计

程懋堃设计大师文稿集

程懋堃　著
周　笋　编

中国建筑工业出版社

图书在版编目(CIP)数据

创新思维结构设计　程懋堃设计大师文稿集/程懋堃著；
周笋编．—北京：中国建筑工业出版社，2015.8
（全国工程勘察设计大师丛书）
ISBN 978-7-112-18334-0

Ⅰ．①创…　Ⅱ．①程…②周…　Ⅲ．①建筑结构-结构
设计-文集　Ⅳ．①TU318-53

中国版本图书馆 CIP 数据核字(2015)第 175014 号

全国工程勘察设计大师丛书
创新思维结构设计
程懋堃设计大师文稿集

程懋堃　著

周　笋　编

*

中国建筑工业出版社出版、发行（北京海淀三里河路9号）
各地新华书店、建筑书店经销
北京红光制版公司制版
北京建筑工业印刷厂印刷

*

开本：787×960毫米　1/16　印张：21　字数：412千字
2015年10月第一版　2020年5月第五次印刷
定价：68.00元
ISBN 978-7-112-18334-0
(27588)

程懋堃设计大师从事建筑结构设计 60 余年，积累了大量的设计经验。他学识渊博、勇于创新，参编并审查了多本规范，但不拘泥于规范，在设计界广受赞誉。他学有独树，有大量的学术思想和设计理念被国家规范采用，并被业界人员广泛学习和传播。

本书收集了他的大量学术论文和学术思想，均来源于结构设计实际问题，是对设计经验的总结、对设计规范的正确理解和灵活运用。从实际工程出发，给规范提出了很多合理的意见、建议，多数在规范修订中被采纳，设计人员可以从中清晰地看出规范、规程 20 多年的发展、演变历程。

本书主要读者对象为：1. 建筑结构设计工程师，也可为建筑师创作方案提供参考。本书可促进行业水平的普遍提高，尤其是对中青年工程师设计水平的提高很有帮助；2. 结构专业科研人员；3. 结构专业在校教师、学生。

责任编辑：赵梦梅　魏　枫
责任设计：张　虹
责任校对：李美娜　刘　钰

序言之一

　　《程懋堃文稿集》汇集了作者二十多年来对标准规范和工程设计中重要问题发表的高深见解。书中论述的内容广泛，而且都是结构工程师十分关注的问题，重点有结构设计安全度，结构设计的经济性，对待标准规范的态度，框架结构、板柱结构、板柱—剪力墙结构及框筒结构的抗震性能和适用高度，高层建筑结构的设计概念，结构扭转效应的控制，不等强度梁柱节点承载力分析和试验研究，以及对《混凝土结构设计规范》、《建筑抗震设计规范》、《建筑地基基础设计规范》与《高层建筑混凝土技术规程》修订的若干建议等。作者在论述中例举了国内外大量的地震震害详细资料，佐证了论点的正确性。

　　本书的显著特点是客观、真实。程懋堃大师学识渊博、工程经验丰富，他坦诚求真、敢讲真话，是我们十分敬重的前辈。阅读本书，可从程总二十多年来发表的论文、编制和审查的标准规范以及演讲文稿中客观生动地理解他的重要设计思想和设计理念，领悟到他能站在高处从宏观、全局上把握结构设计的安全和经济性问题。这部著作值得我们结构工程师一读，从中能受到许多启示，获得很多收益。

徐培福

2013 年 6 月

序言之二

程懋堃现任北京市建筑设计研究院顾问总工程师，是中国工程勘察设计大师，从1950年至今，从事建筑结构设计工作60余年，积累了大量施工、设计的实践经验，又拥有极为宝贵的创新精神。

早年程总亲自动手计算或主持设计，积累了大量实际经验。任北京市建筑设计院总工期间，正值80年代以后我国建筑事业蓬勃发展时期，程总主持、指导、审查了北京市建筑设计院设计的许多重要工程，解决疑难问题，提出创新建议、亲自动手、严格把关，有很多创新并获奖。在担任建设部全国超限高层建筑审查委员会委员期间，在全国各地参与审查了无数超限高层和大跨建筑，程总都能严格把关、针对具体情况，提出问题和修改建议。

程总参加了我国多部设计规范、规程与技术措施的编制与审查、审定工作。从20世纪80年代开始，程总和我一起参加历届《高层建筑混凝土结构技术规程》的修订委员会，每次会议，程总总是毫无保留地发表自己的意见，提出便于实际操作的设计建议。我是清华大学土木工程系的教授，从事教学与科学研究工作，在所有我与程总共同参加的会议或工作中，我都能从程总那里学到很多，有不少收获。

总之，程总的工程经验十分丰富，善于吸收国外经验，敢于创新、敢于实践。在多年的设计实践中养成了不唯规范，不唯先例，勇于探索，大胆创新的设计风格。

当我知道程总准备出版"程懋堃文稿集"后，看到了文稿集的提纲，内容丰富。其中有他给工程师的讲课，有一些关于结构安全性的讨论和观点，也包涵了程总敢于创新、敢于突破设计规范、但又严谨科学的设计思想，历次结构设计技术会议上，大家爱听他的发言和报告，总能给人以新的概念和收获。"书稿集"中收集了程总曾经发表的论文，内容都是结合工程实际、解决实际问题的经验和建议，例如对结构裂缝的原因及防治方法的介绍，如何正确理解和灵活应用规范中关于梁柱结构截面、节点设计等规定，有些论文则提出一些新的设计建议和思路。

所以，我认为这部文集记录和保存了程总一生积累的丰富经验，可以启发人们对待设计工作的严谨、科学、创新的积极态度，它将会是一本对广大设计人员和专业教师、学生十分有益的书稿。我极力推荐、促成这部"书稿集"的出版。

清华大学土木系教授
方鄂华

2013 年 9 月 2 日

序言之三

　　程懋堃大师是一位坦诚求真、学识渊博、在业内倍受敬重的前辈，从业几十年的经历使他积累了十分丰富的工程经验，对工程设计中的重要问题有着独到的见解。

　　《程懋堃文稿集》汇集了作者近二十年来发表的文章、书稿，涉及工程的设计概念、工程设计中疑难问题的解决方法、对规范、标准编制和执行中一些重要问题的讨论等诸多方面。书中论述的内容非常广泛，都是业内人士普遍关注的问题，其中很多设计理念和对工程设计中实际问题的处理方法都赢得了广大结构工程师的认可，有的还写进了规范、规程中，在业内有着非常重要的影响。应该说对促进行业的技术进步，尤其是对年轻工程师设计水平的提高发挥了很好的作用。

　　《程懋堃文稿集》一书体现了程懋堃大师多年的工程实践经验和独到的设计理念。其显著特点是客观、真实、实用性强。阅读此书，从中领悟大师独到的设计思想和分析问题的方法定会令读者视野大开，受益匪浅。

2013 年 9 月

自　序

　　我出生于 1930 年。1950 年毕业于上海交通大学土木工程系。参加工作已达六十余年，接触过许多工程，包括我自己参与设计的，以及参与审查、指导的项目。现在愿将工作中的一些心得、体会，以及一些实际工程的案例，写出来供大家参考。以下是我的一些体会：

　　一、设计中不能墨守成规，以前别的工程中没有见过的、书本中没有记载的，只要符合力学原理，都可以大胆去做；

　　二、不迷信规范。对于规范，要尊重，但不能迷信。规范条文，是过去工程实践与科学试验等成果的总结，不代表将来发展的方向。有人以为，没有规范就不能设计，这是错误的。况且，有一些规范条文是各种意见折中的结果；有个别规范条文，设计中无法实施，甚至有错误的；

　　三、要熟悉构造做法。有的工程，即使计算完全正确，如果构造不恰当，也会发生安全问题。构造是连接计算与施工图之间的一个重要手段，必须搞清楚，不但要知其然，还要知其所以然；

　　四、要尽可能多去施工现场看看，看自己的图纸是如何在施工现场实施的，自己的设计有没有不便施工、甚至很难实现的。要多倾听他们的合理的改进意见。但是对于只图施工简便快速而影响结构整体性能的施工单位的建议，要慎重对待，不能轻易接受；

　　五、刚参加工作的青年人，第一个指导的老工程师很重要。如果遇到一个很保守的老师，老是告诉你，这也要小心，那也不能随便做，就会影响你一辈子。当然，自己不能挑选指导者，但自己心里要有些底。必要时可以请教别人。我自己就经常接到外单位甚至外地打来的电话，问问题。

　　我的论文中，收录了一些国外规范的介绍及其工程实践，目的是想纠正存在于一部分设计人员甚至规范编制者中存在的不正确看法和做法。例如"关于板柱结构的适用高度"、"关于无梁楼板的抗震能力"等。

　　由于我在新中国成立前上大学时，所用的课本全部都是英文的，所以我的英文水平达到了阅读英文原著没有困难。现在的大学生，虽然英文可以达到四级、六级的水平，但是对于英文技术名词还是生疏的。此外，我还参加了美国混凝土学会等三个学会以及英国结构工程师学会。他们都会定期寄给我杂志和刊物，还有出版社的书籍的目录，供我选择购买。因此，我可以知道他们的最新成果，这是很有用的。例如，20 世纪 90 年代我在武汉召开的一次全国高层会议上发言，提到高强混凝土柱的梁柱节点的混凝土强度可以等同于楼层梁板强度，有一个简便的折算强度验算方法，能大大简化施工方法。对于高强混凝土柱的梁柱节点区，大多数设计师要求采用与柱同强度的混凝土，先逐个节点浇筑高强度混凝土，然后浇捣梁板混凝土。此种做法，在过去使用较干硬的混凝土时，节点处局部用高强混凝土有可能做到，但在目前普遍采用商品混凝土的情况下是很难做好的。表面看是有道理、可行的，实际对工程质量是不利的，实际上是似是而非的做法。早在20世纪50年代末期美国就遇到这个问题，对此问题进行了研究，1960年5月ACI发表了关于柱强板弱的处理方法试验报告，他们强调梁板一次捣，不像我们在节点处局部做一点高强的。当时在场的施工单位同志，立即找到了我，希望我能在国内外知名杂志上发表文章，以便他们采用。我当即参考美国、加拿大等国外相关资料，写出了《高强混凝土柱的梁柱节点处理方法》等文章，刊登在《建筑技术交流》、《建筑结构》杂志上。在编新版《全国民用建筑工程设计技术措施(混凝土结构分册)》时将此内容加入其中，方便更多的设计师参考使用，审查讨论时也有审查专家提出这个问题是施工单位的事，设计人员不用管这么多，就按施工规范处理，允许差两级可同时浇筑，超过两级不得随梁浇筑。这种观点看似给设计人员减少麻烦，实际上设计的要求导致施工无法保证质量，那不就是自欺欺人吗？大多数专家赞同这种解决施工难题的做法，建议放在措施中，供大家选择参考，因此我们将此方法放在附录中，希望大家都尝试采用这种方法。

还有一些文章，是对于现行设计规范的某些条文，提出了不同意见，以供讨论。此外，对于设计概念以及规范规定的构造做法等，提出了一些不同意见。例如"对现行规范的几点思考"等。这方面的文章较多，就不一一例举了。我觉得这些文章是我多年设计工作实践与思考的结果，有不少值得大家借鉴的地方。

还有一点很重要：我们结构工程师，不要轻易地向建筑师或业主说："这点我做不到"，或是说："这样做违反了规范，不行"。你做不到，是不是真的做不到？要多思考，或请教别人。你认为违反规范，是否真正违反了？例如，楼层梁的挠度，超过了规范允许值，但规范里还有一个内容，可以用预先起拱来抵消其挠度值。

我国设计规范对于裂缝的控制，过分严格。现行的《混凝土结构设计规范》GB 50010—2010 表 3.4.5 对于构件裂缝的控制值，对于一类环境裂缝宽度限值为 0.30mm(0.40mm)，括号内数值 0.40mm 是我建议加上去的，因为美国资料建议值是 0.16 英寸，约合 0.40mm。即使这样裂缝的控制还是偏于严格，详见后面文章中的分析。

文集终于能够出版了。希望读者们对于各篇文章中存在的问题，多提宝贵意见。

目　录

第一篇　设计思想、论点选编…………………………………………… 1

1.1　对待规范、标准的态度——应当有条件地允许突破规范 …… 3

1.2　结构设计中的一些概念问题 …………………………………… 6

1.3　我国规范公式中的富余量 ……………………………………… 14

1.4　我们现在采用的设计方法是否完全正确 ……………………… 18

1.5　年轻人要注重学习 ……………………………………………… 22

1.6　关于地基与基础的设计 ………………………………………… 25

1.7　混凝土结构的超长及构件的裂缝问题 ………………………… 73

1.8　1999 年在北京院院内讲课的讲稿部分内容 ………………… 79

1.9　2000 年 12 月在北京院院内讲稿部分内容

　　　——对 2002 版新"混凝土结构设计规范"和"钢筋混凝土

　　　高层结构设计与施工规程"的介绍 ………………………… 89

1.10　2009 年 5 月对《建筑抗震设计规范》GB 50011—2010

　　　征求意见稿第 3、5、6 章的建议 ……………………………… 107

1.11　设计中的一些常见问题 ……………………………………… 110

1.12　一些工程实例与构造作法 …………………………………… 116

1.13　《北京地区建筑地基基础勘察设计规范》

　　　DBJ 11-501—2009 宣讲稿节选 …………………………… 121

1.14　关于我院结构专业技术措施的修改

　　　——为 1991 年版技术措施升版专写的特稿

　　　（刊于 1997 年《建筑技术交流》第六、第九期）…………… 128

第二篇　发表的主要论文汇编………………………………………… 139

2.1　1996 年施工图抽查设计质量剖析（二）

　　　（原文刊于《建筑技术交流》1997 年第 3 期　程懋堃　周彬）… 141

2.2　高层不等强度梁柱节点承载能力的计算和分析

　　　（原文刊于《建筑技术交流》1997 年第 10 期

　　　程懋堃　沈莉　蓝晓琪）……………………………………… 148

2.3　程懋堃访谈录

　　　（原文刊于《建筑技术交流》1997 年第 12 期）……………… 156

2.4　关于提高建筑结构设计安全度的意见

（原文刊于《建筑科学》1999 年第 5 期　程懋堃）•••••••••••• 161

2.5　对《短肢剪力墙结构现浇楼板裂缝原因及防治》文中观点的商榷

（原文刊于《建筑技术》2005 年第 12 期　程懋堃　沈莉）•••••••• 164

2.6　结构设计安全度专题讨论综述（发言记录综合整理，

原文刊于《土木工程学报》1999 年 12 月）•••••••••••••• 168

2.7　关于高层建筑结构设计的一些建议

（原文刊于《建筑结构学报》1997 年第 4 期　程懋堃）•••••••••• 174

2.8　关于框筒结构的设计

（原文刊于《建筑结构学报》1998 年第 4 期　程懋堃）•••••••••• 189

2.9　关于板柱结构的适用高度

（原文刊于《建筑结构学报》2003 年第 2 期　程懋堃）•••••••••• 201

2.10　对于"高层钢筋混凝土建筑结构抗震设计的一些建议"一文的

商榷（原文刊于《建筑结构》1994 年第 12 期　程懋堃）•••••••• 211

2.11　关于梁截面高度取值的商榷

（原文刊于《建筑结构》1998 年第 4 期　程懋堃　盛平）•••••••• 215

2.12　高强混凝土柱的梁柱节点处理方法

（原文刊于《建筑结构》2001 年第 5 期　程懋堃）•••••••••••• 217

2.13　对于"混凝土结构设计规范若干问题的讨论"一文的讨论

（原文刊于《建筑结构》2005 年第 10 期　程懋堃　周笋）•••••• 224

2.14　关于规程中对扭转不规则控制方法的讨论

（原文刊于《建筑结构》2005 年第 11 期　方鄂华　程懋堃）••• 228

2.15　结构混凝土的可持续发展以及结构设计的节约

（原文刊于《建筑结构》2006 年第 6 期　程懋堃）•••••••••••• 236

2.16　对现行规范的几点思考之一

——关于混凝土结构房屋的适用高度

（原文刊于《建筑结构》2006 年第 6 期　程懋堃　于东晖）•••••• 241

2.17　对于"楼板开大洞框支剪力墙结构动力特性研究"

一文中有关"开洞率"的看法

（原文刊于《建筑结构》2007 年第 3 期　程懋堃）•••••••••••• 249

2.18　一些结构设计概念的建议

（原文刊于《建筑结构》2008 年第 1 期　程懋堃）•••••••••••• 250

2.19　对框架柱构造做法有关问题的建议

（原文刊于《建筑结构》2009 年第 2 期　程懋堃　周笋）•••••••• 257

2.20　关于规范修订的几点建议

（原文刊于《建筑结构》2009 年第 12 期　程懋堃）•••••••••••• 262

2.21 关于无梁楼板结构的抗震能力

（原文刊于《建筑结构》2011年第9期　程懋堃）·············· 271

2.22 如何正确理解和应用规范条文

（原文刊于《建筑结构》2012年第12期　程懋堃　周笋）······ 278

2.23 对《建筑抗震设计规范》第6.1.14条规定的理解和探讨

（原文刊于《建筑结构技术通讯》2007年第1期

张燕平　沈莉　程懋堃）·············· 286

2.24 对框架-核心筒结构平面布置的理解和探讨

（原文刊于《建筑结构技术通讯》2007年第9期

程懋堃　张燕平　沈莉）·············· 289

第三篇　随笔············· 293

3.1 礼士路忆旧　程懋堃 ············· 295

3.2 旧事：那家花园里的金元宝　程懋堃 ············· 297

3.3 怀念老领导——老院长沈勃同志　程懋堃 ············· 298

3.4 民国旧闻············· 300

附录　一些报纸、杂志的报道············· 303

附录1 勇于创新，建筑界人称"程大胆"程懋堃　设计中国

第一个旋转餐厅（原文刊于《新京报》） ············· 305

附录2 建国门外下新中国外交之橱

（原文刊于《新京报》2009年5月27日） ············· 309

附录3 程懋堃：艺高人胆大

（原文刊于《北京规划建设》2010年第4期） ············· 313

附录4 耄期不倦于勤　访全国工程设计大师程懋堃

（原文刊于《工程建设与设计》2011年第6期） ············· 320

第一篇　设计思想、论点选编

1.1 对待规范、标准的态度
——应当有条件地允许突破规范

一、对待技术标准的态度

我在各种场合一直讲一个观点：不要把规范当圣经，以为规范神圣不可侵犯。自然规律是不能违背的，如简支梁在均布荷载作用下，跨中弯矩为 $M = \frac{1}{8}ql^2$，这是不以人的意志为转移的，但算出了 M，有了截面宽 b、高 h，得出多少钢筋却是人为确定的，中国、美国、日本，都会得出不同的数字。因为按照不同的规律，有不同的安全度要求，混凝土的受压区图形各国取用的也不一样。这些都是人定的，不能把它当圣经。

例如：按我国 89 版《混凝土结构设计规范》计算柱子配筋，比 74 版规范配筋量多 20%～30%。按 74 版规范建了许多建筑，有的至今还在使用也没有问题。89 版规范增加了偶然偏心 $\frac{1}{30}h$，为什么取用 $\frac{1}{30}$ 呢，也说不出道理。

又例如《建筑抗震设计规范》里有许多放大系数 1.3、1.5 等，为什么是 1.5 而不是 1.4 或 1.6？没有理由，拍脑袋大概其。

再例如《高层建筑混凝土结构技术规程》中计算单向地震时引入了偶然偏心的影响，偶然偏心取 $0.05L$，为什么？是从美国规范引进的，我问过美国同行，他们也说不出准确道理。现在如果拿这个当真理，偶然偏心计算位移比超过 1.4 或 1.5 就不行，这样做缺乏合理性。

搞设计要看大的方面，死扣条条没有用，如果结构平面规整、体系合理，计算上某些小地方通不过，应该不算问题。

但是，你们会说，我们不遵守规范不行，首先施工图审查就过不去。这是对的，我们是应当按规范设计、画图，但在这个过程中要想一想，这么做对不对，有没有别的方法，要提出怀疑，追求真理，这样才有进步。

南宋朱熹有一句名言"读书无疑者，须教有疑"、"大疑则大悟，小疑则小悟，不疑则不悟"。所以，读书过程中不能被书的作者牵着鼻子走。对规范、标准等也是一样。

中国为什么到现在还没有人获得诺贝尔奖（李政道、杨振宁等是美国人，不能拿来装门面）？恐怕有一点就是管得太死，不容你怀疑，我有一篇文章，里面写了 1 天、2 天，编辑说不行，要写成 1d、2d，d 即 day，我说中国人为什么不能写中文"天"，非要写"d"，他说就是规定，没办法！管到那么细！

人要有怀疑才能突破，爱因斯坦敢于怀疑牛顿，才有了相对论；杨振宁、李政道怀疑宇称守恒定律才能突破、获奖。

二、应当有条件地允许突破规范

我们设计时经常要查阅并遵循规范，但必须认识到，规范不代表最新的技术成果，它是将实际工程经验与科研成果综合编制而成，只能是成熟的技术，而且有时是折中的产物。例如，规范编制者要把某项系数定为 1.6，但参编的设计单位认为只能做到 1.2，最后协商为 1.4。一次一位大学教授参加我们规范编制的讨论，会后他很不满意，说："你们怎么像菜市场买菜那样讨价还价。"实际上，规范没有绝对的正确与否。如上所说，是成熟的、折中的，才能列入规范。因此，不能把任何工程情况都由规范来解决，规范绝不是万能的。

有些设计人员有一种误解，以为规范里没有的东西就不能进行设计，这种观点也是错误的。因为规范是根据过去的工程成果编成的，它只能代表过去的成果，不能预见新事物的成长、新技术的诞生。所以，千万不能以"规范上没有"而不让新技术、新体系、新结构产生。只有经过工程实践，再经过必要的试验研究，才能写出规范条文。所以应该是先有工程实践，再有规范。

20 世纪 80 年代初期，我国发展了两种新技术：后张无粘结预应力技术与钢筋的机械连接。起先我国并没有这两方面的规范。当时我担任北京市建筑设计研究院的总工程师，感觉这两种技术很好，就一方面参考美国相关规范，另一方面组织我院在设计中应用，因为没有经验，所以在安全系数方面比美国稍微加大了一些。经过若干个工程的实际应用，效果很好，后来就根据工程经验，同时又经过若干次试验，最后制定了技术规程。

现在各种技术发展很快，而我国的规范往往要 8～10 年才能更新一次，远远不能满足要求。美国混凝土规范过去 6 年更新一次，现在改为 3 年出一版。我们现在条件达不到，就应该允许有条件地突破规范。如我前面所讲，不要把规范当圣经，神圣不可侵犯。它的内容有不足的地方，有个别条文无法执行，甚至有的条文有概念错误。我在后面的文章中会讲解一些规范中的错误。

但是，突破规范也不能任意去做。我的看法是，由单位决定是否突破规范，不提倡个人。例如，最近广东省的地方标准《高层建筑混凝土结构技术规程》里，对于国家规范规定的水平力作用下的楼层层间位移限值就进行了合理突破。

另外，我主编了《全国民用建筑工程设计技术措施（混凝土结构分册）》和《全国民用建筑工程设计技术措施（地基与基础分册）》，里面有些突破规范的内容，可以参照使用。原先我们写的内容中，突破规范的还要多，审查时削掉一些。

在 1960 年前后，北京市建筑设计院的技术措施中曾规定："凡本措施内容中，与现行规范的条文有矛盾者，以本措施为准。"到 1980 年，北京院曾有规定：各专业设计人员在进行工程设计时，如遇到需要突破规范的，可书面提出申请，由各专业总工程师审查，如被批准即可在设计中突破规范。这项规定沿用至今。

国外工程设计对于规范条文，一般必须遵守，但如果规范规定有不妥之处，也可突破。例如纽约世贸中心在"9.11"恐怖袭击中倒塌后，最近开始重建，一共在该处要建 7 栋高低不一的高楼，其中 1 号楼最高，屋面高度达 440m，其结构体系改变了过去的纯钢结构，采用混凝土核心筒。底部混凝土强度约 C90，该强度的弹性模量经实际测试，比 ACI 规范定值高许多，于是设计中未按规范取值，而是采用了较高值，取得了较好的经济效益。

我国国土幅员辽阔，各地区的地质、气候条件等差别很大，仅靠一本全国规范，很难覆盖如此众多的情况，应当允许因地制宜，有条件地允许突破规范。但是也应当有所限制。我个人看法，可以参照"超限高层建筑工程抗震设防专项审查"的办法，审查突破规范的恰当与否，也可召开专家论证会，听取专家的意见。

最近有一位工程师，在《建筑结构》杂志的副刊上发表一篇文章，说规范都是条条框框。这个论点是完全错误的，对于规范，首先应当尊重和学习，规范的每一条条文都有一定的应用范围，设计者必须学会正确理解和运用，从总体来看，它是指导我们设计人员的指南。当然，规范不是圣经，不是百分之百的正确或合理，我在我的文章里也指出过规范个别条文的问题。但是，决不能一棍子打死，全盘否定，说它就是条条框框。世界各国都有自己的设计规范，就是一个证明。这位工程师自称"从事设计工作 20 多年"，所以写文章"写给成长中的结构工程师"，其气势非同小可，如果从事设计工作 20 年，也可以自以为是的话，我从事设计工作 60 多年，尾巴要翘到天上去了！他在文章最后说"规范永远是条条框框，大师讲课永远是云山雾罩"。我是国家评的设计大师，讲课特别受欢迎，有一次去杭州讲课，讲完后许多人排队请我签名，可见不是"云山雾罩"！

1.2 结构设计中的一些概念问题

现在不少人都在谈概念设计，也有一些人在其著作中提到概念设计。可是，在这些著作中，老生常谈者较多。比如，抗震设计要有几道防线……，他们说的，都是正确的原则，但是，如何与实际工程结合；遇到不能直接按规范设计时，如何解决具体问题等，一般都很少提及。

今天要和大家谈谈一些概念问题，希望能对诸位有所帮助，对一些问题的了解能更深入一步。

一、已建成的工程，不等于是成功的工程

有的工程，建成之后可以认为是成功的。例如，某些新型的基础做法（桩、复合地基等），在房屋建成后，沉降量不大，造价便宜，施工方便等，这种基础新做法在房屋建成后，等于是进行了一次荷载试验，所以，可以认为是经过了考验，是成功的。

但是，对于抗震设防的工程，你所设计的建筑物的抗震能力究竟如何，在未经过真正地震考验之前，是不能下肯定结论的。当然，现在有很多抗震试验方法，整体模型试验、振动台、构件试验……，但它们与真正的接受地震考验还是不一样的。有些构件在试验室的效果不错，但真正遇到大地震还是不能承受。例如日本20世纪70、80年代的格构SRC柱，在1995年阪神大地震时破坏较多，但试验室的效果是不错的。因此，不经过真正的地震考验是不能算真正成功的。

我国最近发展了不少采用钢管混凝土柱的高层建筑。钢管混凝土柱是一种较好的构件，钢管对于混凝土的约束比箍筋强得多。但是，如果采用混凝土梁，梁柱节点不太好处理，处理不好在强烈地震时可能会发生问题，尤其是有些构造做法过于简单，我对于它的抗震性能是有些怀疑的。这种做法，虽然在试验室中做过试验，但未经过真正强震考验，其效果究竟如何，应当仔细研究。

二、规范中有些公式，是应当遵守的，但也还有富余空间；有些限制或要求则是不一定有道理的，从概念上讲不通

例如《建筑地基基础规范》GB 50007—2002第5.1.3条及《建筑地基基础规范》GB 50007—2012第5.1.3条"……位于岩石地基上的高层建筑，其基础埋深应满足抗滑稳定性要求。"第5.1.4条"在抗震设防区，除岩石地基外，天然

地基上的箱形和筏形基础其埋置深度不宜小于建筑物高度的 1/15；桩箱或桩筏基础的埋置深度（不计桩长）不宜小于建筑物高度的 1/18。"

其中对于天然地基有埋深 1/15，桩基 1/18～1/20 的要求。但全世界 28 个主要的地震国家的抗震规范，皆无基础埋深要求。对这一问题的详细解释可参见我主编的《全国民用建筑工程设计技术措施（地基与基础分册）》。

岩石地基上的基础不能埋太深，挖深很费劲，例如花岗岩的话需要爆破，但规范编制者又不敢松口，所以提出一个不合理的"应满足抗滑稳定性要求"。岩石地基与基础间的摩擦系数均大于 0.4，因此摩擦力均可满足抵抗水平力的要求，并不存在滑移的问题。

除非有一种情况，山区坡地建筑物，可能会因场地问题导致一侧填土，因此需要考虑挡土墙一侧的土压力对整体结构的影响，但这不是岩石地基上的滑移问题，其他地基土也均应考虑挡土平衡的问题。

三、对于高宽比的要求

高宽比不宜作为结构设计中的一项限制指标。尚未见到国外抗震规范中对于高宽比的限制。

在《高层建筑混凝土结构技术规程》JGJ 3—2010（以下简称《高规》）中有关高宽比的要求，是"适用的最大高宽比"。这个用词，与"最大适用高度"相似，同样不是限制。《高层建筑混凝土结构技术规程》JGJ3—2010 已明确为"不宜超过"，也即不做硬性规定。高层建筑的高宽比是对结构刚度、整体稳定、承载能力和经济合理性的宏观控制，在结构设计满足规定的承载力、稳定、抗倾覆、变形和舒适度等基本要求后，仅从结构安全角度讲高宽比限值不是必须要满足的，不应将高宽比作为超限的指标。当高宽比超过适用值时，应采取一定的加强措施，以保安全。

在 20 世纪 80 年代初期，我国高层建筑事业刚开始兴起，许多设计人员缺乏经验需要一些指导，所以，有一些从事过高层建筑设计的工程师，联合编了一本《高层建筑设计指南》，就是后来《高规》的前身。当时为了帮助缺少经验的工程师进行设计，定了一些要求，包括高宽比，沿用至今。

实际工程中，常常无法准确计算高宽比。如图 1.2-1，A 和 B 两栋建筑的宽度相同，但其在 Y 方向的抗侧刚度明显不同：B 优于 A，但无法简单从高宽比体现出来。有人认为可以用材料力学的方法，将复杂的平面形状"折算"成矩形平面，然后计算其高宽比。但材料力学的方法只适用于匀质体，实际工程中建筑物平面上抗震墙的布置不匀，柱网也变化多端，无法准确折算。

高宽比限制值是一个经验性的规定，一般情况下符合高宽比限制值要求的建筑比较容易满足侧移限制，而侧移限制才是最根本的要求。因此，只要结构的位

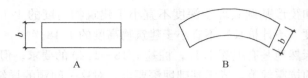

图 1.2-1　高宽比计算示意

移、位移比和舒适度能够满足规范、规程的要求，可以放松高宽比的限制。

在审图时，不应把高宽比作为超限的内容之一。高宽比实质上是一个经济问题而不是安全问题。

实例如下：图 1.2-2 是纽约 780 Third Avenue 办公大楼，1983 年完成，是世界第一栋具有斜撑（将特定的窗户封死巧妙形成斜撑）的混凝土框筒结构，50层，外墙为密排柱，平面尺寸为 38m×20.9m，高宽比为 8.1；图 1.2-3 是纽约卡内基大楼，平面尺寸为 15m×23m，依靠外筒抵抗风力，无内柱和内筒，楼高230m。纽约虽非地震区，但风力很大，常有大西洋飓风，以上两栋建筑如此大的高宽比值得我们思考和借鉴。

再如 2011 年建成的深圳京基大厦，主楼高宽比为 9.5。深圳抗震设防烈度为7 度，基本风压为 0.75kN/m²，地震作用和风力均不小，也可作为例证。

图 1.2-2　纽约 780 Third Avenue 办公大楼

图 1.2-3　纽约卡内基大楼

四、《高规》4.4.5 条，水平悬挑尺寸不宜大于 4m

这条要求概念含糊不清。如果竖向构件上下贯通，并无外挑，仅仅楼面有外挑，如图 1.2-4 示意，挑得多一些有什么不行？

我院的一个设计所，接触到一个工程，是别的设计单位不敢做，甲方拿过来的。这工程外形很特别，里出外进，很吓人，但仔细一看，它的核心筒与周边柱都是上下贯通的，也就是它的抗侧刚度并无突变，仅每层外挑梁有长有短，导致外形突变，这对于结构设计很容易，并不难。

《高规》中（3.5.5 条）规定水平外挑尺寸不宜大于 4m，这是不全面的，如果抗侧刚度没有突变，仅水平悬挑构件较长，只要其强度与刚度满足要求，多挑一些又有什么关系？

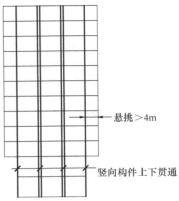

图 1.2-4 竖向构件上下贯通，仅楼面外挑示意

五、关于无梁楼板的柱帽

如图 1.2-5 所示，很多资料都有柱帽尺寸 C、h_2 的要求，这些要求都可以不一定遵守。试想，没有柱帽都可以，为什么一旦有了就必须得做多大？

我们有许多规定，就好比自己做一个枷锁，然后自己往脖子上套。过去古人有一句话：天下本无事，庸人自扰之。有许多设计上的障碍，是我们自己设置的，像刚才说的，基础埋深、高宽比、水平外挑尺寸 $\leqslant 4m$……，本来都不是问题，非要人为地设置障碍，然后数一下，有几项超限，开会审查……弄得很麻烦。

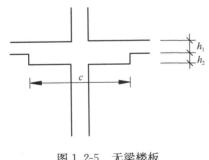

图 1.2-5 无梁楼板柱帽尺寸示意

再回到正题。无梁楼板结构，是否安全的关键在于板柱节点的抗冲切性能，过去的震害也证明了这点，例如 1980 年阿尔及利亚地震、1995 年日本阪神地震，都是板在柱周围冲切破坏导致楼板坠落。我们的抗震规范对于板柱结构的适用高度限制很严，就因为震害很多（当然这个限制过严，这次修改有放松）。

为了提高楼板的抗冲切能力，一般有两种方法，一是增加托板；二是设置抗冲切钢筋，抗冲切钢筋有箍筋与抗剪栓钉两种，以后者较好（详见 2003 年 1 期《建筑结构学报》中我的文章）。

加了托板之后，除增加抗冲切能力以外，还可以增加支座负弯矩处的厚度 h_0。无梁楼板柱上板带的负 M 占总 M_0 的 50%，所以增加 h_0 对于节约钢材很有好处。

但是加托板，其范围多大，一般应当验算，在托板边缘，当 h_0 减少后，其受弯配筋及抗冲切能力是否能够满足要求？但验算比较费事，后来就提出，在等跨的情况下，托板长度 C 不小于 $1/6$，托板厚度 $h_2 \geqslant h_1/4$，一般可以满足这个要求。这是方便设计的提示，不是绝对的要求。如果托板长度较小，只要验算抗冲切和抗弯承载力足够，也是可以的，不应当把它作为一种束缚。

六、关于结构转换层楼板厚度≥180mm

为什么需要满足此条要求？说不出明确的理由。在强震时，混凝土会开裂，要靠楼板传递水平力，是不可靠的。所以，美国人主张在考虑传递水平力时，不计入楼板混凝土的抗力，只考虑由钢筋传递。因此，只加厚楼板是不够的。

如果是为了使楼板有一定刚度，那么，以 8m 柱网为例，如果有井字梁，则楼板 120mm 的刚度也不差了。

《建筑抗震设计规范》（简称《抗规》）与《高层建筑混凝土结构技术规程》（简称《高规》）的要求不同，《抗规》较合理，《高规》不大合理。

《高规》：板厚≥180mm，双层双向配筋，每方向的配筋率≥0.25%。

《抗规》附录 E：板厚≥180mm，双层双向≥0.25%，这些要求与《高规》相同，但又多加 2 个条件。

① $V_f \leqslant 1/\gamma_{RE}$ （$0.1f_c b_f t_f$） （《抗规》E.1.2）

式中 γ_{RE} 可取 0.85。

V_f 为由板传递的剪力（由不落地墙传至落地墙），8 度乘以 2，7 度乘以 1.5，因为我们算出的剪力是小震，需乘约 2.8 才是中震（设防烈度），$0.1f_c$ 相当于 f_t。

此式是为了计算板的混凝土抗拉力能否承担传递的剪力。

② $V_f \leqslant 1/\gamma_{RE}$ （$f_f A_s$） （《抗规》E.1.3）

此式验算依靠钢筋能否传递剪力。

《抗规》的这些要求，比《高规》全面。因为只要求板厚≥180mm，配筋率≥0.25%，对于是否能否可靠地传递剪力，并没有把握。试想，如果框支层的条件相同（墙间距、跨度等等），30 层的房屋比 15 层的房屋所需传递的剪力要大很多，而对于板的要求却是相同的，这明显不合理。

《抗规》的要求相对较全面，除了板厚与配筋率外，还要验算混凝土与钢筋的承载能力。但这里面也存在问题，因为框支层楼板的受剪，与一般楼层梁不同，后者的荷载在一定范围内是相对确定的，所以由混凝土与钢筋共同承担构件的剪力，这个方法是可行的。而在抗震设计中，荷载是不确定的，常常会超过我们的计算值。我们的设计是按小震的，中震约是 2.8 倍，远比规范的放大值 2.0 或 1.5 大，而中震是很可能出现的，这时，混凝土已开裂，承担传递剪力的担子就全部落在钢筋身上，而规范公式（E.1.3）：$V_f \leq 1/\gamma_{RE} (f_f A_S)$ 有可能比较冒进。

　　按照"剪摩擦"理论，受剪面钢筋 f_y 应乘以 0.7。所以，我个人的看法，《抗规》虽然比《高规》考虑较全面，但还是不够。而且 A_s 包括楼盖的全部钢筋（包括板和梁），板与梁的钢筋能否同时均匀受力，没有见过试验报告，是否可靠也是疑问。

　　我不知道你们在设计时是否用《抗规》的公式？建议对于层数较多的框支结构的框支层楼板要仔细验算，钢筋没有必要太节约，因为只有一层楼板，多放些钢筋对于总用量影响不大。（例如 30 层房屋中只有一层）。

　　美国的设计方法，不考虑混凝土，只计入钢筋。因为考虑到在强震时，混凝土会开裂，它传递力的作用不可靠，所以计算中不列入。在计算所需钢筋面积时，按"剪摩擦"理论，f_y 乘以 0.7 的折减系数。如图 1.2-6 所示，它不是纯受拉，不能完全发挥出 f_y，根据试验结果取 0.7 的折减系数。

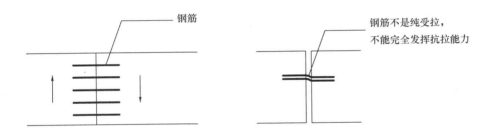

图 1.2-6　按"剪摩擦"理论计算钢筋面积

七、不能完全相信电算结果，一定要以工程力学原理，仔细校核

　　编程序者在编程时，必然有一些简化，否则不好编。例如，现浇梁板中梁应该是 T 形梁，但在许多程序中，编程时将其简化为矩形梁。其结果是：梁的刚度减小很多，使计算挠度加大，不真实；对结构的整体刚度贡献减小，计算出来的位移加大，不真实。虽然有的程序可将梁的刚度乘以放大系数 1.5～2.0，但对于多数中间梁而言，2.0 常是偏小的值。

　　还有的文章中提倡什么"精确计算"。在抗震设计中是不存在什么"精确计算"的，即使非抗震计算也是如此。我们计算时所使用的构件 EI 值是以其毛截面计算的，配筋量多少并不计及，但是，国外有的试验结果表明，柱子纵筋含钢量 4% 者，其 EI 值比相同截面的纵筋含钢量 1% 者大 40%，可见其误差之大。

八、对于一些单位编制的"设计指南"一类文件，除非你到当地去做设计，那是需要注意当地的一些规定的，否则不要轻易相信其中的规定

我主要指那些比规范还进一步的要求，我说的也包括国标标准图，那里面也有一些不合理的对于构造上的要求。

这里举一个例子，某大城市的《超限高层建筑工程抗震设计指南》中：

（1）"指南"中说，对于无梁楼板抗震墙结构，当板厚不小于跨度的1/18时，可以按框架—剪力墙结构控制其高度，以8m柱网为例，1/18为450mm厚，这么厚的板，谁能用？太不经济太重了。这条规定，看似放松，实际更严了，对设计工作也没有指导意义。

（2）下部楼层水平尺寸小于上部的90%，或整体外挑尺寸大于4m。

后半段与高规相同，已讲过。又增加前半句，比《高规》更严格的要求。而且只说外形尺寸，未提主要抗侧力构件，是不合理的，如前所述。

（3）"多塔楼结构各塔楼的层数，平面和等效剪切刚度宜接近，塔楼对底盘宜对称布置，各塔楼结构的质心与底盘结构的结构刚度中心的距离不宜大于该方向底盘边长的25%"。

这些要求都是实际设计中基本上做不到的。

首先，塔楼与底盘的位置关系不是结构工程师能决定的。而且，如果按此条要求用各塔楼自身的单塔质心与底盘结构的刚度中心的距离与底盘边长去比，基本上没有单塔可以满足此条要求。

做不到的条文写上去有什么用呢？

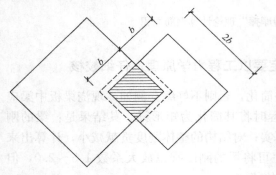

图 1.2-7　角部重叠的平面形式

（4）结构平面为角部重叠的平面形式，角部重叠面积小于较小一边的25%，如图1.2-7。

如果重叠部分是钢筋混凝土筒体，传递剪力又无问题，为什么不可以呢？这本《指南》后面的一个超限高层审查例题，审查结果为"虽然结构平面重叠区域面积略小，但该部位设计为钢筋混凝土筒体，具有足够的连接刚度和强度"。

但是在前面的规定中，并未说重叠部分连接得好就可以。

另外一种为细腰形平面，也被认为是不规则，$b_1 + b_2 > 0.5B$，如图1.2-8。这条规定，《高规》3.4.6也有。

这种平面也不应该一律不能做，如图1.2-9，如果两端的平面对称，又各有钢筋混凝土筒体，中间细腰部分有一些剪力墙或抗侧刚性构件（支撑、壁式框架等），则此种平面也是可行的。

细腰的缺点，主要是传递水平剪力的能力较差。当两端平面对称，又有刚性抗侧力构件时，基本不需要通过"细腰"传递剪力，此时如果细腰部分也能有一定的抗侧力构件，那么，这种平面不能看作对抗震不利。

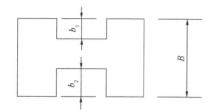
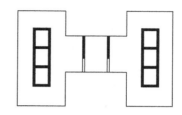

图 1.2-8　细腰形平面　　　　图 1.2-9　细腰部分有抗侧刚性构件的平面

所以，对于一些书上写的这个不许，那个超限，不要轻易相信。要从概念上分析，为什么这样提出要求，自己如何针对要求找出解决方案。这种才是"概念设计"应当走的道路之一。

再举一个例子，某市的当地《技术措施》中有一条，写得很不好，把梁的高跨比限值定为 1/15。《高规》里已经定为可到 1/18，这个比值用了多年，我院的工程实例很多，例如我院在东长安街的金地大厦（150m 高，框架—核心筒结构）的主梁高跨比做到了 1/22。可这本《技术措施》又保守退回到了 1/15，编制地方标准总是要为大家解决一些实际问题，如果比国家规范还严，编它还有什么作用呢？

我们编写一些措施、指南之类的资料，目的应当是帮助设计人员解决问题，不应在规范的要求以外，额外地增加一些要求，而且这些要求，往往是不合理的。

1.3 我国规范公式中的富余量

下面讲一些规范公式当中的富余量，通过分析，可以看出我们现在的设计中安全储备太大了一些，比起 20 世纪 50~70 年代的规范公式，有些构件的富余量竟然超过 40%。

以钢筋混凝土梁受剪切计算公式为例，从 20 世纪 50 年代开始到现在要求上有什么变化，从这里面可以看出我们现行规范的富余量。

先从荷载说起，以楼板为例：

20 世纪 50 年代中期，我国开始采用苏联规范，当时的荷载系数是：静载 1.1，活载 1.4。

以楼板为例：一般办公、住宅等活载 $1.5 \times 1.4 = 2.1 \text{kN/m}^2$

假如静载如下：

面层 1.0

板   5.0

吊顶 0.5

隔墙 1.0

以上静载合计 $7.5 \times 1.1 = 8.25 \text{kN/m}^2$

静、活载合计 $8.25 + 1.4 \times 1.5 = 10.35 \text{kN/m}^2$

当时我院技术措施规定，配筋取下限，即减少 5%：$10.35 \times 0.95 = 9.83 \text{kN/m}^2$

现行规范：静载 $7.5 \times 1.2 = 9.0$

活载 $2.0 \times 1.4 = 2.8$

以上静、活载合计 11.8 kN/m^2

$11.8/9.8 = 1.20$，即现在的荷载多 20%！

因为对于梁的斜截面受剪，凡跨越裂缝的钢筋都能起抵抗作用，所以 50 年代时，计算梁的抗剪切时，要考虑梁底部纵筋的有利作用，如图 1.3-1 所示。但底部纵筋起多大作用能承担多少剪力，情况比较复杂，就根据试验结果，统一定为剪力的 10%，就是把剪力 V 先乘以 0.9，再以 $0.9V$ 计算所需的箍筋，弯起钢筋等。

以下是各种版本《混凝土结构设计规范》中梁的斜截面受剪公式之间的差别：

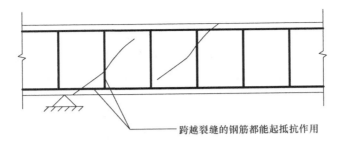

跨越裂缝的钢筋都能起抵抗作用

图 1.3-1　梁的斜截面受剪示意

2010 版规范 $V \leqslant 0.7 f_t b h_0 + f_{yv} \dfrac{A_{sv}}{s} h_0$

2002 版规范 $V \leqslant 0.7 f_t b h_0 + 1.25 f_{yv} \dfrac{A_{sv}}{s} h_0$

1989 版规范 $V \leqslant 0.07 f_c b h_0 + 1.5 f_{yv} \dfrac{A_{sv}}{s} h_0$

1974 版规范 $V \leqslant 0.07 f_c b h_0 + (1.5 \sim 2.0) f_{yv} \dfrac{A_{sv}}{s} h_0$

一般民用建筑，梁的混凝土强度等级为 C30，$f_c \approx 10 f_t$

∴上面三个公式之第一项混凝土的承载力相同，差别在第二项钢筋的承载力。

以常见梁截面 400×600 为例：

第一项 $0.7 f_t b h_0 = 0.7 \times 1.43 \times 400 \times 550 = 220 \times 10^3$ N

设箍筋为 Ⅱ 级钢 Φ10@100 四肢箍，第二项如下：

2010 版规范 $300 \times \dfrac{4 \times 78.5}{100} \times 550 = 518 \times 10^3$ N

2002 版规范 $1.25 \times 300 \times \dfrac{4 \times 78.5}{100} \times 550 = 648 \times 10^3$ N

1989 版规范 $1.5 \times 300 \times \dfrac{4 \times 78.5}{100} \times 550 = 777 \times 10^3$

1974 版规范 $1.75 \times 300 \times \dfrac{4 \times 78.5}{100} \times 550 = 907 \times 10^3$（取 1.5 及 2.0 之平均值）

以上各值加上第一项混凝土的承载力，即得

2010 版规范 738×10^3 N

2002 版规范 868×10^3 N

1989 版规范 997×10^3

1974 版规范 1127×10^3

1950 年版规范比 1974 规范再多 10%：$1127 \times 1.1 = 1240$

2010 版现行规范与 1950 年版规范相比：$738/1240 = 0.6$

也即 $1240/738 = 1.68$

可以看出，现在规范设计梁时其抗剪切承载力只用到 1950 版规范的 60%。

而过去50年所建造的房屋，有不少使用到现在。当时和现在都没有什么问题。

近30年来，我国中部和东部地区虽然没有发生较强地震，而西部如新疆、云南、四川等地，均发生过强烈地震，经过震后对实际工程的调研，按89规范、2002规范设计的工程经过地震考验，均未出现因抗剪能力不足导致的破坏。

有的人设计时老害怕，现在实行"终身负责制"出问题不得了。明明算够了还要再加码，其实大可不必。看了上面的分析，应当可以放心一些了！

2010版规范取消1.25的系数，该修改可能起因于《建筑结构》2005年登载的一篇文章。该文章例举了一工程之梁，均布荷载与集中荷载都很大，支座剪力中，集中荷载产生者占73%＜75%，因此按混凝土规范中均布者的公式（7.5.4-2）计算，可得一种箍筋配置。后来尝试将均布荷载减少一半来试算，此时集中力产生的支座剪力占83%，改按规范公式（7.5.4-4）计算，结果发现荷载减少了，所需箍筋反而增加了，这是规范公式不连续造成的错误。

若为此原因取消1.25的系数，是把问题过于简单化了，不是合理的方式。

柱的配筋计算，从1974规范到1989规范也有较大的提高，并沿用至今。主要是自1989规范开始考虑了"偶然偏心"，$1/30h$，h为计算方向柱截面的高度。

由于"偶然偏心"，使柱配筋增加了20%左右，考虑偶然偏心的作用理由不足。从工程理论上说，偶然产生的各种不利因素，如偶然超载，混凝土强度偏小，构件尺寸的误差等等，都应由构件的"安全系数"来承担，不应事先规定一个值。否则我们要那么高的安全系数还有什么必要呢？

例如：基础桩承载力的安全系数，一般取为2。一般钢筋混凝土构件的安全系数约在1.6～2.2之间，受弯构件（配筋量不大的、钢筋先破坏的情况）的K小一些；受压构件K要大一些。因为钢筋的可靠程度比混凝土强，所以受压构件储备要多一些。

这些安全系数是可以抵抗一般的偶然作用的，包括所谓的偶然偏心，无需额外规定（当然这些不包括地震产生的作用，这是一般的构件安全系数所不能包括的）。

因此，我们混凝土规范中，柱的安全储备是较大的。

以上讲了一些现行规范的计算方法中，过多的安全储备现象。讲这些问题，目的是希望大家在学习、使用规范时，不单要会用规范条文，而且要知道它们的不足之处，过分保守之处。

以受弯构件斜截面受剪承载力的计算为例，我们过去从20世纪50年使用苏联规范，到74规范、89规范、2002规范、2010规范，这么多年，还没有听说有某处的梁因受剪承载力不足而破坏的。尤其是74规范到2010规范颁布实施之前，30多年间建造的房屋不计其数，也没见过由于受剪承载力设计公式不足导致构件破坏的报道。

这几年湖南连续发生桥梁倒坍事故，看到报上登载，有几位院士发表意见，认为我国的结构安全储备太少，所以容易发生事故。

这几位先生，有点像过去形容读书人的话，两耳不闻窗外事，一心只读圣贤书。他们是：两耳不闻窗外事，一心只读技术书。读书多是好事，但要灵活地读，并且结合实际。你安全系数再大，也经不起偷工减料。报上也说，现在是大包→二包→三包→四包……每包一次剥一层皮，到最后真正施工的，如不偷工减料，必然赔本，岂有不偷之理。报上还登，湘西垮掉的石拱桥，之前有两个单位来承包，都是感觉做不下来，要赔本！就退出了。

我个人看法，这些桥梁事故，必然与偷工减料有关，与施工质量有关。设计方面有无问题现在难说。单靠提高安全系数，即使一下子提高15％（这已是很大的数字），也很难抵消偷工减料。如果你用了过期的水泥，强度太低的钢筋，含泥量很大的砂石，甚至少放钢筋，擅自降低混凝土标号，你再把安全系数提高，有什么用？中国建筑设计研究院吴学敏总工曾告诉我一件真事，有个工程师去验收一个大水池的钢筋，都合格。走到半路，想起还有一件事忘了关照工地，就返回去，到工地一看，大吃一惊，水池底板的钢筋全被撤走，一根也没有了！这种情况，安全系数提高一倍也没有用。

当然，几位院士提的意见中，有些还是很正确的。例如，对于露天结构（桥梁都是露天的）的钢筋防护问题，过去我们的规范，我们的设计中，都注意不够。尤其对于寒冷地区洒盐水溶化冰雪，导致钢筋锈蚀的问题，更应引起足够的重视。国外对于容易遭受锈蚀的环境中的钢筋，常采用带环氧树脂涂层的钢筋，这种做法，虽然会增加钢筋的成本，但可以减少保护层的加厚，是有好处的。使用环氧涂层的钢筋，在美国已正式列入混凝土规范，有一整套规定。例如钢筋锚固、搭接长度，由于有了涂层，表面较光滑，其长度要乘以大于1的系数。我国在前几年听说有人在做试验。像桥梁这类露天结构，采用这种钢筋是有必要的。

我们什么事常要自己从头来，费时费力，得出结果不一定完全正确，因为你没有那么多经费，做不起太多试验。先全盘引进，再在工程实践中逐步改进，最后形成自己的经验，这是又好又快的做法，我们在过去有很多技术是这么做的，例如20世纪50年代中期搞预应力技术，后来发展得很好。

1.4 我们现在采用的设计方法是否完全正确

我在 2006 年时，曾在《建筑结构》杂志上发表过一篇文章。该文中，对比了中国高层钢筋混凝土结构与美国同条件的高层钢结构的用钢量，发现中国用钢量比美国高！钢筋混凝土结构比钢结构用钢量高，真是不可思议！其中牵涉的问题很多，现在简单分析如下：

（1）我们在制定规范时，常常引用外国规范。借鉴国外经验是对的，但借鉴的经常是较严格的新西兰规范。该国面积很小，经济发达，人口不多，但他们有两位世界闻名的抗震专家，一位是 Park，一位是 Pauly，后者曾来北京，我邀请他到我院做过一次报告。由于这两位专家的研究成果杰出，所以新西兰的抗震规范常被各国规范引用。我国规范也有部分内容是引用新西兰规范的。由于他们人口少，不到 400 万，一年也建不了太多房屋，所以对建筑物的抗震要求比较严，尤其在构造方面。例如抗震结构的柱箍筋的最大肢距，美国规定≤14 英寸（350mm），新西兰是 200mm，我国规范采用了后者，即 200mm。其他不一一列举。因此导致我们高层结构的柱箍筋用钢量大于纵筋用钢量，这是不合理的。

（2）在抗震设计时，各种内力放大系数较多，而且往往要求连乘，结果放大倍数就很大。实际的安全系数就较大。

（3）我们对于柱轴压比的要求过严。现在高层建筑柱的截面，常是由轴压比决定的，而不是强度，这是不合理的。我们对于轴压比的要求是从试验得出的。而试验结果与实际工程是有很大差距的。

首先，限于试验条件，柱截面常较小，例如 200mm×200mm、250mm×250mm。试件缩尺过多，将会有失真现象。除了试件本身失真外，试想一下，以 250mm×250 的试件柱去推论实际工程中的 1.5m～2.0m 的柱，其可靠性究竟如何？

其次，在试验室中，轴压力是可变的，在柱截面固定的情况下，柱的轴力越小（也即轴压比越小），柱的转动能力越大，也即延性越好。但是在实际工程中，设计时柱的轴压力是固定不变的，如果把轴压比定得越严，柱子就越短粗，转动能力就越差。因此，单纯严格限制轴压比，对于提高抗震能力，不一定有好处。当初抗震规范（1989 年）初稿出来后，我发现有问题，去找主编龚思礼，他将"应"改为"宜"，允许有所松动。我个人意见，如果柱纵筋配筋率较大（例如 1.5%左右）且具有一定数量剪力墙（抗震墙）的情况下，轴压比的限值可以适当放松。

从表面上看，我国规范的安全度比美国的小。荷载系数我们静载 1.2，活载 1.4；美国分别是 1.2 和 1.6。但是，由于上述种种原因，总的安全度很大，以至于出现钢筋混凝土结构用钢量大于美国钢结构用钢量的现象。

美国抗震专家 Mark Fintel 曾说过，一个国家抗震规范所要求的设防水平，应该适应该国的经济水平，抗震规范所要求的，实际上是该国政府为老百姓所付出的保险费。发达国家经济实力雄厚，可以多付一些保险费，发展中国家应当量力而行。像我们有些要求，甚至比美国这样的发达国家都较高，是说不过去的。当然，由于我们经济发展很快，一些要求可以超前一些，但过分了，就不好。实际上造成了很大浪费。如果一个工程体型较规整，构造作法合理，施工质量合格，即使按 8 度设防，也能抵抗 9 度甚至更高的地震。最近听说，唐山市人大常委会发布规定，今后唐山市建筑物的抗震设防一律按照 9 度。你人大管抗震干什么？这是建设部和地震局管理的事情。这种外行管内行的规定造成了很大浪费。

（4）我们的设计方法不合理的另一个例子，是基础设计。自 20 世纪 50 年代，各地对基础构件中的钢筋实际应力，进行过多次实际检测，结果发现，钢筋应力都很小，一般为 20～50MPa。北京西苑饭店实测钢筋应力值有一个最大，也只有 70 MPa，比计算值小许多，也有不少分析推断其原因。

关于基础构件钢筋实测应力很小的原因，一般认为有下列几种：

1）基础构件尺寸较大，在受力时，会产生拱的作用，使构件的应力减小。

2）我们设计时，假设基础构件是受均匀分布的反力，实际的反力是不均匀的，支座附近反力大，跨中部位的反力小，因此导致构件的弯矩减小。

3）基础构件与基础下面持力层的土壤之间，摩擦力会很大，因此减小了构件内力。

4）基础与上部结构，是一个整体，会共同作用。建研院地基所前所长何颐华同志带领科研小组，曾在河南做过实测。一栋 10 层的框架结构，在竖向荷载作用下，整体受力，其中和轴位于 4、5 层之间，中和轴以下受拉，以上则受压，因此基础构件的内力，比我们计算所用的方法要小得多。

（5）最近美国的研究中，也发现一些过去习惯作法，不符合实际现象。图 1.4-1 为梁的剖面，左图是常用布筋作法，右图是将同样面积的钢筋改为竖向分布，试验发现这两种布筋方法，受弯强度基本相同，但后者对浇灌混凝土很有利，这种布置钢筋的方法，正在研究试验之中，暂时还不能实用，但对我们有启

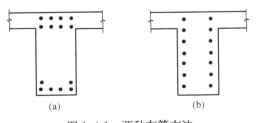

图 1.4-1　两种布筋方法

(a) 常规布筋作法；(b) 竖向布筋作法

发。如图：左面的梁按常规作法布筋，上铁 8 根，下铁 6 根，改为右面作法，其挠曲强度如图 1.4-2 所示，实线为常规作法，虚线为竖向分布，强度基本相同。

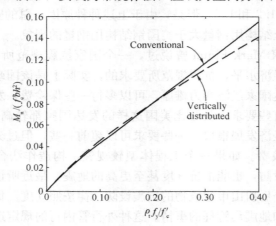

图 1.4-2 两种布筋方法的挠曲强度曲线比较

(图中 ρ_t—配筋率，f_y—钢筋抗拉强度，f'_c—混凝土的抗压强度，

M_n—挠曲强度，b—梁宽，h—梁高)

（6）我们目前的抗震计算方法是否有意义

结构遇强震时，周期不是不变的，而是逐渐变长，也即：结构的抗侧刚度会逐渐衰弱。

最近研究一些板柱结构，看到一篇文章。1971 年在美国加州 San Fernando 地方发生了一次地震。美国自 50 年代后期开始，在地震多发区（主要是西部加州一带）的一些建筑物上安装了强震仪以记录地震过程。某结构是一栋 7 层板柱结构，横向为 3 跨，柱网尺寸为 6.25m，柱截面为 450mm，二层板厚 250mm，其余板厚 220mm。建筑物周边有 400×550 的梁。强震仪安装在地面、四层及屋顶。起初 6s 测得基本周期为 0.7s，在地震发生 9s 后，基本周期变为 1.5s，位移也显著增加。

周期变长、位移增大，说明结构的抗侧刚度在衰退，其原因是：

① 刚性隔墙的刚度，在地震开始时会起作用，地震开始几秒以后，隔墙开裂，刚度大为削弱，其裂缝一般为交叉×形。

② 梁柱节点、板柱节点由于反复荷载作用，会使节点受到较大剪力，产生×形裂缝。据研究，节点出现裂缝后，会使结构位移增加 20％以上。（因此，设计节点时要求采取布置箍筋等措施）

③ 梁（或柱）端出现塑性铰，这种情况也会使抗侧刚度衰退。尤其是柱端如果出铰，会使刚度减退很多，竖向承载力也减退，所以应当避免这种情况发生。

明了以上情况后，我们就可以知道，我们现在有些计算工作的实际作用不大。一般的工程都要计算十几或几十个振型，有的书上或程序中要求对某种结构至少要计算多少个振型，这在实际工程中是没有多大意义的。试想一个三、四十米宽，100m 高的结构，能否如理想中那么振动？而且在地震过程中一定会有一些杆件先开裂（指 RC 构件），甚至出现塑性铰（包括钢结构），这就使我们原先的计算模型不符合实际，更不用说我们现在一般都按 RC 构件的毛截面计算，构件的配筋多少都同样对待，这里面误差也很大。所以这种计算是否有用，值得怀疑。基本上可以说是玩数学游戏。

要求计算多少个振型，无非是要求得一个最不利情况（内力最大等等），就是人为地加大安全系数，造成材料浪费。

但是，我们还是要按照目前通行的方法去设计，不按现在这一套方法设计，施工图审查这一关你就过不去。现在的方法经过了地震（云南、新疆、四川等地）考验，而且按我国的国情经济上可以承受，所以也还是可以用的。

我们还是要按照目前通行的方法去设计，那我刚才讲的一大套有什么用？有用的，我们可以知道现在的作法实际上是偏于保守的，有了这个概念我们在设计时、处理问题时，可以胆子大得多，这是很有用的。如果你站得高，就能看得远，这话听起来比较空洞，但是你在工作中慢慢体会，或许能起到作用的。

1.5　年轻人要注重学习

现在工作的青年同志，我认为是很幸运的，有这么好的工作环境，这么好的学习机遇，这么多的大工程等着你们去做。

在这么好的环境中，年轻人只要肯努力，你们当中，一定会出现不少超过我们水平的人！当然，只有好环境，如果自己不努力学习，也不会成材的。古话说，少壮不努力，老大徒伤悲！这句话要牢记。

怎么学习？当工作很忙时，也不要放松学习，每天少睡半小时到1小时，不会影响健康，我在40多岁时就是这样的。可以从看本专业杂志入手。先看工程实例，不要走马看花，要深入想，如果我做这个工程，将如何做？还要挑毛病，从挑毛病中，可以提高自己。有时间再看其他文章，先粗看一遍，对自己有用的，再精读。但是要记住杂志上有过哪些文章，有用的时候再翻阅。

有些书应当看看，例如西北设计院刘大海等人编写的；清华大学方鄂华教授写的概念设计等方面的书，都非常好。以前有人问我，地基基础方面那些书好，我说，我还未发现哪本书是好的。因为都是些解释规范的内容，没有自己的创见。初学者可以看看，但不要为它们束缚。

再强调一下学英文。我们干技术工作，总会希望自己工作能做得比较好。我以前讲过，别人会的，我们要会；别人不会的，我们也要会；还有重要的一点，别人不敢干的，我们要敢干。这三点能做到，你的工作就可以有相当成绩了。当然敢干绝不是蛮干，要有把握，这个把握，很大程度在于你掌握多少知识，所谓"厚积薄发"。知道多了，就有把握，别人认为难的，你会觉得不算难。学习方面最重要的，要趁年轻学好英文。英文是当今世界最通用的文字。世界各国召开的技术会议上，英文通常是正式语言。即使在德国、日本等国召开，其会议指定的文字，也必然是英文。上台宣读论文，也是用英文。这没有办法，美国是世界第一强国，经济发达了，就有发展科学技术的能力。今天诺贝尔奖，物理、化学、医学，大多数是美国人得的，这不是偶然的。也许过30年，中国成为世界最强，外国人都要学中文，但是在当前，英文还是最重要的。

现在，技术文献的翻译太少，而且翻译的水平也参差不齐。所以，要看国外资料，只能靠自己。而且必须要看。

首先，我们的结构规范，引用美国规范的地方很多。例如，位移比不能超过1.2，最大1.4，就是从美国规范引进的。而且我们引用来之后，还时常比美国还严，你学会英文，直接看原文，就可了解，我们的规范有哪些问题，可以更有把握，更深地理解和应用我们的规范。

你看了美国 ACI 规范，知道来龙去脉，对于我国规范引用是否正确（有引用错的），心中有底。而且美国规范对于条文内容解释比我们细，还有许多参考文章列出，使设计者能更好地理解，更能灵活运用。

美国的经济实力雄厚，所以科研经费充裕，他们杂志上常刊登、介绍一些试验结果，试件一下就做三、四十个（而我们国内做试验很难的，试件也就二、三个或三、四个，而且缩尺比较厉害），他们的试验对我们有参考价值。

看国外规范和资料还有助于我们吸收国外的先进经验。《高规》原来规定梁高 $(1/8\sim1/10)L$，太大了。我参编《高规》第 6 章时，将梁高定为 $(1/12\sim1/18)L$（其实还留有余地），回来讨论时，有人建议将 1/12 改为 1/10，就让了一步改为了 1/10。这一条对于我们减少梁高有较大作用。

我是《建筑结构》、《建筑结构学报》的编委，在审查杂志来稿时，经常发现稿件的英文提要写得很差。主要是很少看国外文章，不知道一件事应当如何叙述。尤其是技术名词，更是生编乱造。例如，无梁楼板翻成"beamless lab"，而不知有一个英文的专门名词是"flat slab"。新中国成立前我的母校上海交通大学有个目标，要办成东方的麻省理工学院（MIT），所以，所有课本都与 MIT 一样。写作业、考试，全是英文。新中国成立后，批判这是奴化教育，统统改用中文。现在，台湾、香港、新加坡等地对于技术名词只会说英文，他们与我们交流时，有些困难。

学英文的首要目的，应当是能看英文资料，要做到每页资料中，需要查字典的字，只有一、两个，也就是说拿起来能看得下去，能基本了解其内容。有些人，熟悉的词条较少，看文章老要查字典，既慢，又影响兴趣。

可以从熟悉的内容学起，例如找一本英文的材料力学或结构力学，从头看。因为它讲的内容都是我们熟悉的，所以容易看懂。主要是学它的叙述方法、文体，最主要是学技术名词，他们的叫法与我们是完全不同的。如材料力学，Strength of Materials，直译就是材料的强度。然后再看杂志，多看自然就会了。技术文献的语法都是最简单的，所以，无需去学英文语法，你们过去在大学里都学过，这些底子就足够了。

1990 版的《高规》，规定框架梁高度为跨度的 $\frac{1}{8}\sim\frac{1}{12}$，这明显是不对的。我看了美国、新西兰等国规范，他们规定的梁高度比我们小得多，可以到 $\frac{1}{20}$ 左右（可参看新版《高规》第 6 章的条文说明），所以，我利用当时担任总工的机会，让一些设计所在所做的工程中，减小梁高，做到了一般 8m 左右柱网的写字楼楼面梁的截面为 400mm×500mm，个别为 400mm×450mm，做得较成功（不要做

"宽扁梁"，一些书上、杂志上提倡的宽扁梁，概念是错误的，以前我在讲课时好像提过，现在新版的全国技术措施混凝土分册也有详细的说明）。有了国外规范资料，又有了工程实践，所以，我在参加编写《高规》时，就把框架梁高度大幅度降下来，原先想写成 $\left(\dfrac{1}{12}\sim\dfrac{1}{20}\right)L$（其实还留有余地），后来讨论时，有人不放心，建议将 1/12 改为 1/10，我就让了一步，改为现在的 $\left(\dfrac{1}{10}\sim\dfrac{1}{18}\right)L$。这条条文对于减少梁高有较大作用，这也是我对于全国设计界的一点贡献！也是会了英文，看了外国资料而引进的。这只是我得益于看英文资料的一个例子，其他不一一列举。

总之，由外部环境学到东西（包括听报告、参加学术会议等等），是提高自己的一个部分，主要还要靠自己努力学习。我的老师胡庆昌总工，90 多岁时还在看资料、学习，有时看到好的文章，还复印了给我；89 岁时还出了技术专著，有时和他比，自己觉得很惭愧。也想写点东西，把自己这些年的一些心得体会写出来，和大家交流。可是一是自己不抓紧，二是需要有好的助手，但我看上的都是业务骨干，忙得要命，所以一直拖下来了。

希望大家每天一定要抽时间抓紧学习，不要只埋头工作，一定要把英文练好。会看英文书，能使你一下子开阔眼界，明白许多道理，将来在各方面的水平都会有很大的提高！

我自己有一个体会，每当我看书、学习，领悟到一些事物时，会有一种说不出来的愉快心情。希望你们将来都能来与我分享这种快乐。

1.6 关于地基与基础的设计

一、基础设计的潜力有多大

一般来讲，建筑物基础的造价很大，尤其是高层建筑的基础，常占全部结构造价的 1/5 以上，工期也很长。因此，我们在从事基础设计时，必须谨慎从事，既要将各种可能的不利情况一一予以考虑，又不能过于保守，造成很大的浪费。

基础设计还有一个特点，就是不能完全依靠目前的各种结构计算软件。也就是说，完全靠软件算不清楚。因为地基土既不是弹性体，又不是各向同性，虽然一些软件中使用了某些调整系数，但是还不能完全真实地模拟地基土的各种特性。因此，要进行基础的"准确计算"是不可能的。

我们认为，基础设计应当以结构计算与经验评判相结合。仔细的计算固然重要，但过去工程经验的学习、借鉴，评判它们能否应用到现有工程也同样重要，有时甚至更重要。所以，当我们到某地（尤其是自己不熟悉的地区）做工程设计的时候，必须认真请教当地的工程师，例如：天然地基时，地基承载力可用多少？沉降大致多少？这比地基承载力更重要。做桩基时，单桩承载力大致是多少？使用什么工艺成桩？建成后沉降多少？这些经验往往比我们的计算更重要。

例如，1954 年北京在苏联专家的帮助下建成了新中国第一家专业展览馆——北京展览馆，用以学习借鉴、展示苏联社会主义建设的经验。上海学习北京，也在苏联专家的帮助下，要盖上海的"苏联展览馆"——上海展览馆。该馆中间部分高度较高，荷载大，地基承载力用得过大，用到了 $12t/m^2$。当时上海的岩土工程师提出了意见，上海是软土地基不能用这么高的承载力，建议用 $8t/m^2$。但苏联专家没有听上海岩土工程师的意见，导致建成后沉降很大，两年内下沉了 1.57m（见 1957 年的《工程建设》）。虽然中间结构与两翼裙房有沉降缝彻底分开，但中间部分下沉之后将两侧带动下沉，导致两侧向中间倾斜，不得不定期派人剔凿。

从 20 世纪 50 年代至 80 年代，北京、上海、西安等地的设计、科研单位，对于基础构件（包括筏板基础的板和梁）中的钢筋应力，进行了大量的实测工作。方法是将构件内力较大部位（如地基梁的支座下部）的钢筋用砂纸磨光以后，贴上电阻片并引出导线，接上仪器，妥善保护电阻片、导线之后，浇筑基础混凝土。

随着结构的一层层完工，可以观测到钢筋应力的变化。国内各地所观测到的钢筋应力，其结果是比较接近的。在建筑物完工，结构受荷后，基础构件钢筋应力都很小，一般都是 20～50MPa。唯一测得较大应力者，是北京西苑饭店的基础钢筋，也只有 70MPa。这些数值都远远小于我们的计算值。由此可见，我们现在所用的基础设计计算方法与基础构件实际工作情况相比有很大的安全储备。

国内设计界对这种现象的原因，进行过探讨，大家共同的意见列出几点：

1) 由于基础构件的拱作用，使其荷载直接传至支座，减小了构件的钢筋应力。

2) 基底的摩阻力限制了基础构件的变形，因而减小了构件的内力。

3) 我们所用的结构内力的计算方法，仅适用于构件截面相对于其跨度很小的情况，对于基础这种厚、大构件，是不完全适用的，因此导致计算误差。

4) 我们计算假设基础反力是均匀的，但实际上基础反力不是均匀分布的，支座处反力比平均反力大很多，而跨中梁、板变形和内力则比计算值小得多。

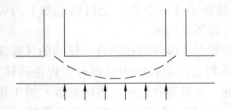 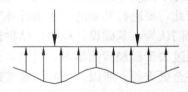

图 1.6-1　基础构件的拱作用示意　　图 1.6-2　基础反力分布示意

5) 上部结构与下部基础共同工作。

这个因素对于基础构件中的钢筋应力减少，影响是最大的。

基础与上部结构共同作用的概念由 G. G. meyerhof 于 1947 年提出，这个课题日益受到国内外学者的重视。中国建筑科学研究院地基所何颐华与河南省电力设计院刁学优等曾对某十层办公楼进行了长达四年的测试研究，课题成果刊登于《建筑结构学报》1988 年第 5 期。办公楼上部结构为现浇钢筋混凝土框架，结合人防要求采用箱型基础，如图 1.6-3 为结构平剖面及纵梁应力计布置。试验观测了结构基底反力和基础钢筋应力的变化，得到一些非常有价值的结论：(1) 箱基底板实测应力一般较小，为 20～50MPa。(2) 通过对箱基-上部结构体系的中和轴位置的实测，证实了基础与上部结构协同作用的理论，如图 1.6-4 为箱基—框架体系的中和轴及应力。整个结构的中和轴随着楼身筑高不断变化。当荷载小于卸土重，即自重应力阶段时，箱基底板受拉、顶板受压，体系的中和轴位于箱基。底板钢筋拉应力在箱基混凝土浇完时达到峰值。按道理，底板钢筋拉应力随着楼层的增多应该不断增加，而实测却恰恰相反，反而逐渐降低。顶板钢筋的压应力随着楼层的增多增加，并在楼层浇注到第四层时到达极值，而后逐渐降低并

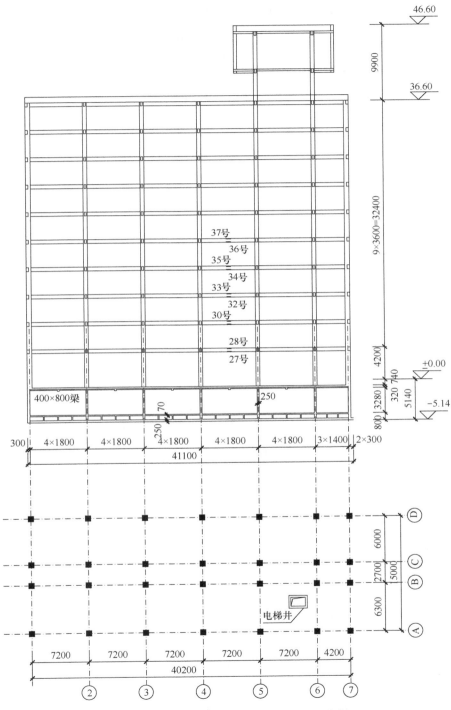

图 1.6-3　某办公楼结构平剖面及纵梁应力计布置

转化为受拉，中和轴位置随之不断变化。第十一层到顶时，体系的中和轴已上移到第四层纵梁，刚度大大增加。因此，虽然荷重大幅度增加，而底板钢筋拉应力仅在框架封顶，第二～九层隔墙砌筑完毕时才出现第二峰值，顶板此时的钢筋拉应力达到极值44.3MPa。中和轴位置的变化充分表明上部结构不仅仅是一种荷载作用于箱基，而且也能分担箱基的内力。箱基钢筋实测应力不大，是箱基-框架结构体系中和轴上移的必然结果。

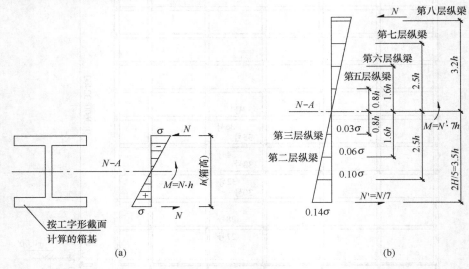

图 1.6-4　箱基—框架体系的中和轴及应力分布示意
（a）箱基的中和轴及应力；（b）箱-框体系中的中和轴及应力

　　6）基础底板计算中未考虑板的扭转刚度。双向板在荷载作用下的变形实际是弯矩和扭矩共同作用的结果，弯矩和扭矩在数值上大致相同，因而弯矩配筋和挠度比单按弯曲计算应该减少约50%。基础底板厚度比楼层板的厚度大得多，扭转刚度影响更大。

　　通过以上列举的各点可以知道：基础设计中的潜力很大，这对于改进我们的设计是很有好处的。

　　既然钢筋应力如此之小，为什么我们不对设计方法加以改进呢？

　　这是由于：

　　1）基础是结构设计中最重要的部分，万一出问题，很难像楼层构件那样可以加固补强。而对于基础这样重要的部位，不经过试验很难得出改进设计的办法。然而基础构件过于庞大，很难进行实际荷载试验，即使 $\frac{1}{2}$、$\frac{1}{3}$ 比例的模型也将很巨大，缩尺过小又将失真，没有意义。

　　2）在实验室内不可能完全模拟室外现场的土层结构状况，现场试验较难，实验室的试验土样与原状土差别太大。

我曾经去看过一些单位做的模型试验，在一个槽里人工填了土，然后试验，这样的填土与天然土差很多，试验结果没有什么价值。

3）土的特性：各向非同性、弹—塑性、压缩模量变化等使我们很难找出符合实际情况的计算模型。

例如即使对于基础设计中较为简单的独立柱基的设计计算方法，也不是就那么明确。60 年代以前，美国对于其内力的计算方法和我们现在的一样，按梯形受荷方法计算弯矩，如图 1.6-5（a）所示。后来经过研究改为通过柱截面计算其弯矩，如图 1.6-5（b）所示，这样，弯矩会比过去增加不少。规范公布之后，许多设计工程师给规范编制者写信表示反对，说："我们过去多年按梯形计算，没有出问题，为什么要增加配筋，使造价增加？"规范编制者见反对者众多，就提出折中，按新计算方法者，其弯矩 M 可以乘以 0.85、0.9 的折减系数。

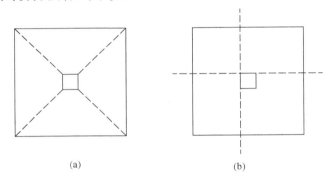

(a)   (b)

图 1.6-5　独立柱基的设计计算弯矩方法示意
（a）梯形面积受荷方法计算弯矩；（b）过柱截面计算弯矩

4）如上部结构形体复杂，整体作用不是很好考虑。

基础设计理论的突破还需要非常漫长的过程。象材料力学、理论力学，已有二、三百年的历史，而土壤力学自 1933 年美国 Terzaghi 发表第一本专著以来，不足百年。土力学的理论研究整体滞后。

目前的设计方法虽然没有充分发挥材料的作用，偏于保守，但经过多年的实践证明是安全的。在目前的设计理论下，只要我们在配筋、构造上不过于保守浪费，这些材料的消耗还是可以承受的。

知道了有如此大的潜力，在基础设计中应尽可能地厉行节约。例如：北京市建筑设计研究院在《结构专业技术措施》中规定，基础底板采用塑性理论计算，这样板的钢筋比弹性理论约减少 30%～40%。按此方法计算的基础结构，如果每平方米省 20kg 钢筋，则基础面积是 1 万 m² 的高层建筑就能省 200 吨钢筋，可见基础设计中节约是极为重要的事。

由于基础梁的配筋量很大，放宽构造要求所节约的钢材也是很可观的。具体的做法在以后的章节中会详细讨论。

二、地下室防水和建筑物的抗浮设计

1. 地下室防水

建筑物地下室是否按防水要求进行设计，指的是地下室是否需要外包建筑防水作法，在有可靠措施及经验的情况下也可以采用混凝土刚性自防水的作法。

进行防水设计重要的是确定水位高度，可参照下列原则：

1）凡地下室内设有重要机电设备，或存放贵重物资等，一旦进水将使建筑物正常使用受到重大影响或造成巨大损失，应按该地区1971～1973年最高水位进行防水设计，水位高度包括上层滞水；

2）凡地下室为一般人防或车库、仓库等，万一进水不致有重大影响，其地下水位标高，可取1971～1973年最高水位与最近三至五年的最高水位的平均值水位高度包括上层滞水。

验算地下室外墙承载力时，如勘察报告已提供地下水外墙水压分布时，应按勘察报告计算；如勘察报告未提供上述资料，可取历史最高水位与最近三至五年的最高水位的平均值，水位高度包括上层滞水。

现在无论是建筑师还是结构工程师，不少人都有一个误区，只要是地下室都必须做底板防水。实际上做不做底板防水应根据地下水位的实际情况，本着"实事求是"的原则。例如：裕园广场工程位于石家庄市中心，总建筑面积为12.4万 m²，由三栋主楼及四层大底盘裙楼组成，整栋建筑地下两层，局部三层；三栋主楼分为A座、B座、C座。

A座为写字楼，总高度为103.6m，出屋面为4.29m，层数27层；

B座为写字楼，总高度为60.9m，出屋面为4.6m，层数16层；

C座为商住楼，总高度为104.4m，出屋面为4.8m，层数28层；

三栋主楼均为框剪结构；裙楼为四层框剪结构，与三栋主楼连成整体。

地质勘察资料：持力层为粉质粘土，地基承载力为160kN/m²，地下水位埋置较深，可不考虑地下水对建筑物的影响。

此工程地下室为机房等重要功能用房，但因为石家庄为严重缺水城市，地下水位埋置很深（勘探钻孔均未见地下水），因此该工程的设计：地下室未做底板，自然也就没有做防水，仅仅在地下二层建筑做了防潮做法；为了防止地表水的渗入，地下室外墙做了柔性外防水，防水护墙外分层回填灰土。

2. 建筑物的抗浮设计

建筑物的抗浮设计与防水设计概念不同。抗浮设计是防止建筑物在地下水浮力的作用下漂浮起来。

目前的建筑市场只有地下部分，而无地上建筑者，日益增多。例如，住宅小区，以多个高层住宅布置在周围，中间留出较大绿地，下面是3~4层地下室，主要作为停车库。这是因为轿车已进入寻常百姓家，不仅大城市，连一些中小城市也已注意建设地下停车场。

只有地下结构，而无地上者，或者对于地下室层数较多而地上层数不多的建筑物，必须注意水浮力对建筑物的影响。应根据勘察报告所提供的地下水位情况，慎重确定抗浮设防水位标高，仔细验算地下水的水浮力作用。既要保证建筑物地下室抗浮的安全，也不能过于浪费。

由于对抗浮水位的确定，目前尚无统一规定，南方和沿海城市地下水位普遍偏高，问题倒不大。北方各地勘察单位所提供的抗浮水位有时差异很大，例如对于北京的工程，有的勘察单位取考虑了南水北调、水库放水、丰水年的最高水位等不利因素的简单叠加，有的对上述不利因素同时出现的可能性进行了合理分析组合后提出抗浮水位。

例如对于南水北调对于北京的水位影响，南水北调是为了解决北方城市的普遍缺水问题从南方往北方调水，工程投入巨大，目前北京已经开始使用南水北调来的水。南水北调工程本来计划每年提供北京10亿m³用水，但近年来北京居住人口增长过快，现在每年给北京12亿m³用水，但这些水量还远远满足不了北京40多亿m³的用水需求，除了密云、怀柔等水库提供的水量，北京还需要开采地下水方可满足生活、工业用水。因此南水北调不会造成地下水位的上涨。

再说官厅水库放水的问题。官厅水库于1951年10月动工，1954年5月13日竣工，是新中国成立后建设的第一座大型水库。该水库使用至今已60多年，20世纪90年代由于上游水土保持不好，泥砂在水库中淤积严重，导致水库容量减少很多，当上游大量来水时，为避免水库水位过高，影响大坝安全，即需开闸放水，1996年开始曾有几次大规模的放水，使北京市西部的地下水位呈反复上升、下降的形态。另外前些年老说要地震，空气紧张，据说也因此而不敢存水，把宝贵的水资源放掉。密云水库也曾因此而放水，但因它下流河道距城区很远，影响很小。官厅水库放水时，北京西部地区水位普遍上升，沿永定河上升最高10m，往东逐渐下降，到复兴门一带，上升0~2m，视每次放水水量及持续时间而定。近年来官厅水库已很少放水。如果要考虑以后还可能放水的情况，应参考以上情况具体分析，不能简单地不分具体位置统一考虑。

有时勘察单位给出的抗浮水位过高，一些勘察单位直接按上层滞水水位给出抗浮水位，甚至在此基础之上再加一定的"保险系数"。此时设计人员需要根据土层的性质合理判断，并提醒业主请勘察单位重新考虑，因为不合理的过高抗浮水位会造成很大浪费，并给结构抗浮设计带来很大困难。必要时请业主另行委托进行水位咨询以确定合理的抗浮水位。

上层滞水对地下室基础底板的影响，应视具体情况而定。当基础埋置在水体稳定且连续的含水层土中时（图1.6-6a、b），基础底板受水浮力作用，其水头高度为h；当基础埋置在隔水层土中，隔水层为非饱和土，且下层承压水不可能冲破隔水层，肥槽回填采用不透水材料时（图1.6-6c），基础底板不受上层滞水的浮力作用，若隔水层为饱和土，基础应考虑浮力作用，但应考虑渗流阻力的影响，对水浮力进行折减。

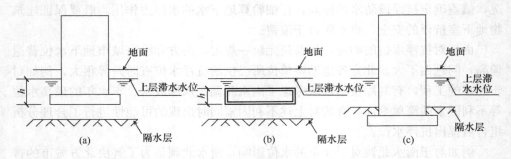

图1.6-6 上层滞水与地下室基础底板的关系示意

当建筑物或构筑物基础位于地下含水层中时，按下式进行抗浮验算：

$$KF_{wk} \leqslant G$$

式中 F_{wk}——地下水浮力标准值，$F_{wk} = \gamma h A_w$；

γ——基底以上水的密度；

h——计算浮力时水头高差；

G——建筑物自重及压重之和；

K——水浮力调整系数（其值应根据实际情况确定，取0.9~1.05）。

K值根据实际情况确定是由于对抗浮水位的确定，目前尚无统一规定，各勘察单位所提供的抗浮水位有时差异很大，例如对于北京的工程有的取考虑了南水北调、水库放水、丰水年的最高水位等不利因素的简单叠加，此时可取K为0.9；若所提供的抗浮水位已对上述不利因素同时出现的可能性进行了合理分析组合，此时K可取1.05的系数。

在计算建筑物重量时，除结构自重外，建筑地面做法等永久荷载可以计入。活载一律不计，因活载有可能不存在（如汽车可能开走）。隔墙等如分布较均匀，可以计入。外墙对于抗浮计算，如果地下室面积很大，车库外墙相距很远，对中心部分抗浮不起作用，就不能将其重量计入。

对于高层多塔侧面附有裙房（可能是纯地下室），高层部分的抗浮没有问题，裙房自身抗浮不足，这种情况可以考虑裙房周围高层压重，裙房按整个高度范围的整体刚度抵抗水浮力，如图1.6-7所示。

当地下水位较高，施工时采取临时降低地下水位措施者，应在设计图纸上注

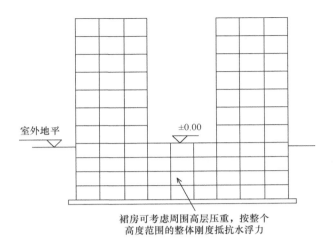

室外地平

±0.00

裙房可考虑周围高层压重，按整个
高度范围的整体刚度抵抗水浮力

图 1.6-7　考虑高层、裙房整体刚度抗浮示意

明：施工单位在停止降水之前，应与设计人协商，以免停止降水后水位过早上升，发生问题。

如北京某工程，有四层地下室，由于地下水位较高，施工时采取降水措施，当结构完成±0 处楼板后，正值春节休假，施工单位即停止降水措施。春节过后复工时，发现整个四层地下室上浮，最多处达到 20cm。以后又重新开始降水，并向地下室内灌水以增加其重量，地下室很快下沉至原位。因此，设计图纸上必须写明对于降低地下水位的时间要求，以免发生问题。

抗浮方法一般有两种：①压重；②抗浮桩或锚杆。后者靠桩或锚杆的负摩擦力，上海抗浮（抗拔桩）不少是采用预制预应力桩打入，北京现在还缺少预应力的预制方桩（北京第一构件厂都要卖掉盖住宅了）。首都机场停车楼，地下很深，水位又高，采用了预应力抗拔桩。

南方及沿海地区一般土质不好，地下水位又非常高，基本上采用抗拔桩抗浮且解决抗压问题。

类似北京这样的城市设计一般情况下，能用自重平衡者，尽量不用抗拔桩或锚杆，因造价较贵，工期也较长，而且对结构受力也不好。当高层建筑与裙房之间未设缝时，高层沉降相对较大，而裙房则沉降很小。如果因抗浮而将裙房部分设置抗浮桩，由于它的支承作用，裙房的沉降将受到限制，这就加大了高层与裙房之间的沉降差。因此，对于设置抗浮桩，应慎重对待。

此外尚应注意，抗浮桩为轴心受拉构件，非预应力构件在承受轴向拉力时，经常会发生裂缝，有可能使钢筋锈蚀，所以如果设置抗浮桩，这些方面应特别注意。

用增加自重的方法，较为简便，增加自重的途径：①底板加厚；②地下各层楼板及地下室顶板加厚，如地上有，地上也加厚；可考虑做无梁楼板利用其厚度；③如有架空层，可将架空层空间填以卵石（注意不是级配砂石）卵石可以较自由地流动水。卵石容重比砂卵石小，因空隙大，要注意。

另一个行之有效的方法，是减小地下各层的层高，使基础埋深尽量少。地下车库的层高，现在常过大，导致地下建筑埋深过大，使我们抗浮设计很困难。我设计的西苑饭店地下车库，层高只有 2.7m，采用 250 厚无梁平板。

有的工程，建筑要面层 150mm 厚，说是要做地面排水沟，还说是规范规定。我请建筑查过，根本无此规定，而且规范还写着"不宜采用明沟排水"。地下车库是不可能允许在里面刷洗车的，车停得很密，你一刷，把旁边车都弄上水，而且地面也脏。

车库几十米长，150mm 排水沟连找坡都不够。如取消水沟，做楼板随打随抹（这是做车库的最好作法，混凝土马路都是如此，走车的地方面层很容易掉），每层省下 150 层高，三层即可将基础抬高 450mm，相当于 18cm 楼板的重量！

设备的风道也很有"油水"，我院二所范珑做的一个工程，风道高与宽比是 1:16，很好。

根据我的经验，车库梁下皮净高 2.5m 是足够了，如 8m 柱网，梁高 500，则层高 3m 应无问题，现在常做 3.3m 甚至更高，是太富余了。

还有时，地下车库两层合一层，作为机电用房，现在机电专业的毛病是多要层高，有一工程甚至要 7m！实际上，一般设备机房层高 5m 多都可以。

工程实际千变万化，不可能都说到，要根据具体情况进行设计。但有一点，对别的专业的情况要多熟悉，多了解，也不能听他们一说有规范、规定就被"唬"住了。

三、合理确定基础埋置深度

较高的高层建筑应设置地下室。高层建筑基础的埋置深度（由室外地平至基底）为：

1）一般天然地基或复合地基，可取 $\left(\dfrac{1}{15} \sim \dfrac{1}{18}\right) H$，且不宜小于 3m。

2）岩石地基，埋深不受上述第一款的限制。

对于岩石地基，再要求埋置很深，显然是不合理的，所以《建筑地基基础设计规范》GB 50007 对此也有所放松，但又不放心，加了一句"位于岩石地基上的高层建筑，其基础埋深应满足抗滑要求"。这种要求是没有必要的，基础怎么会滑动呢？

我们曾接触过一些实际工程，设计人为了满足埋深岩石地基还下挖不少，造成很大的浪费。

3）桩基，可取$\frac{1}{20}H$（由室外地平至承台底，H 为建筑物室外地面至主体结构檐口高度）。

如因地下水位太高，施工时排水很困难或费用太大；或坚硬土层位置较浅，其下面有较软土层，使深埋确有困难或不合理时，还可将埋置深度适当减小。

埋置深度一般自室外地面算起。如地下室周围无可靠之侧限时，应从具有侧限之标高算起。如有沉降缝，应将室外地平以下之缝内用粗砂填满，以保证侧限。

《高规》中关于高层建筑的基础埋置深度，天然地基可取建筑高度的$\frac{1}{15}$，采用桩基时可不小于建筑高度的$\frac{1}{18}$，条文中用词为"可"，但根据规程的用词说明，是允许有选择，在一定条件下，可以这样做，但不是限制条件，在设计高层建筑时，有时基础埋深按该规程之要求设置，往往造成一些不合理与浪费。如确有充分理由，设计单位认为基础埋深可小于规定时，应允许突破。

地震时，如图 1.6-8 所示，地壳运动导致地面迅速的左右摆动，上部结构相对于地基有一个滞后，如虚线所示，因此使上部结构产生位移（顶点和层间），从而产生内力。地震作用对结构产生的内力，与风荷载是完全不同的。风力可以在同一方向劲吹，对地基土产生的压力是不变号的。地震时，地壳运动很快，所以产生的对地基土的作用力，也是变化很快，一会儿左面压力大，一会儿右面压力大。

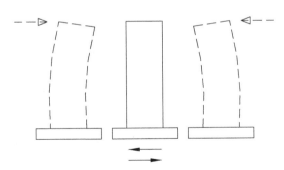

图 1.6-8　地震地壳运动与结构摆动示意

土的变形，是需要相当长时间的持续的作用压力，才会发生。而地震持续时间很短，又是反复变号，所以一般地基土，不至由于地震作用而产生明显的沉降变形。

自有震害记录以来，还没有因地基损坏而导致上部结构破坏的记录。

1968 年日本新潟地震，多栋板式住宅缓慢倾覆，这是由于地基土发生液化造成的。打个比方，在米饭中插根筷子，能立住，液化好比米饭成为了稀粥，筷子就立不住而倾倒了。

因此，为了抗震，要求基础有一定的埋置深度，以求"嵌固"建筑物使其不至倾覆，是不必要的。提高防震性能的方法很多，不必一定要埋置多深。针对《建筑地基基础设计规范》的规定，天然地基的高层建筑基础埋置深度高不宜小于建筑物高度的 $\frac{1}{15}$，《北京地区建筑地基基础勘察设计规范》改为：可取建筑物高度的 $\frac{1}{18} \sim \frac{1}{15}$。"可取"比"宜"要宽松很多，另外还给了一个出路"当采取有效措施时，在满足地基承载力、稳定性要求的前提下，建筑物基础埋深还可适当减小。"

四、国外抗震设计规范有关场地、地基、基础的规定

89 规范编制时，准备工作做得较好，例如中国建筑科学研究院抗震所出版了几本背景资料，写得很好，其中的《抗震验算与构造措施》收集了许多宝贵资料，对我们深入研究抗震设计有很好的参考价值。他们曾编译了《二十八个国家抗震设计规范有关场地、地基、基础部分规定摘编》。这二十八个国家除我国外，包括罗马尼亚、苏联、南斯拉夫、日本、希腊、美国、墨西哥、新西兰、印度、意大利等国。现将抗震所的资料（1986 年出版），综述如下：

（1）基础类型对地震作用的影响

a. 大多数国家的规范未考虑此因素。

b. 少数国家的规范，在地震作用的计算公式中列有基础类型影响系数，以反映基础类型对地震作用的影响，如希腊、法国等。

该资料将希腊 1978 规范中的基础类型影响系数做了介绍，现转载如下：

基础类型影响系数表   表 1.6-1

刚度	基础类别		场地土类别		
	埋深		甲	乙	丙
小	浅（$D/B \leqslant 0.10$）		1.10 *	1.30	1.50
	深（$D/B \geqslant 0.40$）		1.00	1.10	1.25
大	浅（$D/B \leqslant 0.10$）		0.90	1.00	1.15
	深（$D/B \geqslant 0.40$）		0.80	0.90	1.00

＊原资料为 1.40，应改为 1.10

表 1.6-1 中之术语可按以下各条确定：

1）基础刚度大小参考表 1.6-2 判断

基础类型	刚　度
A. 独立基础	小
B. 柔性系梁联系的独立基础	
C. 顶部不相联的桩基础	
D. 承台用柔性系梁联系的桩基础	
E. 单方向刚性带形基础	中
F. 交叉网状刚性带形基础	
G. 柱下的交叉网状带形基础	
H. 整体筏式基础	大
I. 刚性箱形基础	

（表格右侧：刚度增大箭头）

2）基础埋深按 D/B 判断

其中 B 为建筑物外侧基础或承台外缘之间的距离，D 为基础埋深，对于桩基，根据场地土类别及桩群密度，取承台埋深加 $\leqslant \frac{1}{5}$ 桩长之和。

（2）对基础埋深的要求

苏联地基规范，对地震区五层和五层以上房屋，建议设置地下室来加大基础埋置深度。

除此以外，其他国家规范皆未提出对基础埋深的要求。

（3）基础系梁（即拉梁）

在上述抗震规范中，有十五国规范规定了设置基础系梁的要求：

a. 基础系梁的作用

新西兰规范说明指出："基础间的相互连接是确保建筑物在地震时能起整体作用的重要构造要求"，也即，在不均匀水平和竖向地面运动作用下，保证建筑物的整体性。

b. 基础系梁的设置条件：

（a）对于单独基础（包括单独桩承台，下同），一般都要求在纵横两个方向设置通长的基础系梁，将基础相互拉结。

（b）有些国家规范规定只要求在高烈度区或软弱、中等地基上设置系梁，对于低烈度区或坚硬地基上则可以不设或少设。

（c）基础系梁的最小截面尺寸，各国规范规定不完全相同，有 200mm×200mm，300mm×300mm，200mm×400mm 几种。

c. 基础系梁设置的必要性和灵活性。

虽然有超过半数的国家规范都有设置基础系梁的要求，但有些国家的规范中，仍留有一定的灵活性，例如：

（a）希腊规范在要求单独基础设置系梁的同时，提出"或采用经证实能同样有效限制单独基础或承台运动的其他措施，如深埋单独基础或桩承台，利用被动土压力"。

（b）新西兰规范在要求设置单独基础系梁的同时，提出"也可采用其他能防止在地震期间产生侧向差异运动的方法来约束基础"。

（c）意大利规范在要求设置系梁的同时，提出"若上部结构证明可以经受所连接两点的相对位移时，则这种连接（即系梁）可以省去"。该规范又规定："在均匀地基上最小容许相对位移 $\Delta L \leqslant \dfrac{L}{100}$，$L$ 为所考虑二点之间的距离，ΔL 为位移，最小取 20mm。"

以上为建研院抗震所的资料摘编。

建筑物的基础如果有一定的埋置深度，例如设置地下室，对于抵抗地震，减少震害，确有好处，这从过去的震害调查中得到了例证。但是提高建筑物的抗震性能，有各种途径和方法，不仅仅限于增加建筑的埋深，而且，各国抗震规范中，都没有规定建筑物的基础埋置深度必须是多少，更没有与建筑物的总高度相联系。因此，我们认为，硬性规定高层建筑的基础埋置深度必须为其总高度的若干分之一，是没有必要的。我国的抗震规范，就没有这个规定。

上面引述的希腊规范对于地基埋深与基础刚度的要求，值得我们参考。它根据基础的埋深和刚度大小，规定一系列系数。基础刚度大而且埋置较深的，对上部结构的影响系数可取为小于 1.0，反之，埋置浅而且刚度小的，则取大于 1.0 的系数。这样具有灵活性的规定，使设计人可以根据建筑物的不同情况而有所选择，是比较切合实际的。因为建筑物的情况千变万化，不是简单的一两条条文所能包括的。

另外，关于单独基础的系梁，有些国家的规范，也表现出一定的灵活性。所以，在设计中也应注意：并非所有的单独基础都需要设置基础系梁，例如，对于铰接排架与刚架应有所区别；对于建筑物底层层高较高者与较低者也应有所区别。单层厂房一般采用铰接排架，层高又较高，适应不均匀位移的性能要比民用框架好，故基础系梁的设置条件可以放宽，一般单层厂房可以不设置系梁。关于是否设置基础系梁，可按《建筑抗震设计规范》GB 50011—2010 第 6.1.11 条的要求。

五、地基承载力确定中应注意的问题

建筑物地基承载力的确定以及深度、宽度修正方法，按照《建筑地基基础设计规范》规定进行，北京地区地基承载力的确定以及深度、宽度修正方法，按照《北京地区建筑地基基础勘察设计规范》规定进行，应注意：

（1）基础荷载取标准值。

（2）国家规范：$f_a = f_{ak} + \eta_b \gamma (b-3) + \eta_d \gamma_m (d-0.5)$ (1.6.1)

      北京规范：$f_a = f_{ak} + \eta_b \gamma (b-3) + \eta_d \gamma_m (d-1.5)$ (1.6.2)

对比可以看出：两个公式深度修正部分不同，国家规范是 $(d-0.5)$，北京规范是 $(d-1.5)$。

两规范深宽修正系数 η_b、η_d 也不同，不能混用。北京地区的建筑物设计一定要采用北京规范。有的基础计算软件有规范选择项，不要忘记选择。

（3）对于有地下室的条形基础及单独柱基，当进行地基承载力之深度修正时，其基础计算埋置深度 d，按下列规定采用：

a. 对于一般第四纪土

$$d_{外} = \frac{d_1 + d_2}{2}$$ (1.6.3)

$$d_{内} = \frac{3d_1 + d_2}{4}$$ (1.6.4)

b. 对于新近沉积土

$$d_{外} = \frac{d_1 + d_2}{2}$$ (1.6.5)

$$d_{内} = d_1$$ (1.6.6)

以上各式中：

d——基础计算埋置深度（m）。对于无地下室的建筑物，一般自室外地面算起。在填方整平地区，可自填土地面起算，但填土在上部结构施工后完成者，应自天然地面算起；

对于有地下室的建筑物，为基础计算埋置深度，可根据不同情况按本条规定各种情况分别计算。

d_1——自地下室室内地面算起的基础埋置深度（m），$d_1 \geqslant 1m$；

d_2——自室外地面算起的基础埋置深度（m）；

$d_{外}$——外墙基础之计算埋置深度（m）；

$d_{内}$——内墙基础之计算埋置深度（m）；

（4）进行地基承载力深度修正时，对于有地下室的满堂基础（包括箱基、筏基），其埋置深度一律从室外地面算起。

当高层建筑侧面附有裙房且为整体基础时（不论是否有沉降缝分开），可将裙房基础底面以上的总荷载，折合成土重，再以此土重换算成若干深度的土，并以此深度进行深度修正。

当高层建筑四面的裙房形式不同，或仅一、两面为裙房，其他两面为天然地面时，可按加权平均方法进行深度修正。

（5）经处理后的地基，依据《建筑地基处理技术规范》也可以进行修正，宽度不修，η_b 为零；深度修正系数 $\eta_d = 1.0$。对于深基坑，经处理后的地基承载力采用修正值，可以节约不少地基处理费用，降低地基处理造价。

六、地基承载力中的富余度

目前，勘察单位给的地基承载力往往偏于保守，富余很多，例如北京的地基承载力，1958年大跃进时，北师大图书馆持力层为②～③层粉质黏土，勘察单位给出的地基承载力为270kPa，这种土现在大多就只给到150kPa；1963年设计北京医院时，持力层为新近代沉积土，勘察单位给出的地基承载力200kPa，这种土的地基承载力现在顶多给到120kPa。

勘察报告给出的地基承载力是我们设计的依据，我们设计基础时必须依据勘察单位给出的地基承载力，但是了解了有这些富余度后就不要把设计搞得过分保守，再留有过分的安全度了。

七、单独柱基加防水板的作法

如有地下室且有防水要求时，应加防水板，此种作法也适用于高层建筑的裙房。防水板下宜铺设有一定厚度的易压缩材料如聚苯板，以减少柱基沉降对防水板的不利影响，详图1.6-9。最早我院用这种方法，现在已经比较普及了。

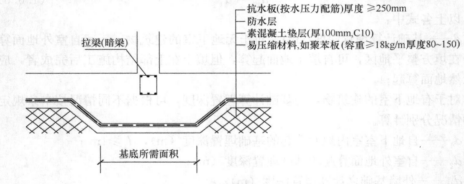

图1.6-9 单独柱基加防水板的做法示意

防水板设计配筋两种情况都要考虑：一是可仅考虑水压力（向上）减去板自重，另一种情况是板自重与板上恒、活载（向下）所产生的作用，两种情况分别考虑。当柱网较规则时，防水板可按无梁楼板计算，此时柱基础可视为柱帽（柱托板）。

此种作法，可不必另加柱间拉梁，只需在各柱之间的板内设置暗梁作为拉梁即可。此暗梁配筋同时可作为防水板的配筋。设置拉梁的目的，是为了加强基础结构的整体性，提高它的抗震性能，现在我们有了防水板，其厚度均≥250mm，相当于一个整体满堂基础，其整体性比起拉梁，要好得多，所以，完全不必再另设拉梁，只需在防水板内设置纵横暗梁即可。这方面也是一个概念问题，使用一种构件例如拉梁，必然有其目的，就是要完成一种功能，如果没有目的，也就不需要设此种构件了。

对于防水要求较高的地下室，宜在防水板上增设架空层。

成都等城市独立柱基下持力层一般为卵石，多取消了聚苯板。若防水板下不铺设聚苯板等易压缩材料，应考虑地基反力对防水板的影响。柱基处的地基变形越大，对防水板的内力影响越大。

八、框架-剪力墙结构合理考虑墙底弯矩

如框剪结构框架柱采用单独柱基、剪力墙采用条基，当无地下室时，应考虑地震作用产生的墙底弯矩对基础的影响，此时墙底弯矩可乘以折减系数 0.8。但应注意，在设计时，不能因考虑地震作用的影响而使抗震墙的基底面积过大。这是因为建筑物建成后，遇到地震的机率很低。如果抗震墙的基底面积因考虑地震弯矩的影响而比无地震时增加过多，则在无地震的平时，可能造成墙与框架柱之间的地基沉降不均匀：抗震墙沉降少而框架柱沉降多，引起结构裂缝或其他问题。因此，在设计计算时，应尽量提高地基土承载力，以尽量减小抗震墙的基底面积，使墙基与柱基之基底压力相差不过多，必要时，可酌量加大柱基础底面积。

九、高层建筑是否必须设置箱基？

高层建筑一般情况应优先选用筏形基础，除非根据地下室的使用功能正好适合设计成箱形基础，否则不宜选用箱形基础。

前些年一些设计人员以为高层建筑必须设置箱基，这是一种误解。曾见到有的工程，原设计为两层地下室，皆为需要较大空间的车库、机房等，须做成大空间，因而形不成箱基。设计人为达到设置箱基的目的，在两层地下室下面，硬加了一个第三层地下室，由纵横两个方向间距较密的钢筋混凝土墙形成箱基。由于墙较密，只能在图纸上写作"仓库"。这种做法，导致很大的不必要的浪费。

有一种意见认为，设置箱基，可以增加基础刚度，减少不均匀沉降。在过去，建筑物高度不大，长度相对较长，建筑物纵向的高宽比较小时，这种意见是对的。随着建筑物高度比的增加，抵抗纵向弯曲的整体刚度也随之加大，与多层建筑相比，在整体刚度中基础刚度所占的比例明显减少（即使设置箱基也是如此）。过去曾以为，只有上部结构是剪力墙结构，才对整体刚度有作用，如果是框架结构，填充墙的强度又较弱，则对于抵抗纵向弯曲的整体刚度，并无多大作用。但是，本篇第一款对于框架结构的实测实例研究表明，即使是框架结构，对于建筑物的整体刚度，也能有很大提高。

该工程的纵向高宽比为 37.3/41.1＝0.91，目前高层建筑的高宽比比此大得多，塔式建筑高达 5～6 者也已有之，因此，上部结构的刚度所占比重更大，设

置箱基，更无必要。

从工程实例看，20世纪70年代及以前，我国高层建筑数量不多，已建成的建筑地下室层数大多仅有一层，地下室用途大多为人防，需要有较多墙体，因此，将基础设计成箱基，与使用上并无矛盾，有其外在条件。以北京为例，20世纪70年代建成的一批高层住宅，本身为剪力墙结构，因此地下室自然有较多墙体，形成箱基。

20世纪80年代以来，全国兴建了大批高层建筑，其中旅馆、写字楼等公共建筑很多，它们大多是框架—剪力墙结构或框架—核心筒结构，地下室常为有较大空间要求的停车库、空调机房等等，如设计成箱基，势必影响使用。

现在许多30多层至60层的高层建筑，都未设置箱基，也无任何问题。近二十年来，已建成的高层建筑，除上部结构为剪力墙结构，基础自然形成箱基，以及因人防等需要设多道混凝土墙的工程以外，通常皆为筏基。以北京地区为例，北京近年来所设计的高层公共建筑，基本上都未采用箱基，而采用了筏基（天然地基及桩基皆有）。

因此，高层建筑不一定要设置箱形基础。

十、竖向构件纵筋在基础中的锚固长度

柱纵筋、剪力墙竖向钢筋锚入基础的长度，根据有无抗震要求区分：

无抗震设防要求时，锚固长度为 L_a，因钢筋在基础中的混凝土保护层厚度大于钢筋直径的3倍且配有箍筋，此时 L_a 可乘以修正系数0.8，且在钢筋锚固范围内只需配置固定柱纵筋和剪力墙竖向钢筋的构造箍筋。若基础高度可以满足锚固要求，竖向钢筋不需要都做弯折段，为固定定位方便可仅将四角钢筋弯折。

有抗震设防要求时，则柱纵筋、剪力墙竖向钢筋锚入基础的长度应按抗震锚固长度 L_{aE}，也乘以修正系数0.8。

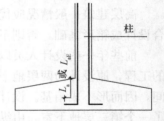

图 1.6-10　竖向构件纵筋锚入基础做法示意

十一、与原有老建筑距离很近的柱基处理方法

当两根柱子之间的距离很近时，有时见到一些错误的做法，如图 1.6-11 及 1.6-12 所示的偏心基础是不正确的，禁止使用。解决方法可如图 1.6-13 所示。将柱 A 与相邻之柱 B 用基础梁相连，做成联合柱基。基础底面形状，可为矩形，也可为梯形，目的是使 A、B 两柱之合力重心与基础底面形心尽量重合。也可将图 1.6-12 中之柱 A 向右侧移位，避开原有建筑物基础，在基础之上作转换或上面各层楼板层层向外挑出。

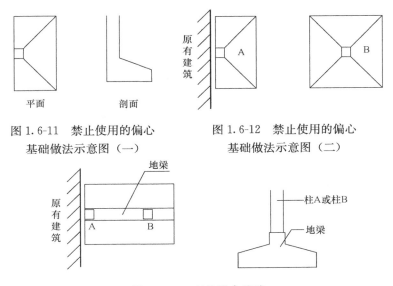

图 1.6-11　禁止使用的偏心
基础做法示意图（一）

图 1.6-12　禁止使用的偏心
基础做法示意图（二）

图 1.6-13　双柱联合基础

十二、独立柱基的拉梁设计

独立柱基间的拉梁截面宽度可取 $\frac{1}{20}L\sim\frac{1}{35}L$，高度可取 $\frac{1}{12}L\sim\frac{1}{20}L$。

拉梁的计算方法可采用两种：

（1）取拉梁所拉结的柱子中轴力较大者的 1/10，作为拉梁轴心受拉的拉力，进行承载能力的计算。按此法计算时，柱基础按偏心受压考虑。基础土质较好时，用此法较为节约，见图 1.6-14。

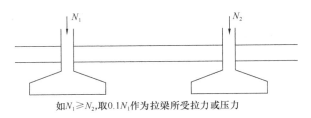

如 $N_1 \geqslant N_2$，取 $0.1N_1$ 作为拉梁所受拉力或压力

图 1.6-14　拉梁计算方法示意图

（2）以拉梁平衡柱底弯矩，柱基础按中心受压考虑。当相邻两跨跨度相等时，拉梁弯矩在中支座可取柱底弯矩的一半，在边支座则取柱底弯矩。拉梁正弯矩钢筋应全部拉通，负弯矩钢筋有 1/2 拉通。此时，拉梁的构造应满足抗震要求。

如拉梁承托隔墙、楼梯或其他竖向荷载，则应将竖向荷载所产生的拉梁内力与上述计算所得内力组合计算。

并非单独柱基之间都必须设置拉梁。凡框架层数不超过三层，基础埋置较浅，地基土主要受力层范围内不存在软弱土层，液化土层和很不均匀土层者，可以不设置基础拉梁。单层工业厂房一般皆可不设置基础拉梁。对于大型公共建筑，另行慎重考虑。确有可靠把握时可以不设拉梁，例如本篇前边第二款提过的石家庄裕园广场工程，虽为大型公共建筑，但基础下地基土很均匀，并且地下室有两层，竖向荷载和水平力作用下的柱底弯矩均很小，因此裙房单独柱基间并未设拉梁。

十三、基础梁的截面控制

基础梁（包括柱下条基、筏板基础）的截面一般由剪力控制，应满足

$$V \leqslant 0.25 f_c b h_0 \tag{1.6.7}$$

梁的高度根据梁底面反力的大小，可取柱距的 $1/4 \sim 1/8$。

基础梁的荷载一般很大，与楼层梁的概念完全不同，其截面往往由剪压比控制，所以在设计时，必须验算梁的剪压比，基础的挖土深度，常由地下室的层高（有多层地下室，为地下室各层层高之和）及地梁高度来决定。如梁按楼层梁的常规做法，将基础梁设计成窄而高的截面，虽然梁的纵筋可以稍减，但如因此而增加挖土量（包括护坡工程量的增加、可能的降低地下水位费用的增加、梁间回填物工程量的增加等等），可能反而不经济。因此，注意梁的高度不宜过大，如剪力不够可适当加大梁的宽度，可能反而经济。梁的剪力问题，也可采取水平加腋方法加以解决。

式 1.6.7 中 V 可取柱边的剪力。对于剪力很大的基础梁，有时柱边剪力和柱中线剪力差不少。

柱子与基础梁交接处的构造要求如图 1.6-15。应注意基础梁的宽度应通过剪力控制，不能因柱子截面较大而使梁的宽度过宽。

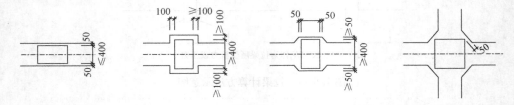

图 1.6-15　柱子与基础梁交接处的构造要求

十四、基础梁应减少弯矩调幅

基础梁的设计也与上部楼层梁不同，应减小弯矩调幅，甚至不调幅。因为基

础梁与普通梁的受力方向相反，减小调幅或不调幅，则支座钢筋也就是下部纵向钢筋多，梁的上部纵向钢筋相对较少，利于混凝土浇筑。而且可以将基础梁的部分下部纵向钢筋放在基础板内，以减少钢筋的排数和间距。

十五、基础梁的配筋构造

基础梁的配筋构造一般不需考虑延性的要求，为什么呢？这是因为条形基础与筏板基础的基础梁，其刚度在一般情况下皆远远大于其所支承的柱子。因此，在地震作用下，塑性铰皆出现于柱子根部，基础梁内不致出现塑性铰。所以，基础梁无需按延性要求进行构造配筋。但应注意，此种放宽的做法，不适用于单独柱基之间的拉梁。拉梁的截面相对较小，在发生地震时，可能受柱根弯矩的影响而在梁端出现塑性铰。因此拉梁应按延性要求进行构造配筋。

箍筋弯钩的角度按 90°

图 1.6-16 基础梁箍筋做法示意

基础梁的配筋构造亦即：

a. 梁端箍筋不需按抗震要求加密，但需满足承载力之需要。箍筋弯钩的角度可按 90°，无需 135°，如图 1.6-16；目前，Ⅲ级钢已全面推广使用，箍筋弯钩按 90°施工更为方便。

b. 梁的纵筋连接长度应按非抗震要求；

c. 纵筋的接头要求等也一律按非抗震要求；

d. 如果柱两个方向皆有地梁，其箍筋应从地梁边 50mm 排起，有的图集从柱中开始排箍筋，是错误的。

e. 对于基础梁的下铁可按 1/3～1/2 拉通。拉通多少也要区分具体情况，例如某工程是二、三层小别墅，土质情况不好，采用筏板基础，设计人也拉通了 1/2 的下铁，理由是书上和规范说下铁要拉通 1/2。拉通的要求是对箱基整体弯曲的影响而言，对于小别墅这样的工程很短，一般 20m 左右，没有什么整体弯

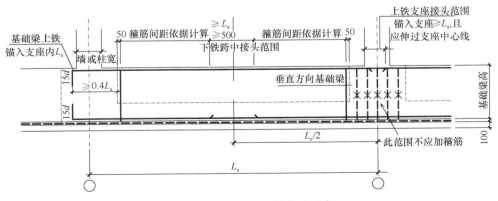

图 1.6-17 基础梁钢筋构造示意

曲，而且过去所谓的整体弯曲的概念也不全面，因如前所述，上部结构会与基础共同作用，不仅仅是基础起作用，所以这样的工程没有必要拉通下铁。

f. 基础梁包括筏板中的钢筋宜优先选用大直径钢筋。许多设计人员在施工图中基础梁的钢筋最大直径只用到 25mm，这是完全不合理的，因为这样增加了钢筋根数，即使总用钢量、总重一样，但比大直径者费工（例如比 32mm 根数多 60%），绑扎、振捣都麻烦。

央视大楼的基础最厚处 10m，用到了 Φ50，由上海宝钢特制的钢筋。

设计人员不习惯用大直径钢筋，可能是因为以前的钢筋直径＞25mm 者应力要打折，这个规定 20 年前就取消了。

十六、基础梁的计算

（1）地基受力层范围内无软弱土层、可液化土层或严重不均匀土层，柱下条形基础的地梁高度不小于跨度的 1/6，地梁的线刚度大于柱子线刚度的 3 倍，各柱柱距相差不大且荷载比较均匀时，可按倒置的连续梁计算。此时应注意：

a. 基础梁两端，在可能条件下宜有悬臂伸出，其长度可取第一跨跨长的 1/4。

b. 基础梁两端边跨宜适当增加受力钢筋面积，一般幅度为 10%～20%。

c. 对于双向交叉条形基础，交点上的柱荷载，应合理设置基础梁和基础底板，基底反力可按基底面积均匀分布，并按两个方向分别计算。

需要说明的是：基底反力的分布与地基、基础和上部结构均有关系，整体刚度（含基础梁和上部结构）越大，"架越作用"越强，反力分布越趋向于端部大中间小，反之反力将与荷载分布越接近。地基、基础和上部结构的强弱是相关的，不是绝对的。

当上部结构荷载分布不均匀时，可通过合理设置基础梁和基础底板，使基底反力在单位面积上尽量均匀分布，从而基础梁可按倒置的连续梁计算。

（2）当不满足第（1）款的要求时，按弹性地基梁计算。

十七、筏形基础类型的选择

筏板基础可采用具有反梁的交叉梁板结构，也可采用平板结构（有柱帽或无柱帽）。

如何在两种常用的筏板基础类型——梁板结构与平板结构中，选用适宜的类型，需要结合地基条件、基础埋深、施工条件等综合考虑。

一般情况下，梁板结构的材料消耗较少，造价较低，但比平板结构稍费工，工期也会稍长一些。此外，梁板筏基的高度可能比平板筏基大，例如，8m 柱网的地基梁，高度可能为 1.50～2.0m，而平板基础的厚度可能为 1.0～1.5m。所以，如果地基挖土深度，是由基础高度来决定，也即采用梁板结构将比平板结构多挖几十厘米至 1 米多的土，那么在比较两种方案的经济性时，挖土量的多少（包括护坡工程量的增加与可能的降低地下水位费用的增加等等）也应加以考虑。

在工期方面，一般是梁板基础较长，平板基础较短。基础类型的选择很重要的一点是工人工资与材料的相对比较，在发达国家及地区，工人工资较高，一般采用平板筏基，反之则一般优先选用梁板式筏基。

梁板式和平板式筏形基础综合比较表   表 1.6-3

基础类型	材料消耗	用工量	工期	基础本身高度（厚度）
梁板式	低	高	较长	稍大
平板式	高	低	较短	稍小

十八、基础底板厚度的确定

基础底板的厚度确定：如果是双向板，验算其受冲切承载力；如果是单向板，验算其受剪切承载力。

在确定基础底板厚度时，通常可根据以往工程经验，先假定一个厚度，然后根据此厚度计算其受冲切承载力，当受冲切承载力能满足规范要求并稍有余量时，即可确定此厚度为基础底板设计厚度，并按此厚度计算底板抗弯所需的钢筋数量。

有一种说法，认为高层建筑的基础底板厚度，可按每层若干厘米（例如每层 5cm）来确定。这种说法是不科学的，也是不确切的。因为基础底板厚度，常取决于其受冲切承载力，而冲切力除了与建筑物层数有关外，与建筑物柱网区格之大小也有关。例如，同样 30 层的建筑物，4m 柱网与 8m 柱网（开间）所需的底板厚度就完全不同。因此，单纯以层数来确定底板厚度，是不可取的。

下面列出三个已建成建筑物的底板厚度，可供参考。

已建建筑物底板厚度例表   表 1.6-4

工程名称	建成年份	地上层数	地下层数	柱网（开间 m）	底板厚 mm
西苑饭店	1984	23	3	4.0	700
首都宾馆	1988	22	2	4.8	800
新世纪饭店	1991	33	2	7.6	1200

以上三个例子，都不满足流传的每层若干厘米厚的要求，但建成至今，未发现任何问题。

国外规范对于各种构件，何种应当验算剪切、何种应当验算冲切，皆有明确规定。例如，美国与新西兰规范规定：单向受力构件，验算剪切强度，例如梁

（但深梁除外）；双向受力构件，验算冲切强度，例如双向板。而且对于验算剪切强度，规定其验算截面是横跨整个构件截面，而不是在构件中间截取一段来验算。因此，筏板基础之双向底板，应当如过去一样，仅验算其抗冲切强度即可。

应注意，梁板式筏基在核心筒周边也不应再验算冲切，因为冲切力都由梁的抗剪切能力承担了。

还需要说明的是：高层剪力墙结构（塔式）住宅，在其中部都有一个楼电梯间，这个楼电梯间与框架—核心筒结构中的核心筒不是一回事，不必验算其周边的冲切。

十九、基础厚底板中部不需设水平钢筋层

不论基础底板厚为多少，皆不需在板厚之中部增设水平钢筋层，如图1.6-18。板的上下钢筋之间的支撑定位等做法，不需在施工图中详细画出。具体定位做法，应由施工单位提出，并保证在施工浇灌混凝土时钢筋位置准确、不位移。

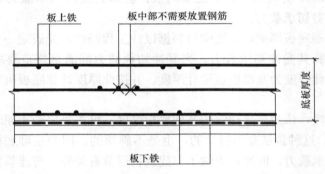

图 1.6-18　基础厚底板水平钢筋层示意

有些资料中提到，当基础板厚度大于 1m 时，须在板厚度中间部位加一层水平双向钢筋，而且规定的钢筋直径较大，从各方面看这是不必要的。

有的资料建议，当基础板厚度大于 2m 时在板厚度中间部位加一层水平双向钢筋，直径不小于 12，间距不大于 300。理由是：构件中部的钢筋对限制无腹筋梁的斜裂缝发展，改善其抗剪性能有效。我查阅了有关资料，基础厚板受力与"无腹筋梁受剪"不是一回事。而且如果真有作用的话，基础厚度大于 2m 配置 ϕ12@300 的钢筋网，配筋率只有 0.019%，能起到什么作用呢？

北京市建筑设计研究院过去的大量工程实践中，基础板厚超过 1m 者未加板中钢筋，包括 3m 厚的基础板，从未发现由此而产生的问题。

境外某地下铁道车站，其上有 30 层大楼，底板厚度 5.5m（跨度约 11m），其施工详图中板的中间也未加任何钢筋。

某美国设计公司为北京中国工商银行总行大楼绘制的基础施工图中，基础板厚1.5m，板中间未加任何钢筋，仅在附注中说明，在板面主筋之上，另加 $\phi8@150$ 双向钢筋。该公司在上海设计的金茂大厦，筏板基础厚4m，板中部也未设任何钢筋，仅在板面另加 $\phi8@150$ 双向钢筋。

由以上数例可以看出，在构造上，不设置板中钢筋，也完全没有问题。

有一种意见认为，如果板的厚度较大，施工时需要将底板分成两层浇捣，就需要设置中面钢筋，这种看法也有问题。首先，施工单位并不一定要分两层施工；其次，即使分两层施工，在下层的表面设置较粗钢筋，对防止或减少混凝土收缩裂缝，并无多大作用。国外有些资料认为，粗钢筋对减少裂缝反而不利。

因此，不论基础底板厚度如何，在板厚的中间一律不应该设置水平钢筋。

至于底板上下两层钢筋如何定位固定，应由施工单位根据其具体情况确定。设计单位在这方面没有必要提出钢筋支撑方案，更不应在施工图中画出。

二十、基础构件的钢筋保护层

基础底面的钢筋保护层取40mm；地下室顶板无外柔性防水时顶面的钢筋保护层取40mm，有外柔性防水时顶面的钢筋保护层取25mm。

《地下工程防水技术规范》中的规定：防水混凝土迎水面钢筋保护层不应小于50mm，是针对无外柔性防水仅靠防水混凝土的情况。有外防水时，外墙保护层也放松，可取为25mm，若还取为50mm，不合理，对于厚度不大的外墙例如200～300mm则计算高度损失太大。

二十一、基础梁侧纵向构造钢筋

《混凝土结构设计规范》中规定，当梁的腹板高度 $h_w \geq 450mm$ 时，在梁的两个侧面应沿高度配置纵向构造钢筋，每侧纵向构造钢筋的截面面积不应小于腹板截面面积 bh_w 的0.1%。此规定适用于常规的结构构件，对于截面面积很大的基础梁是不适用的。基础梁两侧构造主要是用于防止混凝土收缩时梁侧产生裂缝，钢筋的直径可取 12～14mm，间距可取 200～300mm左右，并沿梁腹板高度均匀配置，如图1.6-19。在基础底板高度范围内不需配置。钢筋直径不宜大，粗钢筋对减少裂缝作用不大，如果按混凝土规范的要求去布置基础梁侧面的分布筋，则不但多耗用钢材，而且对减少收缩开裂并无帮助。

基础梁内部不应设置分布筋，没有作用。

梁侧面分布筋之间可以用拉筋定位。拉筋不

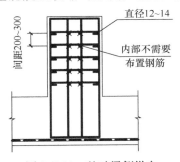

图 1.6-19 基础梁侧纵向构造钢筋配置示意

是受力钢筋，无需很大的直径，对于一般的地梁，直径 8~10 已足够了。

美国混凝土规范 ACI 318—05（2005 年版本）有一条新规定："当梁高超过 36 英寸（900mm）时，梁的纵向表面钢筋应布置于梁两侧。表面钢筋分布于距受拉面 $h/2$ 范围内"（见图 1.6-20）。

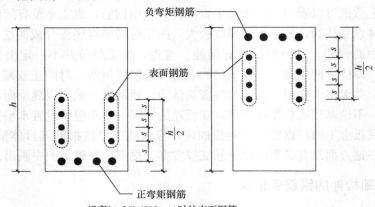

图 1.6-20　美国混凝土规范 ACI 318—05 基础梁侧纵向构造钢筋配置示意

$$S = 15\left(\frac{40000}{f_s}\right) - 2.5C_c，但不大于 12\left(\frac{40000}{f_s}\right)，式中单位为英制。$$

C_c ——表面钢筋之外皮至梁侧面的距离（单位为英寸）；

f_s ——单位为磅/平方英寸，$f_s = \frac{2}{3}f_y$。

例如美国常用的钢筋，$f_y = 60000$ 磅/平方英寸，$\frac{2}{3}f_y = 40000$ 磅/平方英寸，代入式中

$$S = 15\left(\frac{40000}{40000}\right) - 2.5 \times 1 = 15 - 2.5 = 12.5 \text{ 英寸} = 317mm$$

以上计算，C_c 取为 1 英寸（25mm）。

根据美国试验结果，梁两侧表面钢筋得直径不需太大，一般可取♯3 至♯5（即直径 10~16mm），同时每英尺（300mm）梁高配置不小于 0.1 平方英寸（65mm²）的钢筋。

二十二、地下室最下一层计算高度及建筑物计算总高度 H 的确定

1. 建筑地坪可作为建筑物的支点

当基础或地下室较深，在地面处又做了一层楼板或硬质的（例如素混凝土）地面，虽然它是非结构地面，也会对柱子产生侧向挤压，对建筑物起到一个支点的作用，所以现在我们抗震规范规定，±0.00 地坪上下各 500mm 范围内柱箍筋

要加密。以下举几个例子说明地坪对建筑物的支点和约束作用：

　　a. 1971 美国圣斐南多地震 Olive—View 医院，受到很多损坏，其车库为单层单跨建筑，地震中竟然倒坍。该车库（剖面示意详图 1.6-21）基础埋深较深，事后研究倒塌原因是：①由于车库室内混凝土地面的支撑，使左柱的长度仅为右柱长度的 1/2 左右；②按当时的规范，柱箍筋加密区是柱长的 1/6，达不到地坪处，即地坪处柱箍筋未加密；③因两柱的抗侧刚度相差悬殊，左柱短，刚度大，导致左柱承受的地震力比右柱大很多，左柱首先破坏，最后导致房屋倒塌。

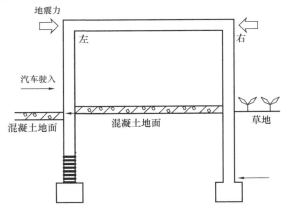

图 1.6-21　美国圣斐南多地震 Olive—View 医院剖面示意

　　因此造成车库虽然只有一层，也严重破坏而倒塌。所以，自 1971 年该次地震之后，美国规范规定：刚性地坪上下各 500mm 区域内，柱箍筋也要加密。

　　b. 1979 美国 El Centro 地震中，某办公楼柱子底层根部损坏。据分析，损坏的原因是首层的混凝土地面对柱起了支撑作用，使该处成为一个支点，而设计时该处不是支点，箍筋按基础起算加密区高度，底层根部地面处未加密，柱的抗剪箍筋不足，再加上该处由于建筑师的要求，使柱截面有所削弱，因此在地面以上发生脆性破坏，如图 1.6-22。

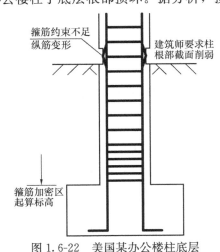

图 1.6-22　美国某办公楼柱底层损坏示意图

　　c. 汶川地震中，大量框架结构底层柱出现塑性铰，未能实现强柱弱梁的目标。经实际震害调查发现：对于持力层较深、基础有一定的埋置深度、地面附近设有拉梁的框架结构，首层柱脚的破坏均在地坪以上，即使回填土发生下陷导致地面变形，也基本没有观察到地表以下、基础顶面以上区段框架柱的破坏情况。

2. 地下室最下一层的计算高度

地下室最下一层，高度如何算。许多人算到基础板的板面，有的算到基础板板中。如果是平板基础，可以算到基础板面。没有必要算到板中。基础板一般比墙厚许多，算到板面无问题。

如果是梁板式筏基，有架空层，预制板上叠合层≥70mm，配筋≥ϕ6-200 双向。则可以算到架空层板。该层板可以作为外墙的一个支点。减小外墙挡土的高度，挡土墙的高度可取至架空层板顶面，详图 1.6-23。

如果没有架空层，基础底板上回填材料顶宜设置厚度 80～100mm 的钢筋混凝土刚性层，详图 1.6-24。这样做有以下好处：a）有利于建筑做法的选择，可以直接在这层刚性层上选用楼面做法；b）减小外墙挡土的高度，挡土墙的高度可取至建筑面层而不是基础底板顶面（这种情况需注意在图纸中注明：先回填房心土，再回填外墙外侧土）。

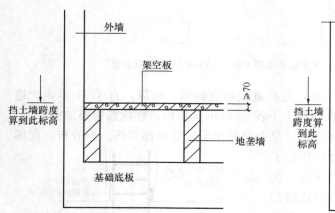

图 1.6-23 梁板式筏基架空层做法示意

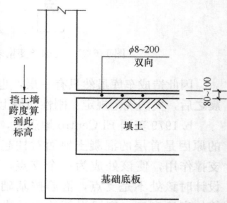

图 1.6-24 基础底板上钢筋混凝土叠合层做法示意图

我们的挡土墙计算中，有很大余量：

a. 土的内聚力（黏性土）未考虑，现在计算都按松散考虑，侧力大了不少。

b. 压力计算均按三角形图形，土压力实际不是三角形。

c. 土中的水，也不是自由流动的水，按实际情况计算水压力会小不少。

我不是提倡要改变现在通常用的挡土墙计算方法，由于挡土墙的受力有不少不确定性，尤其水位高，砂卵石土层厚，水的流动性较大时。所以，我们一方面要知道计算方法中有较大富余量，另一方面，还是仍按原来方法去设计计算时要厉行节约。

知道有余量，又知道混凝土架空层或刚性层可以做支点，所以计算挡土墙的跨度可以算到架空层或刚性层的顶面。这一点很重要，可使外墙的计算跨度减少不少，一般可减少 1m 左右，我设计的工程都这么做，还指导不少设计人员如此做，都没有问题。

另外，计算挡土墙的水压力、土压力，虽然土的标高，水位标高等已定，但还是要乘以荷载分项系数，因荷载分项系数是安全系数中的一部分，如不乘，计算出来的配筋安全系数就会不够。可以乘 1.2，不按活载考虑，因为我们现在计算挡土墙内力的方法是较保守的，富余很多，所以就不要再乘太大的系数。

3. 建筑物计算总高度 H 的确定

建筑物计算总高度 H 的取值，应视地下室或基础的嵌固程度和埋置深度，以及上部结构与地下结构的总侧向刚度的比值等因素而确定。

我们在考虑建筑物受侧力作用时，常将建筑物假设为一根竖向悬臂梁，其下端为固定端，悬臂梁的竖向跨度，即为计算抗震、抗风时建筑物总高度 H。

对于无地下室的砌体结构算至室外地面以下 500，有管沟的算至管沟底。

无地下室的混凝土结构，其总高度 H 一般可算至基础顶面，但对于持力层较深、基础有一定的埋置深度的情况，应合理考虑回填土对于结构的约束作用。

汶川地震中，经实际震害调查及经实例对比发现：当计算高度取在首层地面（即嵌固在首层地面）时，因首层刚度增大，首层柱的配筋增大。如果忽略了此情况，会导致首层柱存在不安全因素。建议对此情况增加嵌固于首层地面的模型进行整体结构的设计计算与配筋。考虑嵌固于首层地面和嵌固于基础两种情况包络设计。

对于有地下室的建筑，其总高度 H 算至什么标高，应视其上下刚度变化的程度及基础埋置情况而定。

影响结构侧向位移的主要因素，是其竖向构件（墙、柱）的刚度。水平构件（梁、板）的刚度大小，尤其楼板的刚度大小，对于结构的侧向位移影响较小。有人认为，如果在 ±0.00 处的楼板适当加厚（例如不小于 180mm），增配钢筋，则上部结构可以考虑嵌固在 ±0.00 处。这个概念是不对的。

第一种情况见图 1.6-25，$G_1 A_1$ 代表上部结构的总侧移刚度，$G_2 A_2$ 代表地下结构的总侧移刚度。如果 $G_2 A_2$ 比 $G_1 A_1$ 大许多，例如 $G_2 A_2 \geqslant 2 G_1 A_1$ 则可近似地认为上部结构嵌固于 ±0.00 处，结构在抗震验算时的计算高度 H 为 ±0.00 以上主体结构之高度。对于框架结构、框剪结构，如地下室有

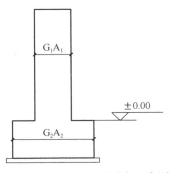

图 1.6-25　结构侧移刚度示意图

较多钢筋混凝土墙（如地下室外墙），则±0.00以下的总侧移刚度比±0.00以上大许多，可以将±0.00处视作嵌固端。

第二种情况，如上部结构为剪力墙结构，其地下部分的墙体数量一般与上部相等，但厚度可能增大。例如上部为高层住宅时，外墙厚度可能为 200～250mm，地下室外墙厚度可能增到 300～350mm；内墙厚度也可能相应有所增加。但地下部分的总刚度 G_2A_2，比地上部分的 G_1A_1，增大不很多，可能达不到所需倍数（因墙厚增加，对刚度 GA 值影响不是很大），因此，在这种情况下，假设嵌固在±0.00处，误差就会较大。

总之，建筑物的实际情况较复杂，并非若干条文所能概括，我们可根据本条所提的原则，按实际情况综合考虑，以确定建筑物总高度 H 的取值。

以下举若干例子加以说明：

a. 上部结构为框架或框剪结构，有一层地下室为箱基，此时 H 可算至±0.00处（地下室顶板），如图 1.6-26（a）。

b. 上部为框剪结构，有两层地下室，地下二层地下室刚度较大。如上部结构剪力墙与地下室外墙之间的距离不超过规定，且地下一层地下室外墙为钢筋混凝土墙，则 H 可算至±0.00处。

如上部为框架结构，当地下室平面为矩形（或接近矩形），长宽比不大于3，地下室外墙为钢筋混凝土墙，H 也可算至±0.00处。见图 1.6-26（b）。

c. 上部为框架或框剪结构，有一层地下室，采用筏板基础，如能满足本条第2款的有关要求，则可按图 1.6-26（c）中之 H 计算，否则应按基础底板上皮起算的总高度 H' 计算。

d. 上部为剪力墙结构，有一层地下室，H 可算至基础底板上皮。如有两层地下室，H 可算至地下二层顶板之上皮。

不论何种情况，室外地坪至±0.00处的距离，皆应小于第一层地下室的层高 h 的 1/3，否则 H 的取值，应向下增加一层的高度。

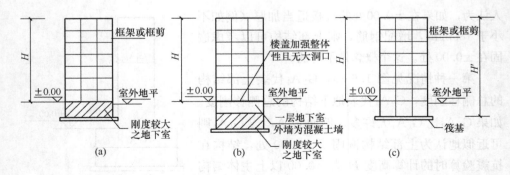

图 1.6-26　建筑物计算总高度确定示例

二十三、地下室外墙竖向钢筋与底板钢筋的连接

地下室外墙竖向钢筋与基础底板钢筋的连接见图1.6-27。外墙厚度一般小于基础底板，计算底板时外墙支座按铰接考虑；计算外墙时底板端按嵌固。应注意，若底板厚度小于外墙，应在与外墙相连的区域加厚底板，加厚范围应保证底板与外墙的抗弯能力匹配。底板的下部钢筋应与外墙外部竖向钢筋匹配。外墙外部竖向钢筋与底板钢筋的搭接长度按小直径钢筋计算。

有一些图集里要求底板或地梁的上下铁在端部焊接，如图1.6-28，完全没有必要，不仅加大了施工难度和成本，而且没有任何作用。

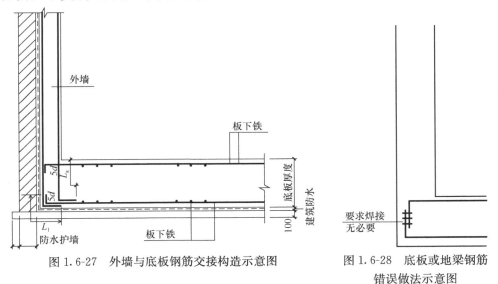

图1.6-27 外墙与底板钢筋交接构造示意图

图1.6-28 底板或地梁钢筋错误做法示意图

现在出版的书籍、图册不少，但大家看时要注意，不要认为书、图集里的做法都是对的，要会分析，慎重对待。

二十四、基础的底板外挑构造做法

基础底板外挑处为悬挑构件，下铁是受力钢筋，因此上铁不需配置受力钢筋，也即不需将底板正弯矩受力筋通长伸出，见图1.6-29。因基础受力钢筋直径较大，这样做可以节约钢筋用量。

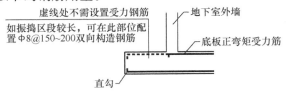

图1.6-29 基础底板外挑构造示意图

二十五、地下室外墙与底板及各层楼板的交接

地下室外墙与底板交接处不应再设置地梁，如图 1.6-30。因外墙有挡土、挡水需要，厚度都不会太小，高度至少与地下室同高，因此外墙刚度很大，远远大于加一道地梁的作用。而且墙内有那么多的钢筋比梁内钢筋的作用大得多。因此，在墙里加地梁完全没有作用了，纯粹浪费。外墙与各层楼板交接处也没有必要加梁。如果此处需要承受弯矩、剪力（例如只有底层有墙，上面无墙），则将墙作为梁来计算，无必要另外加梁。除非是构造上有需要，例如上部有墙而下部无墙，墙不好收头，可在墙下部做梁以方便墙钢筋的锚固，如图 1.6-31。

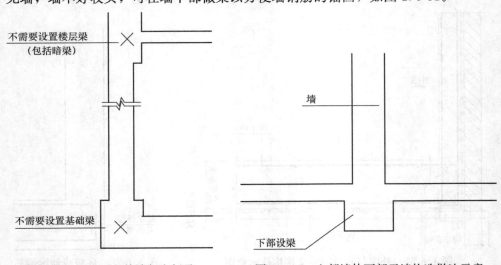

图 1.6-30　地下室外墙与底板及
各层楼板交接处示意图

图 1.6-31　上部墙体下部无墙构造做法示意

二十六、基础大体积混凝土的强度

高层建筑之基础构件，包括筏板基础之梁、板以及厚板，当在混凝土中掺有一定数量之粉煤灰，并对混凝土之后期强度能起作用时，可利用混凝土的后期强度，不采用常规的 28d 龄期，而用 60～90d 龄期。

高层建筑之基础构件，如地基梁、板或厚板基础，体积常很大。由于其受力较大，有时必须采用强度较高之混凝土，如 C40（但 C50 及以上之强度，一般不宜采用）。当混凝土体积大，强度高时，混凝土硬化过程中产生之水化热，以及干缩造成之不利影响，常易导致基础构件开裂。

除了在施工过程中采取一系列措施以减少上述不利影响外，在设计上可以规定按 60d 或 90d 的混凝土强度，这样在同一混凝土最终强度的条件下，能够减少

水泥用量，因此使水化热减少，并减少收缩量。

国外对于基础的混凝土强度，不按 28d 而按 60～90d 者，已使用多年，因为高层建筑的基础要达到满负荷，是数倍于 60～90d 之后，因此，安全上是没有问题的。而且还有上述的优点。曾见过报道，美国一栋高层建筑，在计算风荷下的位移时，采用了 180d 龄期的混凝土弹性模量。台湾建设的"台北国际金融中心"，主体结构高 90 层，厚板筏基厚度 3.0～4.7m，也采用了 90d 的混凝土强度。

我国的《粉煤灰在混凝土和砂浆中应用技术规程》中也有规定，凡掺用粉煤灰之混凝土基础，可以采用其 60d 强度。

因此，我们在设计筏基或箱基（包括桩基平台）时，在施工图上应说明，可以采用混凝土 60d 或 90d 的后期强度。

二十七、基础构件的裂缝宽度及挠度计算

基础的梁、板构件无需验算其裂缝宽度及挠度。

自 20 世纪 50 年代至 80 年代，国内一些单位对基础构件内之钢筋进行了大量实测，发现钢筋的应力一般皆为 20～50MPa，最大值 70MPa，远小于计算所得应力。此结果表明，我们采用的设计方法与基础的实际工作状态有较大出入。在这种情况下，要求计算裂缝宽度和挠度是不必要的。

二十八、基础中的局部墙体验算

当基础某些（或全部）墙体的上面，并无延伸到顶的剪力墙时，该墙体应视作地基梁，验算其承载力。在验算剪力时，应按下式：

$$V \leqslant 0.20 f_c b h_0$$

图 1.6-32 表示应该按地基梁核算承载力之地下室墙。

对于地下室墙体的布置与验算，有时有一些错误，今举一例说明。

某工程柱网布置如图 1.6-33，上部结构为四层框架，有一层地下室。上部结构为单跨 14.5m 框架，室内没有柱子，至地下室则设置了纵横钢筋混凝土墙，厚 20cm。设计时，将地下室按箱基考虑。

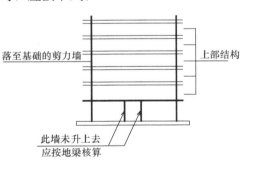

图 1.6-32　基础中的局部墙体验算示意

这种假设是错误的，因为 B、C 轴内墙处并无柱子，所以箱基在该处并无支点（箱基受力为自下而上方向），②～⑥轴的内墙跨度为 14.5m，如此大跨之地梁，厚度仅 20cm，跨中又有一个大洞（地下室走道），很显然是有问题的。

此做法存在安全问题，应避免。正确的做法是：在外墙四周设置条形地基，

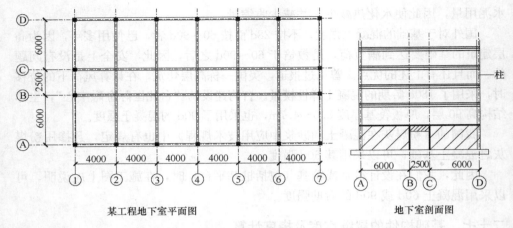

某工程地下室平面图   地下室剖面图

图 1.6-33　某工程地下室平面、剖面示意图

做成墙下条形基础。

二十九、地下室后浇带做法

基础长度超过 40m 时，底板、墙及顶板应预留贯通的后浇带。后浇带间距一般为 30～40m，宽 800mm 至 1000mm 左右，位置最好在柱距中部 1/3 处，带内钢筋贯通，带内后浇混凝土应在其两侧混凝土浇灌完毕后至少两个月再行浇灌，其强度等级应提高一级，并应采用不收缩混凝土。

在后浇带底板下面及外墙外侧可采用附加防水层做法（卷材或涂料），见图 1.6-34。

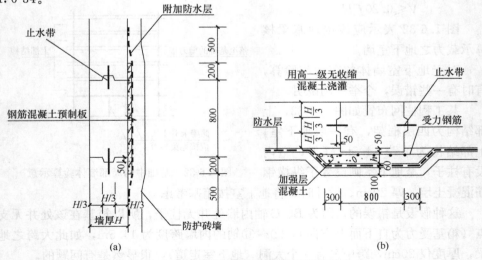

(a)   (b)

图 1.6-34　地下室外墙及底板后浇带做法
(a) 外墙；(b) 底板

图中"加强层混凝土"的做法，只适用于施工过程中需要提前停止降水时，其所配钢筋及混凝土厚度 h，应按地下水产生的浮力计算而得。当无此需要时，即不用此种构造。将 100 厚垫层拉平即可。

三十、窗井隔墙及底板的计算

当地下室设置窗井时，如窗井较长，应在窗井内部设置分隔墙以减少窗井外墙的无支长度。窗井分隔墙宜与地下室内墙连续拉通成整体，见图 1.6-35。

如窗井底板与基础底板齐平时，窗井底板不应视作从基础底板伸出之悬挑板，而应视作支承在地下室外墙与窗井外墙上的单向板，窗井隔墙则为从地下室内墙伸出之悬挑梁。此时应验算悬挑墙之截面，使 $V \leqslant 0.20 f_c b h_0$（$V$—窗井墙根部的剪力；$b$—墙厚；$h_0$—墙的有效高度）。

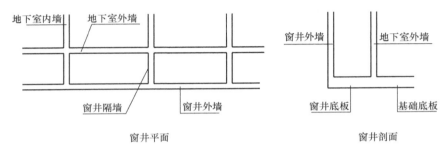

图 1.6-35　地下室与窗井平、剖面

三十一、高层建筑的基础埋深小于相邻裙房的基础埋深

实际工程中，常常碰见高层建筑的基础埋深小于相邻裙房的基础埋深的情况。例如多层车库上加绿化覆土，埋深加大，而且车库由于有规定的至少多少车位要求等等，常需要多层建筑。但高层住宅需要的地下室层数并不多，因为高层地下室不好卖，开发商不愿做。因此导致高层住宅的基础埋深反而小于相邻车库的基础埋深，这种情况是不利的，令很多结构工程师头痛。于是有的结构工程师就向甲方说这样做不安全，不能做，除非把高层住宅的地下室加深，使其与车库相同。这样会使甲方多花钱，导致甲方不满意。

对于高层住宅埋深浅的情况，也是有可能做到的。做一个不利的工程，能妥善地解决问题，对自己也是一个锻炼和提高。

对于一个不利的工程，首先要分析它的问题是什么。这种情况的确存在如下危险因素：①高层对裙房外墙将产生较大的侧压力；②高层住宅的土壤持力层与车库可能不同，高层会有较多沉降。而车库是超补偿状态，也即车库建筑物重量会小于挖掉的土重，只有少量的回弹再压缩变形，这会导致沉降不均；

③一般施工顺序应该是先做较深的基础，再做浅的，车库挖土再与主楼相邻部位形成后填肥槽区域，此区域土常常不能保证质量，致使高层的地基持力层会落在两种不同的土上，即原状土与回填土，这会导软硬不均，导致高层产生倾斜。

对于①车库外墙的确会受到较大的侧向土压力，但外墙的竖向跨度较小，也即车库的层高，一般在 3～3.5m，承受较大荷载应无问题。我们想问题要放开思路，不要光在民用建筑圈子里绕，你想想水库的大坝，高几十米，水头压力有多大！人们不是也能征服它吗？当然，他们水利工作者花费的材料是我们不能比的，但保证安全的原理是一样的。他们不会说，水压力这么大，做不了！我们遇到的侧压力，与他们相比是小巫见大巫，怎么能说不能做呢？要向甲方说明，可以做，但要花费一定的代价。

首先要仔细计算墙的侧压力，包括高层住宅重量产生的侧压力。外墙要有一定厚度，不能太薄，这方面需要适当保守一些，尤其是地下水位有可能上升到车库基底以上时，要计算够。外墙竖向跨度虽然不大，但平面上的长度较长，为了增加它的刚度，可增设墙垛或做扶壁柱，做成双向受力构件是比较好的。墙垛或做扶壁柱要穿插在停车位之间，以免影响停车车位，这时要与建筑师配合好。

对于②③，车库外墙与高层外墙要分开，不要重合，高层的外墙不能落在车库外墙上，要离开一定的距离，中间打护坡桩，如图 1.6-36。打护坡桩目的有两个，一是避免车库挖槽放坡，产生肥槽回填不实，千万不要相信施工单位

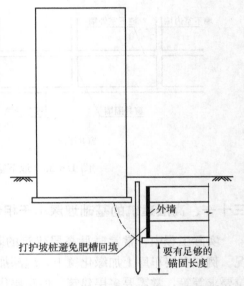

图 1.6-36　高层建筑基础埋深小于相邻裙房基础埋深处理方法示意图（一）

的"保证"：可以回填密实等等；二是可以帮助承担一部分侧向力（这是次要的）。

至于高层与裙房之间沉降不均匀的问题，可以与有经验的勘察单位协商。如怕不保险，可以采用 CFG 桩处理地基，相邻区域的桩应加强，采用配筋形式，见图 1.6-37。如果住宅很高，土的承载能力不够，不能用天然地基，用了桩基，这些问题应该都可解决了。

以上所讲，只是一些大的思路考虑，具体到工程上还要仔细研究。

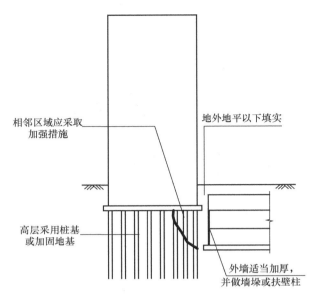

相邻区域应采取
加强措施

地外地平以下填实

高层采用桩基
或加固地基

外墙适当加厚，
并做墙垛或扶壁柱

图 1.6-37　高层建筑基础埋深小于相邻裙房
基础埋深处理方法示意图（二）

总之，要敢于闯，前怕狼，后怕虎，是成不了好的结构工程师的。

当然，对于这种高层建筑的基础埋深小于相邻裙房的基础埋深，不推广、不提倡，这种情况还是应当尽量避免，尽量与建筑师商议，加大纯地下车库和住宅的间距。如地下车库层数很多，也可将最下一层车库后退一段距离，以减少不利影响，土质不好时宜用此法，如图 1.6-38 所示。

三十二、框架-剪力墙结构采用桩基时合理考虑墙底弯矩

如同框剪结构采用单独柱基、剪力墙用条基，应合理考虑地震作用产生的墙底弯矩对基础的影响一样，详第八条，在抗震设

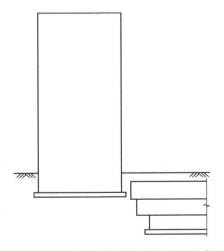

图 1.6-38　高层建筑基础埋深小于相邻
裙房基础埋深处理方法示意图（三）

计中应注意剪力墙下面（尤其墙两端）的桩数不能因考虑地震作用而布置过多，以免导致沉降不均。在计算时，可将墙底地震弯矩乘以 0.8，桩承载力提高 50%（1.2×1.25＝1.50），但应注意最后桩数不少于未考虑地震作用时的数量。

三十三、关于《建筑地基基础设计规范》公式 8.4.2

《建筑地基基础设计》P75 页公式 8.4.2 对于筏形基础平面形心与结构竖向荷载重心之间的偏心距要求：$e \leqslant 0.1W/A$，W 为与偏心距方向一致的基础底面边缘抵抗矩，A 为基础底面积。

此式只有结构为绝对刚体时才适用，如图 1.6-39，但实际结构本身会沉降、变形，因此并不适用。尤其不能将裙房与高层合在一起考虑其重心。

看到过一篇文章，说有一栋高层建筑，与裙房相连未设缝，裙房如与高层相同也是筏基，则基础将出现偏心。

这个概念是错误的，但是非常流行，连规范也如此。

如图 1.6-40，上部的重心与下部基础的形心不重合，形成偏心，产生弯矩，地基土偏心受压。

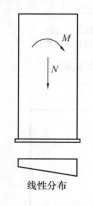

线性分布

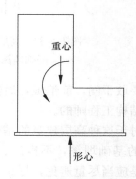

重心

形心

图 1.6-39　结构为刚体时的筏形
　　　　　基础反力示意图

图 1.6-40　上部结构重心与下部基础形心
　　　　　不重合情况示意图

这种想法是否正确有两个前提。一是上部结构是绝对刚体，它在地基沉降时作为一个整体而只能转动，没有局部变形；二是地基土是各向同性的弹性体，他的变形遵循胡克定律—应力与应变成正比。

但是，这两个前提都是不存在的。首先，上部结构不是绝对刚体，它会产生位移（水平和竖向的），如果地基下沉，上部结构会随之而产生竖向变形，这由许多沉降观测的实例可以看到，其次，地基土本身的变形也不是弹性的，它的变形不像胡克定律所描述的那样，应变与应力成正比，而是与时间有关系，而且随着时间的推移，变形会逐渐减少（土被压密了）。总之，这是一个复杂的过程。

所以，不用过于在意公式 8.4.2。

"实践是检验真理的唯一标准"，我们已有大量的高层与裙房连在一起的建筑物，建成较久者已近 30 年，都没有问题。

我们有许多设计人员的通病是宁可相信书本、相信规范，而不去看看那些已建成的成功的工程实例。

三十四、端承预制桩的打入深度控制

端承预制桩打入持力层的深度一般以勘察报告提出的要求为准，实际施工时可按下列考虑：

预制桩的打入深度以最后贯入度（一般以连续三次锤击均能满足要求为准）及桩端标高为准，即"双控"。如两者不能同时满足要求时，首先应满足最后贯入度，同时根据具体情况与勘察、施工单位商量解决。

如不能满足上述要求时可以采取补桩的办法，补桩时桩中心距可以放宽至 $2.0 \sim 2.5d$（d 为桩径或桩边长）。

三十五、钻孔灌注桩后压浆技术

近年来，钻孔灌注桩后压浆技术发展较快，已在许多高层建筑中应用，效果较好。例如北京市建筑设计研究院设计的现代城（四十层），采用此技术，不但桩承载力有较大提高，沉降量也减少，该栋楼在结构封顶时，最大沉降量仅为 33.6mm。

未采用后压浆的普通钻孔灌注桩的缺点为：①桩端虚土无法清除干净导致沉降较大；②由于在水下浇灌混凝土，须采用泥浆护壁技术，因此桩侧摩阻力减小。这两点使桩的承载能力不能充分发挥。

后压浆技术的基本原理为：

当桩成形，桩身混凝土达到一定强度后，由预埋在桩身内的导管，向桩端压送高压水泥砂浆，此砂浆首先将桩端虚土压密实，然后沿桩身周围向上升，直至地面，如图 1.6-41。这样，桩端的承压力可大大提高，桩身周围摩阻力也可提高不少。

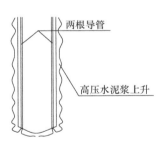

图 1.6-41　钻孔灌注桩后压浆示意图

根据压桩试验结果分析，采用后压浆技术时，在一定条件下，十几米长的桩的承载力有可能提高 80%，二十几米长的桩的承载力有可能提高 50%，三十几米长的桩的承载力有可能提高 30%，经济效益很好，还可减少桩的沉降。如施工技术过硬，注浆地层主要为中、粗砂等，还有可能提高更多，例如北京市建筑设计研究院设计的郑州图书馆项目，桩身直径 600，桩长约 23.5m，桩底为中砂，采用桩底后压浆后，单桩承载力特征值由 1600kN 提高为 4450kN，为保险起见，采用 $0.8 \times 4450 = 3560$kN，$3560/1600 = 2.225$。

采用后压浆技术，还有一个优点，就是可以利用后压浆的预留孔检查桩身混凝土的质量。过去常用小应变方法检测桩身质量，但当桩身重量较大时，小应变法就可能不准确。此时，可利用桩身预留孔采用超声波投射法，以检测桩身质量。当桩直径为 800mm 左右时，预留 2 个孔即够，直径大于 1m 时，宜预留 3～4 个孔，以备超声透射检测。

设计后压浆桩时，应注意桩承载力的提高，不能超过桩身的承载力。

三十六、高层建筑与裙房之间不设沉降缝的措施

高层建筑的高层部分与多层裙房之间，根据地基及上部结构的条件，也可不设置沉降缝。

如高低层之间不设沉降缝，应采取措施以减少高层建筑的沉降，同时使裙房的沉降量不致过小，从而使两者之间的沉降差，尽量减少。

自 1980 年设计西苑饭店工程开始，北京市建筑设计研究院已在许多工程设计中，采用高层建筑与其裙房之间不设永久沉降缝的设计方法，并都取得了成功。

目前我院设计的北京地区的工程，已基本上都不在高低层之间设沉降缝。我院设计的外地工程，也都根据具体工程地质条件，尽可能地不设沉降缝，以利于减少造价，便于使用。

高低层之间不设缝措施的关键，在于减少高低层之间的沉降差，也就是要尽量减少高层部分的沉降，并使裙房沉降量不致过小。

减少高层部分的沉降的措施大致有：

1）采用压缩模量较高的第四纪中密以上之砂类土或砂卵石为基础持力层，其厚度宜不小于 4m，并较均匀且无软弱下卧层；

2）适当扩大基础底面积，以减少基底单位面积上的压力；

3）如建筑物层数较多（例如 30 层以上）或基础持力层为压缩模量较小，变形较大之土层时，可以采取高层部分做人工地基的做法，以减少高层部分的沉降量。但应作好经济比较，以免造价过高。

高层部分的人工地基，可以采用桩基（如现浇钻孔灌注桩），也可以采用加固地基方法，以减少其沉降量。地基加固处理的各种方法中，在北京较常用的是 CFG 桩。采用复合地基法，应条件合适，并有必要的试验数据。

凡采用复合地基方法者，应进行沉降观测。

使裙房沉降量不致过小的措施有：

1）裙房之柱基础应尽可能减少基底面积，优先选用单独柱基或条形基础，不宜采用满堂筏板式基础。有防水要求时可采用单独柱基或条形基础另加防水板的方法。此时防水板下应铺设一定厚度之易压缩材料。

2）尽量提高裙房地基之承载力。如果勘探报告上所提地基土的承载力有一个变动幅度，如 180kPa～200kPa，则宜取其上限。

土的承载力应进行深度修正，以提高其承载力。北京地区，当有整体防水板时，其计算埋置深度 d，不论内、外墙基础，一律按

$$d = \frac{d_1 + 3d_2}{4} \tag{1.6.8}$$

式中　d_1——自地下室室内地面起算的基础埋置深度；

　　　d_2——自设计室外地面起算的基础埋置深度。

3）裙房基础的埋置深度可以小于高层部分的基础埋置深度，以使裙房基础持力层土的压缩性高于高层基础受力层土的压缩性。例如：高层基础持力层为密实的砂类土，而裙房基础如果可能的话可以提高，放在一般第四纪黏性土上。

当前一般高层建筑的地下室层数，有愈来愈多的趋势，四层地下室已不罕见。而高层建筑的裙房，地面以上层数，往往不超过 5 层。这样，裙房部分的建筑物重量，往往小于其挖除土的重量。所以，该部分建筑的沉降量，常仅为地基土的回弹再压缩量。对于北京第四纪中密以上的土，此数量仅为 $10 \sim 20\text{mm}$ 左右。而高层部分的沉降量，如果层数较多或地基土质不是很好，常大大超过此值。如不很好处理，两部分之间的沉降差将可能超过规定。

所以在设计时，除了设法减少高层部分的沉降外，还应设法使裙房部分的沉降量不致过少。

因为减少高层部分的沉降的各种方法，如打桩、加固地基土等等，常常是造价高、工期长，而设法增加基底面积的方法，（如筏板四周向外多挑）对于较高的高层建筑，常不易奏效。

所以，设法使裙房部分的沉降量不致太少，是一个很重要的减少高低层之间的沉降差的方法。

过去有的设计，将裙房做成筏板基础，既增加了造价，又会使高低层之间的沉降差过大。因此，我们提倡在裙房部分尽量选用单独柱基或条形基础，以减少该部分的基底面积，从而可以减少高低层之间的沉降差。

选用单独柱基或条形基础之后，还须设法尽量采用较高地基土的承载力，才能减少其基底面积。

高层与裙房之间如不设置沉降缝，则宜设置沉降后浇带。一般设于高层与裙房交界处的裙房一侧。后浇带的浇灌时间一般应在高层主体结构完工以后，但如有沉降观测，根据观测结果证明高层建筑之沉降在主体结构全部完工之前已趋向稳定，也可适当提前。

后浇带做法之一：见图 1.6-42 设置在梁（板）的跨中 1/3 部位，带宽 800mm 左右，带内钢筋可以连通，混凝土后浇。后浇混凝土应采用不收缩混凝土，且强度应提高一级。

此种后浇带应自基础开始，直至裙房屋顶，每层皆留。如果因某种原因，后浇带不能留在梁的跨中部位，则应注意其对于梁的抗剪承载力的影响，必要时可

在梁内该部位增设型钢以加强抗剪承载力。

在施工图中必须注明，施工单位应将后浇带两侧之构件妥善支撑，并应注意由于留后浇带可能引起各部分结构的承载力问题与稳定问题。图1.6-43说明由于设置后浇带，使裙房成为不稳定结构，挡土墙侧压力不能传递至高层主楼，可能导致施工时发生事故。

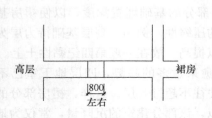

图1.6-42　后浇带做法之一　　　　图1.6-43　留置后浇带导致倾覆事故示意图

后浇带做法之二：见图1.6-44，除后浇带所留部位及增设型钢等与做法一不同外，其余如浇灌时间，浇灌混凝土强度要求等等，皆同做法一。此种做法可以减少支撑，对于安装机器设备及装修进度等方面的影响较小。柱中伸出之型钢宜保留，不要拆除。

采用此法应注意构件两端留缝对于构件抗剪承载力的影响，必要时采取补强措施。

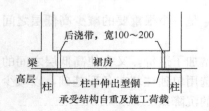

图1.6-44　后浇带做法之二

做法之一中的各项施工注意事项，也适用于本做法。

由于高层建筑施工周期较长，因此，后浇带存在的时间也较长。在此期间，施工垃圾掉入带内在所难免，所以，须与施工单位研究清理垃圾之方法。尤其对于基础梁，宜在施工图纸上标明以便于清理。图1.6-45为北京西苑饭店基础梁后浇带之做法。

当基础持力层土质较好（例如为第四纪中密以上的砂类土），且该受力层较

(a)　　　　　　　　　　　　(b)

图1.6-45　西苑饭店基础梁后浇带示意

(a) 平面；(b) 剖面

厚时，如设计人确有依据，也可不再验算高低层之间的沉降差。但高层与裙房之间仍宜设置后浇带，同时，裙房与高层相连接之梁、板，应加强构造。如梁的配筋上下等量、箍筋加密、增加腰筋等。

当基础持力层土质较差或虽土质较好但厚度较薄时，应考虑高、低层之间的沉降差对于结构的影响，并进行验算。

裙房与高层相连之梁，其端部做法一般有两种：当估计高层与裙房之间的沉降不致过大时，可采用两端皆为刚接之做法，此法适用于地基土质较好的条件。当估计沉降差较大时，可采用一端刚接，一端铰接的做法。此法适用于地基土质条件不很好的情况。

高层建筑与裙房的基础埋置深度相同或差别较小时，为加强高层建筑的侧向约束，不宜在高低层之间设置沉降缝，见图 1.6-46。

如高层建筑与其裙房之间必须设缝，则高层建筑之基础埋深宜大于裙房之埋深不少于 2m，见图 1.6-47。

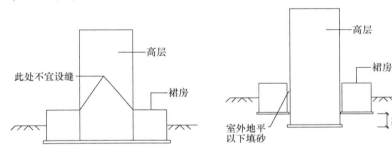

图 1.6-46　高层建筑与其裙房
之间构造要求示意图（一）　　　　图 1.6-47　高层建筑与其裙房
之间构造要求示意图（二）

较高的高层建筑施工周期较长，如果要求高层与裙房之间的后浇带在主体结构完工以后再浇灌混凝土，有可能使整个施工周期延长。为解决此矛盾，可以在开工时即开始进行沉降观测，当高层主体结构施工至一定高度时，如果沉降趋于稳定，则也可不必到高层主体结构全部完工，即可提前浇灌后浇带。例如一栋30 层的建筑，当主体结构施工至 20 层时，沉降曲线已趋向平缓，已可确定今后10 层的沉降不至太大，也可以在 20 层完工后将后浇带提前浇灌。

三十七、复合地基

当天然地基不能满足建筑物对地基承载力及沉降变形的要求，采用桩基的造价又相对偏高，工期也相对偏长时，可以选用复合地基。复合地基是 20 世纪 90年代发展起来的一种加固地基的技术。复合地基与钢筋混凝土桩相比，具有工期短、造价低、方案灵活等优点。在全国已成功应用于很多 30 多层的高层住宅和公共建筑工程。

近年来北京地区采用较多的复合地基为水泥粉煤灰碎石桩，简称 CFG 桩。CFG 桩是 Cement Fly ash Gravel 的缩写，它是由水泥、粉煤灰、碎石与水拌和后，根据不同的土质，采用不同的机具、不同的成桩工艺，形成复合地基。

北京的地基，常是一层黏性土（包括粉土），一层砂土（包括砂卵石），相互交替。如果高层建筑槽底持力层为黏性土或粉土，其承载力经深宽修正后，可能满足要求，但其沉降会较大，有时可达 150~300mm，如果与裙房连在一起，其沉降差异将不能满足要求。

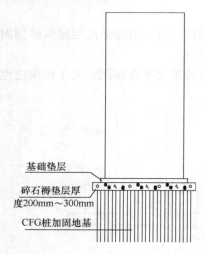

基础垫层

碎石褥垫层厚
度200mm~300mm

CFG桩加固地基

图 1.6-48　CFG 桩复合地基示意图

复合地基，即是将持力层的较软土层进行加固，使其承载力增加，沉降减少。

CFG 桩复合地基的最重要特征是褥垫层的设置。其工作机理是上部荷载通过此褥垫层同时传给桩和桩间土，使桩与桩间土共同承担上部结构传来的荷载，如图 1.6-48。

CFG 桩的适用范围很广。在砂土、粉土、黏土、淤泥质土、杂填土等地基均有大量成功的实例。

CFG 桩对独立柱基、条形基础、筏基、箱基都适用。高层建筑目前一般都采用筏基，其平面尺寸较大，影响深度也大。因此，高层建筑采用 CFG 时，以大桩距——大桩长为主。但如距基底不太深处（如 6m）有中密~密实的砂卵石层，厚度不小于 4m，则也可将桩尖落于该层砂卵石层上。

复合地基是否成功，施工质量影响很大。设计单位宜向业主及总承包单位提出要求，由资质较好并有施工经验的单位分包此项工程。

复合地基的设计，一般由分包施工的单位进行。往往在业主招标时，即由分包单位将设计（包括布桩、计算、允许承载力、预计沉降等等）、造价等，用书面写入标书内。

设计要点：

1）复合地基可适用于高层建筑。当高层与裙房相连时，可以只在高层建筑基础下面采用，裙房可采用天然地基，以解决两者之间的沉降差问题。

2）荷载特别不均匀的框架结构独立柱基，应慎用。如采用应在柱基间设置拉梁。

3）应在图纸上注明复合地基的要求：

① 建筑物的最大、最终沉降量，不应该超过的值：对于独立的高层建筑，

可取 80～100mm；与裙房相连的高层建筑，可取 50～80mm。建筑物各部位的沉降值是不相同的，如果只写沉降值，就不是定值；同样，如果不写明最终沉降，则也不是定值。

② 在设计图上注明建筑物的荷载标准值，单位为 kN/m²。当需要预估荷载时，对于一般的高层建筑，可按地面以上每层 15kN/m²，地面以下每层 20kN/m²，另外加上基础自重。对于高层与裙房交界处的柱子，不要漏掉裙房部分的荷载。

对于较高的框架－核心筒结构，由于核心筒自重较大，应分别提出各部分的荷载。在布置桩时，应在核心筒及其荷载扩散范围内将桩距加密或桩长加长，而在外围可将桩距适当放大。如图 1.6-49。

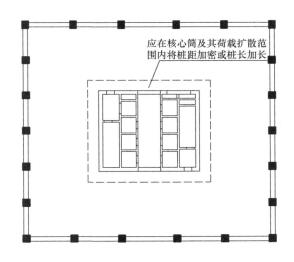

应在核心筒及其荷载扩散范围内将桩距加密或桩长加长

图 1.6-49　框架-核心筒结构 CFG 桩复合地基布置示意图

③ 应要求施工完毕后，由具有资质的可靠单位进行质量检测。检测内容一般为：允许承载力及桩身质量，检测方法及百分比，按有关规范、规程执行。允许承载力，一般用荷载试验法；桩身质量检测一般采用小应变法。

三十八、基槽情况处理实例

工程中经常遇到这种情况：挖土挖到规定的槽底标高时，发现未到规定的持力层。例如北京朝阳区东二环雅宝路某工程，勘察报告给出的持力层为砂卵石层，槽底标高为－20.00，但挖到－20.00 时，发现砂卵石层的标高是－21.00～－22.00，相差 1～2m，－20.00 是粉质黏土（或其他黏性土）。因建筑物楼层多、高度大，这层黏土经过深宽修正后达不到承载力的要求。这种情况，许多人的处理方法是将这 1～2m 的黏性土挖去，然后再用级配砂石或其他材料分步夯填。这种处理方式有问题。首先是现在已经没有所谓的"级配砂石"了，"级配砂石"在北京地区原先是指永定河多年沉积形成的砂卵石层，经过多年压实，天然冲积而形成，其密实度很好，是真正的天然级配。但现在北京郊区（包括邻近县）这种级配砂石已开挖殆尽。所以工地往往以石子加砂子搅拌一下，形成所谓的"级配砂石"，其密实度并不好，再加上分层夯实往往做不好，这样形成的回填土，其强度往往还不如原先的这 1～2m 厚度的黏性土，原黏性老土在其上十几米土的常年压力下，是很密实的。

我们处理这种地基情况时，并没有挖掉这 1～2m，保留了原状土。因为基坑范围很大，多为几十米长（宽），这 1～2m 的土在受荷时，会形成"薄片挤压"，不会破坏，只要沉降在允许范围即可，强度不是问题。而实际上这 1～2m 的黏性土，沉降量很小，不会有任何安全问题。

不多挖土，不仅安全无问题，还可以节约造价，缩短工期。

目前，该工程结构主体已竣工 7 年多，没有任何问题。

还有的工程用素混凝土填充局部不到持力层的部分，这样的处理方式也不好，不仅会造成基底土层软硬不匀，还造成巨大浪费。

三十九、砖混结构采用满堂基础，底部不用放脚

砖混结构采用满堂基础，底部不用放脚，如图 1.6-50 所示。

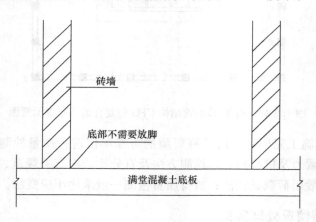

砖墙

底部不需要放脚

满堂混凝土底板

图 1.6-50　砖混结构满堂基础示意图

一些构造手册和图集里画了放脚，但不需要。我以前做的很多工程都毫无问题。

需不需要放脚，自己实际一计算就可以得出结论，从力的传递和力的平衡角度考虑。

对于图 1.6-50 所示砖下混凝土基础的情况，砖弱、混凝土强，所以只要砖

墙承载力够了，混凝土承载力一定够，这也是判断方面的概念，如底部砖强度不够要放脚，上面的砖墙怎么办呢？

而对于图 1.6-51 所示的砖下灰土情况，砖比灰土强度高，所以在接触面上，怕灰土承压应力不够。要放大截面，使传到灰土上的压应力减少，一般三七灰土允许应力 4kg/cm²。另外砖放脚还有保证压应力在灰土刚性角范围内传至地基的作用。

如果房屋层数少，压应力小，在灰土上不放脚过去也常有。

所以任何构造做法，自己要动脑子想一想，就会明白为什么，应该如何做，这样对自己概念上的进步是有好处的。

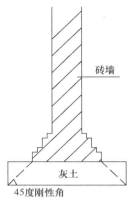

图 1.6-51　砖墙下灰土
基础示意图

四十、关于消防车荷载

消防车虽然很重，北京地区最大的消防车载重后可达 32T，使用过程中架完支撑后占地面积大，可达 100m² 以上，这样平均下来荷载为 3kN/m²，所以计算地下室外墙时活载按 5kN/m² 是完全可以的，足够了。

有人在设计时，把荷载假设得很大，到后来构件截面控制不住，材料也浪费。

还有人写文章，将消防车紧密排列，以此计算荷载。实际上不会出现紧密排列的情况，因为要架支撑，否则云梯上去会倾覆。

当设计裙房地下室顶板时，如果顶板覆土≥1.5m 时，消防车荷载可以取 5kN/m²。

消防车荷载属于偶然荷载，不一定会有，当然偶然荷载也必须考虑，但安全度可以适当降低，不必把荷载取得很大，像地震作用计算后 γ_{RE} 可以折减一样，消防车荷载也属于这一类情况。

再说远一点，消防车通道楼板不需要验算裂缝，这是因为：

① 消防车通道可能根本不会过消防车（不着火是绝大多数情况）；

② 现在的裂缝计算，根本算不准；

③ 过车是临时荷载，只要强度够了，即使裂缝大点有什么关系？着完火荷载过后，裂缝大部分还会闭合，不闭合的再修补就行了。

四十一、地下水对基础底板反力的影响

基础底板反力大小与有无地下水压力无关，如图 1.6-52 示意，水位很低，

71

建筑物重量全部由土承担，反力 $F=\dfrac{1000}{500}=20\text{t/m}^2$；如为图 1.6-53 所示的情况，水位高，有 5m 的水头，则反力还是 20t/m²，其中 5t/m² 由水承担，15t/m² 由土承担。

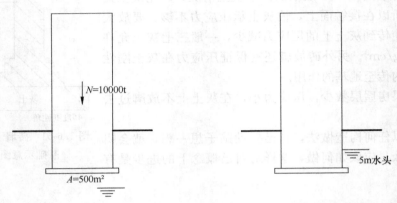

图 1.6-52　基础底板与地下　　　　图 1.6-53　基础底板与地下
水位关系示意图（一）　　　　　　水位关系示意图（二）

图 1.6-54 为人民大会堂的沉降监测曲线，1963 年修建地铁时降水导致变形出现增大，证实了底板反力由水、土共同承担。

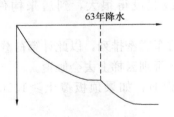

图 1.6-54　人民大会堂的沉降监测曲线

1.7 混凝土结构的超长及构件的裂缝问题

一、结构的超长及非受力裂缝

《混凝土结构设计规范》规定：钢筋混凝土结构伸缩缝的最大间距宜符合表8.1.1 的规定，《高层建筑混凝土结构技术规程》规定：高层建筑结构伸缩缝的最大间距宜符合表 3.4.12 的规定。两本规范的规定基本一致，考虑了结构体系、施工方法、结构所处环境的影响。但应当提请注意的是：设计人员应当根据工程所在城市的环境情况区别对待，我国国土幅员辽阔，全国各地都用相同的伸缩缝最大间距显然不够合理。建议设计人员根据本地的环境温差、干湿度情况总结出各个地区的合理伸缩缝最大间距。

设计中常常因各种原因导致结构分缝困难。有的工程分缝后结构体系自身不够合理，有的工程分缝后建筑立面难以处理，有的工程分缝后地下室建筑防水很麻烦，有的工程可以适当分缝但分缝后每一个结构单元的长度还是大大超过了规范所规定的限值。

对于超过规范值的结构，我们应该慎重对待。尤其是住宅，一旦出现裂缝会带来很大的麻烦，更应慎之又慎，因此一般情况下应严格把握，没有十分可靠的措施不能随意放宽限值；对于公共建筑，则可以根据工程情况以及所采取的对策措施，适当加大伸缩缝间距。

除了荷载作用下的受力裂缝，混凝土的开裂主要包括两方面，一是混凝土浇灌后硬化过程中的干缩裂缝，二是使用过程中外界温度变化导致的伸缩裂缝。规范对于伸缩缝最大间距的要求主要是为了控制这两类裂缝的产生。这两类裂缝，产生的原因不同，需要应对的措施不同，因此应从两方面入手控制裂缝的产生。

我们曾对多起工程发生裂缝的情况进行处理，有的工程即使长度未超过规范推荐的最大间距仍出现了严重的裂缝问题。多起问题总结后发现：目前工程中的裂缝问题大多数是干缩裂缝，引起干缩裂缝的主要原因是施工养护和材料问题。控制干缩裂缝最重要的是对施工过程和混凝土材料构成的控制，必须加强施工措施，增强混凝土防裂抗渗性能。

控制混凝土施工质量可采取的措施为：

(1) 精选砂、石骨料，注意骨料配合情况。

拌合前，须清洗骨料杂物。粗细骨料的含泥量应在 1% 以下。

粗骨料的强度，一般不起控制作用，北方常用的石灰岩石子，对于配制 C70 以下的混凝土都不成问题。有问题的是石子级配、粒径等问题。对于粗骨料，40%左右的空隙率应该是最低要求，这只是 20 年以前骨料的一般水平，而目前北京、深圳等地所用的石子空隙率已达到 50%，标称连续级配要求的石子最小粒径是 5mm，而实际供应的石子中，往往没有 5~10mm 粒级的石子，粒形除片、针状外，大都类似三角形、长方形，很少有等径状的石子。这主要是因为石子生产工艺落后，大多采用落后的颚式破碎机生产。我国现行标准容许针、片石子颗粒含量不大于 10%，这一要求过低，实践证明，针、片状颗粒含量宜不大于 5%，而近年来我国石子供应质量每况愈下，连低标准要求也往往相差过远。石子空隙率过大，形状不合格，导致灰浆过多，更容易开裂。因此对于超长或者高强易裂工程应要求调整级配，增加一部分 5~10mm 石子的含量，使石子空隙率减至 40%以下，并且要求针、片状颗粒含量不大于 5%。

不要采用人工砂，因为人工砂采用石子粉碎，常有很多细末，容易造成裂缝。

（2）控制水泥用量并且优选水化热低的水泥。每立方混凝土水泥用量不要超过 350kg，多了容易裂。不要采用早强水泥，早强水泥实际将水泥磨得过细，细颗粒越多，越易裂，而且早强导致水化热产生太快，拆模时如外界温度低，温差大就易开裂。

（3）混凝土采用 60~90d 强度。建筑物底部结构承受全部荷载，都在 60d 以后，采用后期强度，少用水泥，酌量掺用粉煤灰，是减少裂缝很有效的方法。现在搅拌站出来的混凝土，基本上都掺入了粉煤灰，我国《粉煤灰在混凝土和砂浆中应用技术规程》JGJ 28 规定地下结构可用 60d 或 90d 强度，地上结构也可以用 60d 强度，大坝可以采用 180d 强度。国外用 60~90d 强度已很普遍。这样既可以节约水泥用量，降低造价，又可以减少混凝土的收缩，减少由此而产生的开裂。

为限制混凝土的早期开裂，可控制混凝土的早期强度，在不掺缓凝剂的情况下，可要求 12h 抗压强度不大于 8N/mm² 或 24h 不大于 12N/mm²，当抗裂要求较高时，宜分别不高于 6N/mm² 及 10N/mm²。

（4）注意混凝土硬化过程中的养护。结构表层混凝土的耐久性质量在很大程度上取决于施工养护过程中的湿度和温度控制。暴露于大气中的新浇混凝土表面应及时浇水或覆盖湿麻袋，湿棉毯等进行养护，如条件许可，应尽可能蓄水或洒水养护（反梁式筏基采用蓄水最好），但在混凝土发热阶段最好采用喷雾养护，避免混凝土表面温度产生骤然变化。

对于大掺量粉煤灰混凝土，施工浇筑大面积构件（筏基，楼板等），应尽量减少暴露的工作面，浇筑后应立即用塑料薄膜紧密覆盖（与混凝土表面之间不应留有空隙）防止表面水分蒸发，并应确保薄膜搭接处的密封。待进行搓抹表面工序时可卷起薄膜并再次覆盖，终凝后可撤除薄膜进行水养护。

（5）冬施混凝土成型前后（五个阶段）进行温控计算和测试。

（6）尽可能晚拆模，拆模时的混凝土温度（由水泥水化热引起的）不能过高，以免接触空气时降温过快而开裂（拆模后混凝土表面温度不应下降 15 度以上），更不能在此时浇注凉水养护。

混凝土的拆模强度不低于 C5。

（7）慎重选用混凝土外加剂。外加剂选用不当，不仅有可能影响耐久性，而且还有可能因为搅拌过程不充分导致混凝土中的外加剂不均匀，有的地方多，有的地方少，这种情况反而会导致混凝土开裂。

对于超长结构，以上各条措施应在施工图中注明，并应在施工交底中强调。超长结构的设计人员有义务和必要了解施工的知识，对结构避免裂缝做出预先控制。

控制温度裂缝可以采取的措施为：

1）做好建筑物的保温，建筑外墙外保温；屋顶保温层加厚；屋面最好做架空层，以减少太阳辐射对混凝土屋面板的直接影响。

2）加强温度变形的整体计算，在温度应力大的部位增设温度筋，这些部位主要集中在超长结构的两端，混凝土墙体附近。温度筋配置的原则是直径细、间距密。

顶层端部的梁、板筋均应适当加大，梁筋包括纵筋、腰筋和箍筋。

3）配置预应力温度筋。在梁、楼板中配置预应力温度筋是一种主动抗裂的方式，混凝土受到预压，就能抵消和避免在拉应力下产生裂缝。梁中预应力钢筋可以采用截面中心直线布筋方式。板中预应力钢筋可以采用截面中心直线布筋方式，为了节约施工过程中的马凳数量，也可以采用曲线布筋，支座处控制在截面中心，仅在 1/8 跨度处增设马凳即可，跨中处自然垂放。

在温度应力大的部位板中预应力控制值可为 1Mpa 左右（美国规范要求压应力不小于 100lb/in² 约合 0.7MPa），梁中预应力控制值可为 1.5Mpa 左右。其他部位根据应力情况酌减。

对于超长结构要慎重、认真地控制好设计和施工的各个环节，控制裂缝就要把干缩裂缝和温度裂缝都控制好才行。

有的工程设计中采用了预应力温度筋，但施工过程缺乏控制，没有等到预应力张拉就裂了，加预应力还有什么用呢？

我们还处理过一个工程，整个小区的地下车库连为一体，长宽都为二三百米，当地环境条件较好，四季温差不大，空气湿润，但工程还未完成竣工就四处严重开裂，连建筑外防水都拉裂了，严重影响使用。经对裂缝统计发现，裂缝主要集中在混凝土筒体四周、顶板开天窗等应力集中的部位，主要是干缩和伸缩裂缝，结构本身安全没有问题。调研中发现：结构设计受力虽无问题，但是对结构超长问题的重视不够：1）施工图和设计交底过程中未对施工进行任何要求；2）应力集中的部位没有任何加强措施（例如混凝土筒体四周应加强构造配筋、顶板开天窗处应要求建筑专业加强保温隔热措施等）；3）本来未对施工进行任何要求，施工图中施工缝间距又偏大，有不少超过了 80m。

所以，对于超长结构的设计要在精心设计、精心控制的基础上再做到胆大，要在有充分把握的前提下超越规范限值。

另外设计中还需要注意的一个重要问题是：除柱子外，墙尽量少用高强混凝土，不易养护。一般情况下，不要因位移不够采用超过 C40 的墙体混凝土，更不要因连梁不够而用超过 C40 的混凝土，C60 混凝土的弹性模量只比 C40 提高 10%左右，对减小整体位移的贡献有限。

楼板一般不要超过 C30，高了容易裂。即使柱 C60，楼板 C30，梁柱节点区也可以处理。（有的施工图上注明：梁 C40，板 C30，这是闹笑话，无法施工。）

最近参加一个工程的裂缝鉴定，框架－核心筒结构，筒体 C40，该工程一、二层拆模时外界温度−5℃，拆模后发现裂缝很多，都是表面的龟裂，缝宽大部分在 0.1mm，个别到 0.3mm。三、四、五层外界温度升高，裂缝少多了，六层以上改变了混凝土配合比，情况进一步改观，裂缝基本没有。

有一个工程，混凝土墙体因为抗震抗剪总也算不够，不得已采用了高强混凝土，设计人员心中有数，预先提示，施工高度重视，各项施工措施完善，墙体施工后未出现开裂问题。例如该工程有一项规定：拆模前螺栓松动后，立即从墙面上大量向下浇水。拆模后用塑料薄膜包严，防止水分蒸发。

因此，对于超长或高强度混凝土结构，避免裂缝问题的关键点在于设计精心、施工到位。

二、荷载作用下的受力裂缝

在设计时，有些受弯构件的裂缝宽度，按规范计算超过允许值，这常常困扰结构工程师，有时为了达到抗裂要求会多用许多钢筋。

裂缝宽度允许值按《混凝土结构设计规范》表 3.3.4，对于一般室内环境为一类，可取括号内值 0.4，比 0.3 限值宽很多，我国华北、西北、东北地区常年平均相对湿度＜60%，都可以采用 0.4。

地下室外墙有防水层者，裂缝宽度可取 0.4。

我国对于混凝土构件的裂缝宽度的计算公式，有三本规范：住建部、交通部、水利部的混凝土结构设计规范，各自分管的规范算法不同，计算结果相差很大。住建部《混凝土结构设计规范》GB 50010—2002 计算结果最大，当保护层厚度为 25～60mm 时，住建部规范计算值比交通部大 25%～80%，比欧洲与美国规范更是大一倍以上。

住建部规范裂缝宽度的计算公式是从前苏联学来的，前苏联的穆拉谢夫教授在 1949 年专门研究裂缝，他按纯受弯构件，假设构件裂缝间距相等，然后根据裂缝处钢筋应力与混凝土内力等因素，推导出裂缝宽度，并根据试验数据得出最后公式。我国东南大学丁大钧教授继承了穆拉谢夫的思路，后来中国建筑科学研究院也对此进行研究，得出了目前的公式。

《混凝土结构设计规范》裂缝宽度的计算公式的适用范围：

（1）单向简支受弯构件。双向受弯构件不适用，例如双向板，不少审图单位要求设计单位提供双向板的裂缝计算书，实际上规范中并未提供计算方法，所以这种要求和计算是没有意义和依据的；

（2）对于连续梁计算裂缝宽度过大，不准。主要是因为连续梁受弯后，端部外推受阻产生拱效应，降低了钢筋应力；

（3）外墙挡土墙是压弯构件，采用此式计算不合理。

2010 版《混凝土结构设计规范》对裂缝计算有一些改变，一是 α_{cr} 由 2.1 改为 1.9，小了 10%，二是荷载标准值改为准永久值，又可以减少 10%，两者一共减少 20%，正好适应了 500 级钢筋（500 级钢筋 $f_y = 435 \text{N/mm}^2$，400 级钢筋 $f_y = 360 \text{N/mm}^2$，435/360 = 1.2），否则按之前的规范公式计算 500 级钢筋无法推广，因为裂缝控制不下来。比较随意地改变一个公式的参数，这也说明了公式本身缺乏严谨性。

计算裂缝宽度，目的是使裂缝控制在一定限度内，以减少钢筋锈蚀。但根据近年各国的研究结果，在一般环境下，裂缝宽度对于钢筋锈蚀没有明显影响，这基本上已成为定论。传统的观点认为，裂缝的存在会引起钢筋锈蚀加速，降低结构寿命。但近 50 年国内外所做的多批带裂缝混凝土构件长期暴露试验以及工程的实际调查表明，裂缝宽度于钢筋锈蚀程度并无明显关系。

有时，裂缝宽反而比窄对结构更有利，构件反而不易锈蚀。在海水、除冰盐等化学腐蚀环境下，细缝更易由毛细管作用而进水（侵蚀性的），侵蚀水进去后，不易由雨水等冲刷掉，因此对构件更不利。

综上所述，我们可知：

（1）目前《混凝土结构设计规范》裂缝宽度的计算公式过于保守，所得出的裂缝宽度偏大。

（2）按规范公式计算出来的裂缝，在现场往往一条也找不到。

（3）该公式适用范围，仅限于简支梁（单向受弯构件）；现在各种程序给出的裂缝计算结果大多不可靠，很多是以商业为目的的，不宜采用。

（4）裂缝宽度，对于构件耐久性并无多大影响。

（5）混凝土规范计算所得，是构件的受力裂缝，不是混凝土收缩、温度变化等所引起的裂缝，而那些裂缝恰恰是经常发生的。

因此，我们在设计时要针对规范公式的局限性和过分保守的问题，清楚如下各条：

（1）双向受弯构件不验算裂缝，因没有公式，程序中给出的结构不真实。

（2）不能因构件裂缝计算过大而影响设计结果。例如大多数程序在计算挡土墙裂缝时，为简化计算均忽略了压力对减小裂缝的有利作用，导致裂缝计算值偏大，为满足裂缝计算限值需要将钢筋调大，因此造成配筋量的明显增加。

（3）针对裂缝产生的原因采取不同措施。工程中的裂缝，绝大多数是由于混凝土早期收缩、使用中的温度应力、后期干缩等原因造成的。基本上不是由荷载造成的。

1.8 1999 年在北京院院内讲课的讲稿部分内容

技术处让我来给大家讲一些设计问题。其实以前讲过多次，今天讲的内容，尽可能与以前的不重复，但也有可能重复一些，因记不清都讲过什么。

但是有些问题重复一下有好处，因为我发现以前讲过的毛病，在一些设计图纸上又重犯了。

有一个工程的初步设计，无梁楼板带托板（平的柱帽），初设图上板厚 250，托板 100。我审图提出意见 250 可改 220，未改。最近业主委托建研院审查我们的结构图，提了各方面的意见，基础底板太厚，抗震墙太厚，柱子应该小，并且多收小几次（原设计只收一次），这些意见，我都可以设法找理由，唯独他们提的板太厚，钢筋太多，不好办，本来就是太厚。

现在的工程不好做，业主太难"伺候"，常常请一些顾问，来给我们的设计挑毛病。所以我们的设计要各方面站得住脚，不论谁来提，都能说出我们这么做的理由。

以下讲具体的问题：

一、框支结构

规范中的框支结构要求，例如柱子轴压比，只是一个笼统要求，这是因为制定 89 规范时，是在 85～86 年，那时框支多是一层，最多二层。现在框支常 4～5 层，我见过一个工程，转换层在第 17 层，上面还有 18 层。转换层下面两层，受刚度变化的影响最大（从计算及试验中都可得出此结果），因此，各种计算及构造，均须按框支要求，再往下，就无必要了。

转换层不一定在低层部位就安全。根据广东振动台试验结果，仅转换层之上下各两层受影响，清华大学的试验结果也如此。

所以，框支柱的要求，可在框支层上下各 2～3 层，例如轴压比限制，内力放大等。以前我与清华方鄂华教授一同去论证过一个工程，即是如此定的要求。

图 1.8-1 中，4、5 层按框支要求，1～3 层就按一般框-剪结构中的框架来设计。

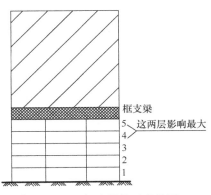

图 1.8-1 框支结构示意简图

二、梁搭在核心筒墙上

如图 1.8-2 所示，框架—核心筒结构的核心筒外墙，其厚度一般自下而上逐渐减薄，最顶部可减为 $250\sim300$mm，外圈大梁的跨度可达 $8\sim10$m，甚至更大。梁垂直架在内筒墙上，其纵筋直径一般>25mm。墙厚$\geqslant400$mm 时，无需处理；墙厚<400mm 时，将不能满足梁的纵筋的锚固要求。可在墙上向外或向内增加扶壁柱，以增加梁支座的长度，如图 1.8-3。这样做常常因影响使用等原因不易实现。我们提出了一个解决此类问题的想法，并已在工程中应用。

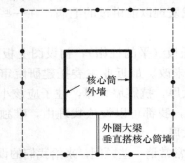

图 1.8-2　梁垂直搭在核心筒墙上示意

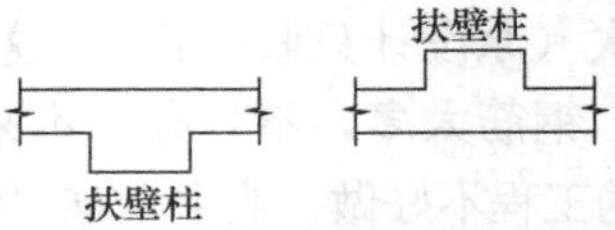

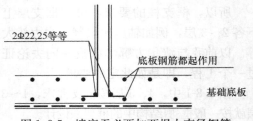

图 1.8-3　墙增加扶壁柱示意

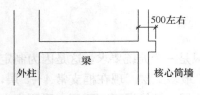

图 1.8-4　梁伸出墙形成梁头

图 1.8-4 表示一根梁的纵剖面。由于核心筒墙太薄，不能满足梁纵筋的锚固要求，这时，可以将梁延长，向核心筒内部挑出，形成突出部。伸出至内筒里面，一般问题不大，因筒内多为外观不太重要房间，如机电用房，楼梯间等。

电梯井筒内绝对不能突出，突出会影响电梯轿厢的安装与运行。至于机电用房，应在设计时通知机电工程师，使其管道及机电设施可预先避开。

三、钢筋混凝土墙顶、墙底加粗钢筋的问题

如图 1.8-5 所示，很多图纸中习惯在墙顶墙底加两根大钢筋，有的 2Φ25，有的 2Φ22。墙等于是一道刚度很大的深梁，下端与基础底板相连，基础底板是它的翼缘，因此，基础底板的钢筋，可以看作是倒 T 形梁的受力钢筋，它的面积远远比另加 2Φ22，25 大得多，因此，另加 2 根粗钢筋是没有必要的。

图 1.8-5　墙底无必要加两根大直径钢筋

同理，在墙顶另加钢筋也是不需要的。

不是非要省这两根钢筋，是个概念问题，加钢筋要有作用，要弄清楚它的受力原理。

四、顶层边节点，柱配筋过大的问题

在框架结构的顶层，其边节点常出现柱子弯矩过大，而柱截面又受到限制，不能过分加大，以致出现柱子过多钢筋配不下的问题。

这个问题，主要是顶层梁的边节点按固定端考虑，以致支座负弯矩很大，如图 1.8-6 所示。而一般程序中规定，支座负弯矩调幅最多减去 20%（即乘以 0.8）。梁端弯矩大，柱顶弯矩相应也大，而顶层柱子竖向荷载不大，但弯矩又大，所以导致配筋很多，甚至超筋无法配。

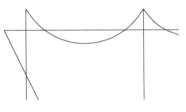

图 1.8-6　框架结构顶层弯矩示意

解决的方法，是将梁端弯矩多打折扣，不是乘以 0.8 的调幅系数，而是 0.5、0.3 等，甚至可按铰接考虑，亦即上图中，梁左端的弯矩为零。

我们在五十年代设计框架结构时，常将楼层梁（包括屋面梁）按连续梁设计，柱子则按中心受压计算。当时配筋是很节约的，常比计算结果还要少 3%～5%，混凝土标号为 110～140kg/cm^2，很低，这些工程使用至今已五十多年，毫无问题。

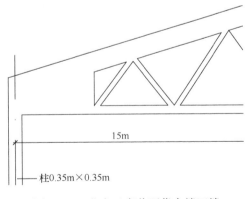

15m

柱0.35m×0.35m

图 1.8-7　北京王府井百货大楼四楼礼堂示意简图

举两个例子。一是北京王府井百货大楼的四楼礼堂，其屋顶现浇梁跨度 15m，如图 1.8-7 所示，为减轻梁自重，在中间做成桁架式。梁按简支计算，柱子截面 350mm × 350mm，柱子按中心受压计算，配筋 6ϕ16。1955 年开始使用至今，柱子上并未发现裂缝。

其二是北京市委党校礼堂。跨度 22m 现浇钢筋混凝土桁架。按两端简支计算，柱子 450mm × 450mm，按中心受压考虑。当时 50 年代北京不考虑抗震设防。至今柱子未发现裂缝。如图 1.8-8。

有人以为，对于屋顶层的梁，边节点必然有弯矩，如不按固接考虑，柱子将出现裂缝。于是将柱截面加大，柱子越大，刚度越大，梁端（柱顶）的弯矩将越

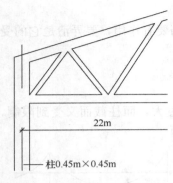

图 1.8-8　北京市委党校
礼堂示意简图

大，成为恶性循环。如果柱子截面不过大，而将梁端弯矩多打折扣，则配筋不会有问题。当然，抗震设防不可疏忽，同时，梁端负弯矩减少后，跨中正弯矩要相应加大。

顶层边节点柱顶弯矩，由两部分引起：一是地震弯矩，二是屋面梁端弯矩。前者是不容许打扣的，后者则可以打扣，通过调幅可以将支座弯矩大大减少，跨中弯矩相应增加。

当屋面梁跨度较大时，梁荷载所产生的弯矩占主要成分，这时可以将梁支座 M 打一个小于 0.8 的折扣。梁的负弯矩减少后，柱顶弯矩也可相应减

少，配筋就可立即下降。

这里附带讲几个概念问题：

（1）在抗震设计中，我们愿意梁端出现塑性铰，不希望柱端出铰。因为梁端出现塑性铰是局部问题，不致出现倒坍（当然构造筋要配得好），而且出铰可以消耗地震能量；柱端出铰容易导致倒坍，所以应予以避免。

在一般情况下，框架柱的底层柱底，是难以避免出现塑性铰的，所以，抗震规范 6.2.3 条规定，柱底层的柱底部 M 值乘以放大系数 1.5～1.25，意图是推迟出铰，增加安全度。

顶层柱子一般不会出现铰，所以，将柱顶 M 打扣，不会有太大问题，而且如图 1.8-9，如果梁端上钢筋配置较多，容易造成强梁弱柱，塑性铰有可能不发生在梁上，而出在柱上。

图 1.8-10 所示，要求柱筋伸过 $20d$，目的是使铰出现在 $20d$ 以外。如果不伸过去，就断在柱边，塑性铰发生在柱边，裂缝可能延伸至柱内，这对抗震是很不利的。

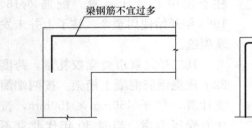

图 1.8-9　框架顶层梁钢筋不宜过多

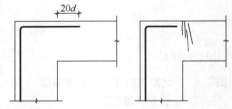

图 1.8-10　顶层柱筋长度要求示意

（2）梁支座弯矩 M 的调幅系数 0.8

① 来源：为了节约钢材。梁两端完全固定，如图 1.8-11 所示，一般连续梁

的计算 M 与此接近，但跨中下铁不能配太少，

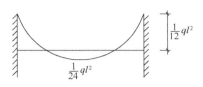

许多国家规定不少于 $\frac{1}{16}ql^2$，既然下铁多配，上铁就可相应减少。于是开始提出支座 M 可适当减少，跨中适当增大。

图 1.8-11 梁两端完全固定弯矩图

② 不是必须调幅。有人以为是规范规定必须将支座弯矩调幅，这是错误的。设计人可以调，也可不调。

③ 调幅系数不是一定为 0.8，可大可小，只要 $-M$ 与 $+M$ 之和不少于 $\frac{1}{8}ql^2$，就不会有安全问题。极而言之，把支座 $M=0$，就成了简支梁，安全上不会有问题。根据五十、六十年代的工程实践，也未发生过早出现裂缝的问题。

当然，我不是鼓吹调幅系数越少越好，只是想说明，许多事物，都不是固定的、死板的，设计人员应当灵活运用，才能做出好的设计。

五、柱纵筋＞3%时，箍筋的焊接问题。

美国 ACI1998 年修订版，规定柱纵筋与箍筋不许焊接，原因是焊接会使主筋变脆。

六、次梁支承在主梁上，是否会对主梁产生扭矩

现在的程序中，在建筑物周边的主梁上，如果有次梁，如图 1.8-12，则按程序计算，将使主梁产生较大扭矩，要配许多抗扭箍筋及腰筋。

当楼层为整体现浇楼板时，实际上由于楼板整体刚度很大，主梁实际不产生扭矩。梁受扭时，产生变形，导致扭矩的产生。如果是整浇楼板，将对梁产生抵抗推力，如图 1.8-13 箭头所示，这时，因楼板刚度很大，主梁基本不会发生扭转变形，所以也就没有扭矩。

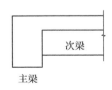

图 1.8-12 主次梁节点示意 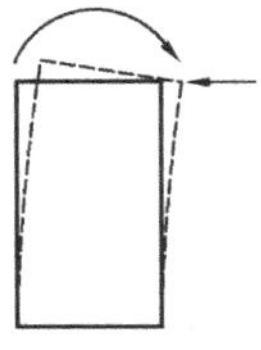　　图 1.8-13 楼板刚度抵抗使主梁基本不发生扭转变形

建研院有同志对此做过计算，证明没有扭矩。

因此，在计算时，可将次梁与主梁的连接，视为铰接，其连接所发生的扭矩一律作为零。这样设计时简单得多，又可节约大批箍筋。我院这样设计了许多工程，从未因此而发生问题。

顺便说一下概念问题。程序与工程实际总会有出入。编程序时，为了简化，将现浇楼板的整体作用都忽略了，仅将其作为荷载加以考虑。其缺点之一，是梁的刚度减小很多，T形梁变成矩形梁，刚度大大减少；之二，是边梁由于有整体楼板，不会发生扭矩，计算有扭矩与实际情况不符。其他方面的问题这里不多说。

我们使用的程序，不可能十全十美。任何人去编制都是如此。所以，在使用时，要明白它在运算过程中作了什么简化，这个简化对于我的结构，是偏于有利还是不利。如果偏于有利，就要小心，不要由于它而使结构不安全，例如有的程序计算所得的结构刚度偏大，位移偏小，就要小心，注意结构的实际刚度会不会不够；如果偏于不利，就要注意不要使设计过于安全，造成浪费，如上面所说主梁的受扭，是由于将楼板作用忽略掉了，造成了偏于不利的结果。

七、柱子箍筋的肢距，不应一律肢距 200

我们的抗震规范中，有些地方不大合理，就是把各国抗震规范中最严的部分挑出来，都用到我们规范中。例如咱们的轴压比限值是全世界最严的，比最严的欧洲规范 Eurocode 还严。

例如：柱子箍筋肢距，美国规范 $\leqslant 14'' \approx 350\text{mm}$，新西兰 200mm 及柱截面的 1/4，取其大者，而我们挑了 200mm。实际上，肢距应与箍筋直径及竖直方向间距 S 及总的体积配箍率有关。美国 ACI 规定，当肢距小于 350 时，S 可适当放宽，最大可达 150mm，这可免使各箍筋过分重叠太紧。

$$S_\text{x} = 4 + \left(\frac{14 - h_\text{x}}{3} \right)$$

式中　S_x——箍筋竖向间距（英寸）

　　　h_x——箍筋水平肢距（英寸）

例如 $h_\text{x} = 8''$（200mm），则 $S_\text{x} = 6''$（150mm）

新西兰规范规定，箍筋竖向间距 S 不大于：　（1）柱子截面尺寸的 1/4；（2）纵筋直径 d_b 的 6 倍，如以 $\phi 25$ 为例，S 可以放到 150mm。

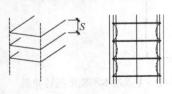

柱子截面大，钢筋粗者，S 可放大。因为大截面柱子，对于箍筋之间的混凝土向外崩出（图 1.8-14），影响强度不大。

规定 $S < 6d_\text{b}$ 是防止纵筋压屈，这是较高的要求。

图 1.8-14　柱箍筋竖向间距示意

总之，美国规范箍筋竖向间距 S_x：100→150，肢距 350→200；

新西兰规范箍筋竖向间距 S：柱截面 1/4，$6d_\text{b}$，肢距：柱截面 1/4，200——较大者；

我们规范选了其中最严的 S——100，肢距——200（抗震等级一二级），而且没有变通余地。

新抗规对一二级肢距放到 250mm，但 S 仍未放松。

柱子箍筋肢距不能一律 200，这样配筋，混凝土无法浇好，因必须有泵送混凝土的导管，请看图 1.8-15。

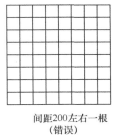 

间距200左右一根 　　　　　 箍筋中间留空
（错误）　　　　　　　　　（正确）

图 1.8-15　柱子中宜留出 300×300mm 的空间便于下泵送导管

一般 1m×1m 及以下者，中间留一个空间，再大的，就要有两个。

美国、新西兰箍筋肢距都比我们宽，所以我们的柱中间要留空，方便浇筑混凝土，钢筋再密，混凝土浇不好，都是白费。

八、地下室外墙什么情况下应设柱，什么情况下不应设柱

（1）如图 1.8-16，上层的柱子通下来。即上层有柱子，至±0.00 以下为地下室外墙，此时上层柱子应向下直通基础。外墙可按支承在柱子与楼板（基础板）上的双向（单向）板计算。

如柱为高强混凝土，有外墙时强度应减下来，否则墙容易开裂。

（2）如图 1.8-17，地下室在±0.00 以下往外伸展，多出一跨，此时，地下室外墙，除遇下面第 3 条情况以外，可不设柱子。

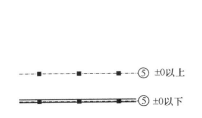 

图 1.8-16　柱子自上层落至地下室外墙　　图 1.8-17　纯地下室外墙可不设柱

外墙可按支承在楼板与基础板上的单向连续板计算。

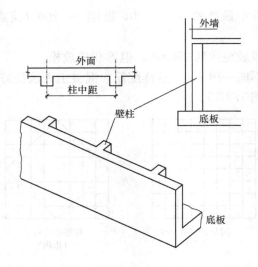

图 1.8-18　墙上一定间距之内设置壁柱

（3）情况同第 2 条，但有时地下室层高很高，有时某处地下室少设一层楼板，墙的支点之间高度很大，导致墙厚很大，配筋很多。

这时可借鉴一般挡土墙的做法，在墙上一定间距之内设置壁柱。壁柱中距与建筑商定，一般 8m 开间可按 4～8m 设置。

外墙的计算，可根据支承边的情况，按单向或双向板计算。壁柱及楼板、基础板为其四个支承边。壁柱可视为上下支承的受弯构件（轴力可忽略不计）。

九、基坑（地下工程）逆作法

我院有一个工程，业主和施工单位提出采用逆作法，需要设计单位配合，设计人员没接触过逆作法，含糊了，似乎不能配合。这样不好，以后，任何业主、任何施工单位提出的"新招"都不要说不会，先答应下来，然后回来研究他们所提建议是否符合实际、有无问题，再去答复，再说行还是不行。

回来说逆作法。

当①基坑较深；②基坑周围的已建筑物距基坑很近；③各种因素要求围护结构的水平位移有严格要求，例如煤气干管、热力干管；④基坑四周土质很软，对于深基坑的围护结构无法打锚杆者。

在上海、天津等地，由于土质很软，围护结构不能像北京等地，做锚杆，因为软土锚不住锚杆。北京的土质好，一般用支护桩加锚杆即可解决，深的基坑锚杆多达 3～4 道甚至 5 道，如图 1.8-19。软土区此种做法不行，只能在基坑内用水平支撑撑住围护结构（桩或墙），如图 1.8-20，这些支撑因很长，所以用料很大，支撑有钢与钢筋混凝土两种。但地下室做完后即完全没用，还要费人工去拆，切断运走，花钱很多又费时间。

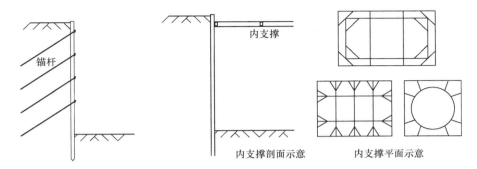

图 1.8-19　支护桩加锚杆支护方式　　　图 1.8-20　水平支撑支护方式示意

在这种地区，逆作法比较适宜。

逆作法用好了，能缩短工期，节约造价，解决一些常规施工方法不能解决的问题。但如论证不当，可行性分析未做好，也会得到相反的结果。

什么是逆作法？

一般施工顺序，都是先做围护结构，挖好基坑，从下至上，先做基础底板，然后逐步做地下室各层顶板。

逆作法如图 1.8-21，则反其道而行之，先做围护结构是相同的，但是以后却是先做±0 处的楼板（包括梁），然后从上至下逐层施工，地下各层楼板可以作为基坑支护结构的不动支点，比上述水平支撑结构还要安全可靠。在向下施工时，可以同时向上施工，做首层、二层……在基础施工完毕时，可能已做到地上五、六层，这样，施工地下部分的工期就不纯是地下室的工期，而是把地上的也包进去了。

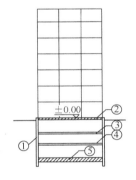

图 1.8-21　逆作法示意

如原来地下 6 个月，地上 5 层 3 个月，共 9 个月，现在地下逆作，可能慢些，7 个月，省 2 个月工期。

一般先做地下室围护结构，常用的围护结构有地下连续墙与密排桩。

围护结构做完，即可做±0.00 处楼板，可以利用地模。如图 1.8-22。也可先挖去半层高的土方（约 2m 多，以能过人为原则），然后支模浇捣。

楼板施工时要预先留出出土孔，以便往下开挖时，土可以运出来。

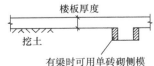

图 1.8-22　±0.00 处楼板利用地模施工示意

逆作法施工，地下室工期如组织不好，有可能比一般工法多用时间，因只能用小型机械挖土，可能比一般工法用大型机械多费时，这在决定用什么工法时要慎重研究。

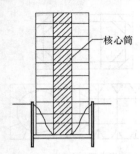

图 1.8-23　部分逆
作法示意

核心筒

逆作法的关键是临时立柱的做法。因楼板往下做，土挖掉后，整个楼盖的重量都将集中在柱子上，柱子一般都先做临时立柱，以承受施工荷载，这时荷载估算要与施工单位配合好，例如预计基础做完时，同时做到地上 6 层，则地下 3 层加地上 6 层的荷载都将落在临时立柱上。

临时立柱还必须有一个临时基础，对于天然地基（筏基等），可在柱下先做一个单独柱基，以后再施工整个筏基，并与柱基结合成整体。也可先用型钢打入作为临时桩基（钢桩），做完筏基后它即不起作用。

若为桩基，应在做完围护结构后，先进行桩的施工，临时立柱可支承在桩上。

临时立柱一般采用型钢——钢管或 H 型钢。待做基础底板时，再将型钢外包混凝土与基础连成整体。

还有一种部分逆作法——中间核心筒楼电梯间仍用明挖，在槽边留一部分土，可抵抗侧壁的压力，节约挡土结构的费用。如图 1.8-23。

1.9 2000 年 12 月在北京院院内讲稿部分内容
——对 2002 版新"混凝土结构设计规范"和"钢筋混凝土高层结构设计与施工规程"的介绍

这次重点介绍新的混凝土规范及高规,这两本规范我都参加了编制。混凝土规范是第 11 章(有关抗震设计的条文),高规是第 6 章框架结构,主要是梁、柱的计算与构造。此外还参加了抗震规范的各次讨论,并参加了抗规的最后审查。

这次介绍,凡是新规范与 89 规范相比,无改动或只有微小变化者,不再讲述,变化较多而且与设计关系较大者,重点介绍。

需要说明的是,规范至今仍未定稿,还可能有些变动,所以我讲的内容,可能与最后定稿稍有出入,但大轮廓不会有太多变化。

混凝土规范的章节编排与 89 规范出入不大。

先讲一下新规范总的安全度的变化:

① Ⅱ级钢钢筋强度 f_y 由 310→300,安全度增加约+3%。

② 活载取消 1.5kN/m²,一律改为 2.0kN/m²,原来为 1.5 者,安全度增加+3%~4%。

③ 风荷载、雪荷载,由 30 年一遇改为 50 年一遇。这一项对北京 8 度区,风载小,无多大影响,对风载控制者,如沿海 7 度区安全度增加约+10%。

④ 恒载为主的工况,荷载系数为 1.35,此项影响面小一些。

⑤ 对受弯构件混凝土强度由 f_{cm} 改用 f_c,此项仅对受弯构件大约影响 10%。

此外,各章节内也有"涨价者",如受剪公式、抗震的柱配箍、强柱弱梁提高系数、强剪弱弯系数等等也有提高。总的来说,新版规范比 89 规范要多用10%~15%的钢筋,但只是大概的估算,并不很准。

一、《混凝土结构设计规范》GB 50010—2002,2000 年 9 月送审稿

4 材料

4.1 混凝土

89 规范混凝土强度等级到 C60 为止,近年来全国各地高强度混凝土发展迅速,在高层建筑中采用 C80 者已有多处。因此新混凝土列至 C80 为止。

以前有过几本高强混凝土设计规程,里面的数字可能与这本混凝土规范不一致,在这本混凝土规范正式启用后,凡不一致者一律以本混凝土规范为准。

高强混凝土的特点之一，是它的抗拉强度并不与强度等级同步按比例增长。例如：C30 混凝土，$f_c = 14.3\text{N/mm}^2$，f_t（轴心抗拉强度）$= 1.43\text{N/mm}^2$，$f_t = 0.1f_c$；C60 混凝土，$f_c = 27.5\text{N/mm}^2$，$f_t = 2.04\text{N/mm}^2$，$f_t = 0.074f_c$；而 C80 混凝土，$f_c = 35.9\text{N/mm}^2$，$f_t = 2.22\text{N/mm}^2$，$f_t = 0.062f_c$，比例是逐渐递减的。

由于混凝土梁的斜截面抗剪强度主要与 f_t 有关，因此在计算公式中，不用 f_c 而改用 f_t。

$V \leqslant 0.07f_c bh_o$ 与 $V \leqslant 0.7f_t bh_o$ 比较：

C30 时，$f_t = 0.1f_c$，V 仍为 $0.07f_c bh$。

但 C60 时，$f_t = 0.074f_c$。

$V \leqslant 0.7f_t bh_o = 0.052f_c bh_o$ 比过去 $0.07f_c$ 小很多，在设计中应注意这点。

顺便说一句，对于混凝土的抗拉强度指标，国外多用 $\sqrt{f_c}$，比较好，f_t 的试验离散性很大，可靠度不好统计。

4.2　钢筋

钢筋的主要变化，在于增加了Ⅲ级钢，现在的Ⅲ级钢与 89 规范者不同，当时是 25MnSi（25 锰硅），性能不是太好，而现在是新Ⅲ级钢。

讲一下钢筋符号的定义

HPB Hot Rolled Plain Bar

HRB Hot Rolled (Deformed) Bar

235、335、400 为强度标准值 N/mm²，即屈服强度。过去Ⅱ级钢的 $f_y = 310\text{N/mm}^2$，这次改为 300N/mm^2。

这三种钢筋，如何选用？

价格：依次从低到高 HPB235，HRB335，HRB400

　　　f_y 从低到高 HPB235，HRB335，HRB400

凡是由内力确定配筋量的，优先采用 HRB400，即Ⅲ级钢。例如梁的纵筋，由弯矩 M 确定，采用 HRB400，可以节约钢，360N/mm^2 比 300N/mm^2 强度提高 20%，但价格只高约 6%，从性能价格之比考虑，采用Ⅲ级钢节约。

又如，高层剪力墙结构，上部多数楼层的墙配筋，都是按构造配，就不必用Ⅲ级钢，Ⅱ级完全可以。

筏基的基础梁、板、框支梁等等重大构件，其配筋一般都由内力决定，不是构造，取Ⅲ级。但厚板基础的厚度常由柱子冲切计算来决定，厚板的配筋，常常由最小含钢量确定，此时，采用Ⅱ级钢即可，不必用Ⅲ级。

总之，凡采用Ⅲ级钢之后，能减少配筋的，则优先用Ⅲ级钢。

高层建筑的柱子是例外，柱子截面常由轴压比确定，计算出来的柱配筋是构造，往往由设计人根据最小配筋率如 1.0%、1.2%、1.5% 等等来配筋，不是由强度决定，这样似乎用Ⅱ级钢可以，不必Ⅲ级。但因柱子是非常重要的构件不允许过早破坏，而且真正地震力往往比计算大许多，因此我主张用Ⅲ级钢，因为强度高了可以推迟出现塑性铰，对于整体安全有好处。（例如规范规定底层柱底弯矩 M 乘以 1.5，1.25 的放大系数等都是一个道理）。

有人说我一会儿赞成用Ⅲ级钢，一会儿不赞成，这是误解，用Ⅲ级钢总的是对的，但要看用在什么部位、什么构件上。凡是能减少配筋时，也即按计算要求配筋而不是构造配筋的都宜采用。

有两个问题要讲一下：

1. 梁的裂缝计算和限值，新混凝土规范送审稿比过去严，如按它的要求去做，梁内不能采用Ⅲ级钢，已在审查会上强烈提出，看最后结果会怎样；（在新规范出来以前，裂缝宽度不超过 0.4mm 都允许）。

2. 箍筋抗震要求 135°勾的问题。Ⅲ级钢出厂标准是 90°、180°勾，$4d$（直径），所以对于Ⅲ级钢大量应用之前应做 135°勾试验。对于小直径钢筋 135°勾应当无大问题。（这里主要指梁与柱的箍筋，以柱为主，因柱的箍筋用量与钢筋强度直接挂钩，而且比纵筋量还大）。

大地梁剪力很大，箍筋有时需用较大直径，这时可优先选用Ⅲ级钢，因地梁可不考虑抗震的延性要求，弯钩 90°即可。

新规范柱子配箍的要求有变化，引入了配箍特征值 λ_v，

体积配箍率 $$\rho_v = \lambda_v \frac{f_c}{f_{yv}}$$

混凝土强度 f_c 越高，ρ_v 越大

箍筋强度 f_{yv} 越高，ρ_v 越小，所以用Ⅲ级钢更好。

Ⅲ级钢要选 20MnSiV（钒）、20MnSiNb（铌）

20MnTi（钛）都用了稀有金属或钛，性能都比 20MnSi 好，20 表示含碳量万分之 20，比过去旧Ⅲ级 25MnSi 好，25MnSi 含碳量高，25 是含碳量 25/10000，强度高，但脆，可焊性差。

Ⅲ级钢也有小直径 6～12 皆有。因此，在强度起控制作用的构件内，需要用小直径钢筋时，都可以用。例如上面说的柱子箍筋；现浇楼板的钢筋（跨度太小的不宜用）；按强度要求（不是构造要求）配置的分布筋等等。

讲完新规范的材料，插一段与新规范无多大关系的问题，关于混凝土材料的问题。

当前，混凝土构件开裂（主要是楼板，其次是墙）已是一个普遍发生，并使设计与施工人员伤脑筋的问题。有些人误以为开裂就是地基不均匀下沉，构件受力等等；也有的以为，开裂是由于楼板按塑性方法计算；也有人以为是楼板配筋不足。实际上这些观点许多是误解。

地基不均匀下沉是会导致上部结构开裂，但现在的建筑物，高度都比宽度

大，高宽比达到 5 以上的也不少见。因此，地基如果有不均匀下沉，导致的常是建筑物整体倾斜而不是能产生开裂的那种下沉。这在以前的讲课中已多次讲过，这里不再重复。

楼板的计算方法，有弹性、塑性两种。按弹性计算的也可能开裂；按塑性计算的，不一定就开裂。有人说按塑性计算，就是楼板出现塑性铰，自然会开裂。实际上我们设计中有不小的安全系数，在设计荷载作用下，板内钢筋的应力离屈服还有很大距离，所谓塑性铰线，乃是推导公式时的一种假设，并非楼板在工作时的真正状态；

至于楼板配筋问题，我们在 20 世纪 50 年代做过实际工程的试验，有的楼板区格在支座上方配了较多的构造配筋，有的较少，有的甚至不配（当时混凝土强度都较低，约为 150♯ 左右，所以不存在混凝土强度对混凝土开裂的影响），在以上各种配筋情况中，影响开裂的主要因素是养护，凡是养护好的，不论配筋多少，都不开裂。养护不好，即使配筋多，也开裂，只是裂缝变为较细，分布较均匀。

实际上，目前混凝土工程中的开裂问题，主要与两大问题有关，一是养护，二是混凝土的材性。养护的影响，大家都已知道，不多说，主要讲材性方面。

由于建筑向大型（柱网大）和高层发展，高强混凝土的应用愈来愈普遍。施工单位想方设法想配出各种高强度混凝土（目前所用混凝土至少 C30）。他们采用的方法多是使用高标号水泥，降低水灰比和增加单方混凝土中的水泥用量。增高水泥标号的方法是加大磨细度（提高比表面积）和增加硅酸三钙、铝酸三钙的含量，这样会使混凝土的水化热加大，收缩倾向大。混凝土中单方水泥用量增加，也增加了混凝土的收缩，并使内部温升增大，产生温差应力，从而增加了开裂倾向。此外，施工单位为避免混凝土强度不达标，为了保险起见会多加水泥，更使水泥用量增大。

以上是从水泥本身以及水泥用量上分析混凝土开裂的原因。

另外一种出现混凝土开裂的原因，是砂、石中含泥量的增加，只要稍稍注意一下，砂子和石子中泥团的出现已是很普遍的，含泥量增加，使混凝土的收缩量成倍增长。这个问题以前讲过，不再重复。

还有就是石子的质量，以前北京所用来浇捣混凝土（包括现场搅拌和搅拌站的）的石子粒径应为 0.5～3.2cm，现在由于各地大批出现的私人采石场，采用炸药爆破和性能差的石子破碎机，使石子中的针状、片状颗粒增多。为保证针、片状颗粒总量不超标，几乎都将 10mm 以下的颗粒筛除，细颗粒石子的减少，使石子空隙率增加。20 世纪 90 年代以前，北京石子空隙率一直为 40%～43%，而现在已达 46～48%，广东一带甚至达 50%。空隙率大，使砂浆增多，不仅不经济，而且使混凝土的弹性模量降低，收缩增大。

从上面所说的影响混凝土收缩的几个方面来看，各个工程几乎普遍存在，混凝土本身材性较差，再加上养护普遍不好，所以现场结构出现裂缝，就比以前增加许多，再加上设计人以为混凝土强度提高对提高安全度有好处（这是误解），往往不必要地提高构件混凝土强度（尤其是楼板和墙），导致开裂事件常常发生。我们明白了裂缝的原因，就可以研究预防，避免盲目增加配筋和增加混凝土强度。

如果现场出现裂缝，叫我们去，检查什么，看什么：

首先，看裂缝出现部位，确认当前是否立即有安全问题。

如果出现楼板裂缝，有人要追究责任，我们怎么办？分析以下各个方面：

① 一般的开裂，大多不是承载力不够，所以如果板的裂缝不像是受力裂缝，则不必过多担心。

② 要查施工单位混凝土的配比，其中有一条砂率，也即前面所说的石子空隙率，如果＞45％，则太大，出现裂缝可能性大。

③ 水泥用量是否超过。主要看试块强度是否超得厉害，1.1 倍以上就不好。

④ 是否是负钢筋被踩下去了。可用探测仪，也可用剔开一条小沟的方法。基本上 100％被踩下去，也即保护层＞15mm，这一条就可以说，施工有责任。

⑤ 查养护，这一条不大好查。

还是要提醒注意：我们自己在设计时，千万不要将楼板强度用得过高，一般≤C30，不得已 C35、C40，转换层大梁不得已 C50，但要注意养护，可采用放水养护至少两个星期。

再讲一下所谓膨胀剂 UEA，CEA……

这些膨胀剂在干燥情况下，不能使混凝土膨胀，总是收缩的，不能依靠它，加多了会影响混凝土强度。

有人推荐一种混凝土连续浇灌做法，不留后浇带，原来的后浇带这一段加 15％左右膨胀剂，可以连续浇灌。我院在西客站用过，但当时因忙，未去现场看，我总想，商品混凝土一车车送过来，怎么能这么恰巧留一条缝？哪些车是 5％，哪些车是 15％，能否分清是个问题。

所以，能留后浇带的还是尽量留，钢筋要断开，搭接长度可用标准长度×1.2 倍即可。有的工程，钢筋不断，结果在带旁的另一开间裂了。

7.3 正截面受压承载力计算

轴心受压构件 $N \leqslant 0.9\phi(f_c A_c + f'_y A'_s)$

注意多了 0.9 系数，其来源是：89 混凝土规范第 3.2.2 条，对于轴心受压柱安全等级提高一级，$r_0 = 1.1$。

过去总的安全系数构件受弯 1.40，抗剪 1.55。

现在荷载分项系数恒载 1.20、活载 1.40，综合来算平均值＞1.27。

材料强度分项系数：强度标准值/设计值≈1.10。

因此 $1.27×1.1≈1.4$

对于轴心受压柱 $r_0=1.1$，$1.1×1.4≈1.55$。

新混凝土规范取消了轴心受压 $r_0=1.1$ 的条文，使轴心受压安全系数不足 1.55，所以在承载力上乘以 0.9，等于是轴力 $N×1.1$，与从前的安全度一样。

总之，不论规范如何变化，目前来说，总的正截面计算的安全度没有太多变化。但斜截面受剪安全度提高不少。

7.5 斜截面承载力计算

1. 剪压比 $V≤0.25β_c f_c bh_0$ $\dfrac{h_w}{b}≤4$

     $V≤0.2β_c f_c bh_0$ $\dfrac{h_w}{b}≥6$

  $4<\dfrac{h_w}{b}<6$ 时，按线性内插法。

$β_c$——混凝土强度影响系数，

$≤$C50 时 $β_c=1.0$；C60 时 $β_c=0.93$；C70 时 $β_c=0.87$；C80 时 $β_c=0.8$。

2. 斜截面承载力（非预应力钢筋）

$$V≤0.7f_t bh_0+1.25f_{yv}\frac{A_{sv}}{s}h_0$$

刚才提到，过去用 f_c 作为斜截面的验算指标时用的是 $0.07f_c$，现在用 $0.7f_t$，当混凝土<C30 时，混凝土部分的抗剪承载力 V_c 比过去增加，C30 时比过去略小，>C30 时比过去小。

$1.25f_{yv}\dfrac{A_{sv}}{s}h_0$ 与过去不同，过去是系数是 1.5，要注意这次规范减少了，减为 1.25。过去集中荷载时系数为 1.25。

减少的理由据说是比较了国外规范以及试验结果等等，但从 74 规范至今，也未听说哪根梁按原公式设计出了问题，按Ⅲ级钢则用钢量不会增加，好在 8 度区梁端箍筋加密区要求较严，一般不是由抗剪强度控制箍筋用量。但跨度大、荷载大的梁箍筋用量会有影响（Ⅲ级钢无影响）。

偏心受压构件的受剪计算，越来越繁琐，我看了真有点眼晕，好在现在有程序，依靠它们来计算吧。

7.7 受冲切承载力计算

非预应力时，$F_l≤(0.7β_h f_t)μ_m h_0$

基本与 89 规范相同，但 F_l 有所提高，过去系数是 0.6，现在改为 0.7。这是因为过去规范在计算冲切时太保守，所以适当加大，实际上还有潜力。但 f_t 比过去小了，例如对于 C30 的混凝土，过去 $f_t=1.50\text{N/mm}^2$，现在 $f_t=1.43\text{N/mm}^2$，所以综合算来增加的不多。

当 $h \leqslant 800\text{mm}$ 时，$\beta_h = 1.0$，$h \geqslant 2000\text{mm}$ 时，$\beta_h = 0.9$，中间按插入法计算。

这样，对于无梁楼板，一般 h 小于 800mm，比过去计算出来的承载力有所提高，但对于厚度很大的基础板，$0.9 \times 0.7 = 0.63$，再加上 f_t 的减小，与过去 0.6 基本相同。

当配置箍筋或弯起钢筋时，最大可承受冲切力 $F_1 \leqslant 1.05 f_t \mu_m h_0$ 比过去提高了 $1/6$，注意此处不受 β_h 的影响。

配箍筋或弯起筋的公式从略。

8　正常使用极限状态验算

1. 裂缝宽度计算

计算公式与 89 规范比有些变化，但只是系数上的变化，总的形式变化不多。

新规范送审稿对于一级环境的裂缝宽度限值为 0.3mm，取消了 0.4mm，但未最后定稿。

裂缝宽度是算不准的，实际上在无侵蚀环境下也无必要去算。美国规范里就没有裂缝计算的条文，他们是最讲实际的。国外有的文章甚至说，在无侵蚀环境下，裂缝只是一个美观问题。

2. 刚度计算

与 89 规范相比，无多少变化，基本一致。

9　构造规定

9.1　伸缩缝

缝间距与原 89 规范一样，无变化。

顺便说，在住宅设计中，要尽可能使伸缩缝间距不超过规范之值。现在多数是私人购房，我已听到几起因房屋裂缝（其实不影响安全）而索赔甚至赔款、退房等等。花几元钱买个杯子还不能裂，花几十万上百万买房子更不能裂。我们设计的缝间距不违反规范，打官司也有理，这方面要注意保护自己。

9.2　混凝土保护层

这里提到了并筋，即两根或三根钢筋并排，中间无空隙，在美国已使用多年，主要是柱子这一类构件，轴力大，截面放不下许多根钢筋，就采用并筋的方式。

柱子的保护层还是以 30mm 为宜，对于抗震、锚固、搭接、抵抗侵蚀（碳化）等等都有好处。新规范可能会接受我的建议，将柱子保护层增加至 30mm。

9.3　钢筋的锚固

本节内容变化较多，也与我们的设计、绘图关系较多。

$$L_a = \alpha \frac{f_y}{f_t} d$$

也即：锚固长度（受拉，充分利用的情况，抗震设计都要按充分利用考虑）由 4 个因素决定：①钢筋外形；②钢筋强度；③混凝土强度；④钢筋直径。

外形系数 α 有一个表，注意表内光面钢筋是指末端带有弯勾的，不应疏忽。
光面钢筋 $\alpha=0.16$，带肋钢筋 0.14。

例如Ⅱ级 Φ 25，$L_a=0.14\times300/1.43d=29.4d\approx30d$。

L_a 有一些附注，其长度可以加长或缩短，其中附注 4 说明一下：

保护层厚度大于钢筋直径 d 的 4 倍时，l_a 可 $\times0.8$。在国外不仅保护层厚度不同，钢筋间距较大时 l_a 也可打扣，因钢筋间距远了，相互影响减少。保护层厚度大的情况，例如基础构件可以按此条打折扣。

此筋四周皆是较厚的混凝土，l_a 可 $\times0.8$

图 1.9-1　钢筋在基础中锚固长度示意

9.3.2　钢筋机械锚固

我在编技术措施（1990 年）时，已将此措施列入，现在混凝土规范终于也写进去了，我们比规范早了十年。

这是原机械部通过大量试验得出的成果，是比较可靠的。我们在工程设计中可以采用。

9.4　钢筋的连接

本节改动较多，一是允许所有钢筋在同一截面搭接，但搭接长度要加长。

$$L_l=\zeta L_a$$

受拉钢筋搭接长度修正系数 ζ　　　　　　　　　表 1.9-1

同一连接区段内搭接钢筋面积百分率（%）	≤25	50	100
搭接长度修正系数 ζ	1.2	1.45	1.8

表中搭接百分率 $\leq25\%$ 乘以 1.2，与过去相同，增加了 50% 搭接的做法，可以用于后浇带。过去我们在后浇带内的钢筋是连续不断开的，这样的做法，对于施工较方便，而且过去认为在同一截面不能 100% 搭接。但钢筋不断开对于温度变化引起的伸缩是不利的。所以，今后在后浇带内的钢筋，可以断开，采用 100% 搭接的方式，其长度按表 1.9-1，但基础板钢筋较粗，按此法做，后浇带 1m 宽是不够的，需要加宽很多。不论何种方法，后浇带位置皆应在构件内力较小的部位。（经讨论，表中数值将有所减少，改为 1.0，1.3，1.7，并区分柱子与其他构件）

（本规范按美国 80 年代的规范，其中有系数 1.7，现在美国已取消，英国最大也只 1.4，他们都允许在同一截面搭接）

在 89 规范中，钢筋的接头是以焊接为主，这是因为当时还未出现机械接头，而当时的材料质量、焊工水平都比现在好。现在材料（主要是钢材和焊条）的化学性能不稳定，焊工的技术水平和责任心，普遍不如 20 世纪 80 年代，因此再以焊接为主是不妥当的。另外还有一个重要原因，焊接会使钢材变脆，对于抗震结构承受反复荷载的构件，采用焊接是不妥当的。

新版高规中，对于各抗震等级的各类构件的钢筋连接方法，规定如下：

（1）框架柱：

二级抗震等级及三级的底层的框架柱，宜（优先）采用机械接头；其他情况，可采用搭接或焊接。

（不写应采用机械接头，是照顾到全国各地区的发展情况不同）

（2）框支柱：

宜优先采用机械接头。

（3）框架梁：

一级框架梁宜采用机械接头；其他情况，可采用搭接或焊接接头。

顺便讲一下机械接头的种类及选用法（这不是新规范内容）：

机械接头——分不等强与等强二大类，即 B 类与 A 类。B 类接头强度≥$1.35 f_{yk}$，A 类接头强度＞母材强度，也即在做拉断试验时，不会断在接头处，而是断在其所连接的钢筋上。

B 类接头即锥螺纹接头，其优点是制作简单，价格较便宜，在北京 25 的钢筋接头大约在 10 元/个以下。

有人说这种接头不能用了，这是误解，还可以用，一是在构件受力较小部位，例如梁、柱避开其两端箍筋加密区；二是不受地震影响的部位，例如筏板基础的梁、板等。

另一种是 A 类，即等强接头，这里面有甲——套管挤压，乙——墩粗，丙——剥肋滚螺纹等。

甲、套管挤压。需要的工具较重，荷重较大。如果钢筋密集之处，夹头伸不进去。此外，套管的要求较高（其他机械接头皆同），既要强度高，又须韧性好（因为要挤压），我们在西客站工程中，有一个区段发现约 40％的接头的套管有微细裂纹。所以此种接头现在使用者已逐渐减少。

乙、墩粗接头。由于锥螺纹套丝扣后，削弱母材，强度较低，所以想出一个办法，先在钢筋端部冷墩粗，再套丝扣，这样在丝扣处的强度不会低于母材。但有一点，钢材冷墩之后，其金相组织会变化，影响其延性。此种作法比锥螺纹多了工序，造价当然会较高，但接头强度提高了，因此接头部位和接头百分率在理论上讲是没有限制的，但总的来说强度不要用足为好。

丙、剥肋滚螺纹。利用特制机械，将螺纹钢筋之肋滚平，压入母材，然后压出螺纹。这种作法，虽然对金相组织也有些影响，但不大，强度则可达到或超过母材。目前来说是一种较好的接头。

我们在选用各种接头时，不能只着眼于性能最好者，要看性能、价格比。例如锥螺纹，虽然在机械接头中强度较低，但只要选用适当，比那种电渣焊接接头，还是强得多。

现在有人以为，搭接接头是落后的，应当淘汰，这也是误解。各个发达国家至今还在用它，它只要做好了（而且很容易做好）搭接处箍筋加密，一样能起作用。近年的地震震害证明在地震反复荷载作用下，有时比焊接还好。

美国规范对钢筋搭接的要求如图 1.9-2 所示。

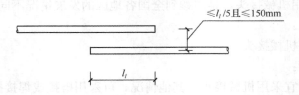

图 1.9-2　美国规范钢筋搭接示意

焊接：美国 ACI 规定钢筋直径≤φ16 才可用帮条焊，＞φ16 时必须剖口焊，比我们严格。如图 1.9-3 所示。

图 1.9-3　美国规范规定的剖口焊（钢筋直径＞φ16 时）

9.5　纵向受力钢筋的最小配筋率

过去受弯构件等，最小配筋率 0.2%，现在混凝土的强度比过去高，单控制这一个指标是不够了，加了一个 $0.45 \dfrac{f_c}{f_y}$，取二者中的较大者。

例如 C40，Ⅱ级钢 0.45×1.71/300＝0.0026　即 0.26%，不是 0.2%。如果Ⅲ级钢，0.45×1.71/360＝0.0021，与 0.2%接近，也即用强度较高的钢筋，最小含钢量可以减少。

美国 ACI 规范规定，当构件的任意截面的配筋量，超过所需配筋的 1/3 以上时，可不受最小配筋量的限制。

10　结构构件的基本规定

本章新的内容不是很多，有些新内容目前还有争论，争议的内容先不介绍。

10.2.17　梁侧腰筋的配置要求，比过去提高，一是以板下面梁腹的高度≥450mm 为界，二是腰筋的间距由 300 改为 200。这是因为近年梁侧开裂者很多。每侧腰筋的面积不小于 0.1%。

10.3　柱子纵筋超过 3%，过去规定箍筋必须焊成封闭环式，这种要求，仅在 50 年代苏联规范中有，现在世界各国规范都没有。原因：

①损伤纵筋；②太费工；③增加造价；④效果不如连续螺旋（矩形）。

对于箍筋焊接成封闭环式，我反对了多次，这次在新规范中终于取消了。

美国 99 规范新加了抗震方面的一条，纵筋不得与箍筋、拉条、其他埋件等焊接，因焊接会使纵筋变脆。

10.4.3　不再采用柱顶纵筋交叉搭焊的作法。

11 混凝土结构构件抗震设计

抗震方面的问题，胡总已讲过，这里不再重复。要提到的是关于剪力墙的设计及构造，经过对于抗震规范的审查会，将其内容大大简化，方便了很多。

另外一点，是梁端纵筋配筋率 $\rho \leqslant 2.5\%$，以及混凝土受压区高度 $x \leqslant 0.25h_0$（一级），$x \leqslant 0.35h_0$（二级）的要求。我以前讲课时几次讲过，可以考虑梁受压区受压钢筋的作用。一经考虑 A'_s，则 $\rho \leqslant 2.5\%$，及 $x \leqslant 0.25h_0$ 或 $0.35h_0$ 就较容易满足。这次在抗震规范及混凝土规范里都明确提到可以考虑受压钢筋的作用，高规也有此条。因此，梁不必做很宽，一般工程 8m 左右柱网，梁宽不必大于400mm，梁高 450～500 即可。

在新规范未出台以前，我就主张这么做，1997 年就写了文章在《建筑结构学报》上发表。对于规范，一是要遵守，二是要灵活运用，还要会钻空子。

上述 $\dfrac{x}{h_0}$ 的要求，以及 $\rho \leqslant 2.5\%$ 的要求，规范并没有说不允许考虑受压钢筋的作用，这就给了我们一个钻空子机会。从钢筋混凝土的原理上说，梁的受压区既然有受压钢筋，而且数量不少，按照抗震等级应当是受拉区 A_s 的 50% 到30%，常常比 50% 还多，而且一般都将梁下铁伸入支座还有一个锚固长度，所以 A'_s 是很多的，可以起不小的作用。

受压钢筋要起作用，还有一个条件，即箍筋间距不能太大，以免钢筋压屈，非抗震 15d，现在梁端由于抗震要求，都是 100mm 间距，满足受压钢筋的要求很富余。

所以有受压区钢筋 A'_s 且各项条件都满足，当然有充分理由利用它，可以按照梁双筋截面（即有 A_s 又有 A'_s）。由于理由充分，这次编新规范，把我的这项建议列入了规范。

这个问题，牵涉到如何对待规范。

以前我常主张，设计工作不能拘泥于规范条文，要敢于创新。现在我还是这个主张。

敢于创新，是我们院的优良传统，我院几十年来，结构专业的水平能在全国处于领先地位，与这个创新精神，有很大关系。

1960 年出版的我院技术措施中就写明：凡规范条文与本措施有矛盾者，以本措施为准（大概是这个意思）。我在编写 1990 年技术措施时，写得比较隐蔽："本措施所规定的条文中，未详尽规定或未列出之内容，应符合现行规范之要求"。反过来说，列出的就按本措施。

实际上，1990 年技措中，不少突破规范的内容，现在新编的规范中都已列入。例如：

（1）柱子轴压比的放宽。规范 1993 年修订本已放宽一部分，这次新规范又有所放宽。

柱子内部加芯柱，我们在西客站工程中用了，当时我决定用此措施后，轴压比可增大 0.1，现在规范增大 0.05；

（2）箱基规程中规定的：箱基每 m² 面积上的墙体长度不小于 40mm，不小于基础面积的 1/10；纵墙数量不小于总量的 60％等等，我在技措中都予以否定，现在新的箱基规范中，这些要求也都取消了；

（3）框筒结构，以前高规中规定的柱子间距 3m，角柱必须加大，外墙开洞率等等规定，我曾经写文章在学报上发表过，现在新高规中这些清规戒律也都没有了。

（4）钢筋端部采取措施，可以减少锚固长度。在我院 1990 年技措中都有，现在新混凝土规定也列入了。我们比规范早了 10 年，其他不多说。

最近，建设部加强了对建设工程的质量管理，包括对设计工作的质量检查，并且颁布了强制性条文。这样做，有助于全国设计工作质量的提高。在这种情况下，我们应以何种态度，对待规范呢？

第一部分，强制性条文，必须遵守

所有强制性条文，一定要严格遵守，这是不容怀疑的。但在强制性条文选择方面，工作做得不够细，把一些无法执行的条文也选进来了。

例如：（1）在"结构专业"第四篇"勘察和地基基础"第 3 章"基础设计"中的 3.2"箱筏基础"JGJ 6—99 之 5.3.3 条："梁板式筏基的基础梁……尚应验算底层柱下基础梁顶面的局部受压承载力。"这一条无法执行，因为地基基础规范和混凝土规范中都没有验算方法。

（2）第 5.3.7 条　验算柱边缘处筏板受剪承载力　$V_s \leqslant 0.07 f_c b_w h_0$　b_w 取单位板宽？

柱边缘是双向受力，怎么取单位板宽？

过去只算冲切，未发现任何问题，现在又要算剪切，我国规范所给的受剪承载力，都是指单向受力构件，例如梁，双向受剪我们无计算数据。

ACI 规范中，单向受力计算控制指标 $2\sqrt{f'_c}$，双向受力计算控制指标 $4\sqrt{f'_c}$，双向比单向大一倍。

我们怎么算？

（3）无粘结预应力设计规程 JGJ/T 92—93 第 4.5.3 条，每方向穿过柱子的无粘结预应力筋不应少于 2 根。穿柱子会削弱其截面。当然，对于板柱节点会增加其抗冲切、抗剪切能力。但不能说不应少于 2 根，10 根行吗？对于规范用语，至少是不严密。

对于强制性条文，还未看全，是否还有类似条文，尚不知。至少我们在学习、应用规条文时，应弄清楚该条文是针对什么问题，适用于何种情况。

当然，错误的条文只是个别的，总体说我们应当遵守强制性条文。

至于规范本身，可分为：

第一部分，承载力计算的相关条文，这部分必须遵守，例如梁板受弯、梁受剪、板受冲切等等，是必须遵守的。以前我也从来未说过这些方面可以突破。

任何结构，首先要保证竖向荷载下的承载力，不能疏忽，这是第一位的。

第二部分，构造方面的相关条文，分两种情况，构造方面的强制性条文必须遵守，例如钢筋锚固、搭接长度等。其余的，要看具体情况，如确实采取了有效措施或确有理由者，也可突破。

上述 $\frac{x}{h_0}$ 以及 ρ 的要求，未考虑确实存在的受压区钢筋 A'_s，而规范也规定了 $A'_s=0.3$ 或 $0.5A_s$，按照混凝土的基本理论，A'_s 理当计入。即使规范条文未列入，我们计入 A'_s 也是理直气壮，因为第一、规范未说不许计入，第二、此做法符合混凝土理论。

柱子轴压比限值，也是"宜"，西客站工程即采取措施放宽了。

西单图书大厦工程，我们将人工挖孔桩的承载力比规范提高了 50％。这不是盲目蛮干，因为大直径桩承载力是按照沉降 10mm 为依据而定的，而实际工程的沉降比它大好多倍的情况，安全都无问题，所以提高 50％完全不会出问题。现在工程已完工好几年，毫无问题。后来在我主编的"大直径桩规程"中，把承载力提高了。

总之，凡规范写"应"的，不要轻易违背，但也不是绝对不可突破。写"宜"的，就大有商量余地了。

有人说这是不是冒险？干事业就要冒险，出门坐车，走路都有可能出危险。要想真正技术上得到进步，事业上有所成就，就要敢于做一般人不敢干的事。

前面讲过，构造上面的规定有些是可以灵活的。因为我们规范上的某些构造规定，是太严了，甚至个别是世界最严的。因此，有些做法是可以商榷的。

例如，梁、柱箍筋弯钩后的直段长度，我们规范规定 $10d$，美、日都是 $6d$。我们 78 抗震规范原来也是 $6d$，后来美国 83 年规范，将柱箍筋弯钩后的直段长度改为 $10d$，梁的未变，我们 89 规范跟着将柱、梁统统改为 $10d$，以后美国又将 $10d$ 改回 $6d$，而我们未动，所以是全世界最严的。

$10d$ 有时不好办，如钢骨混凝土 SRC，$10d$ 要求与型钢有矛盾，所以上海钢骨混凝土 SRC 规程改为 $8d$。如图 1.9-4 所示。

又如：柱子箍筋的间距 S_x 与肢距 h_x，我们规范也太严。我们的规定，对一级抗震柱子箍筋加密区的箍筋，间距 100，肢距 200，不能变化。肢距一律 200 对于浇灌混凝土是很不利的，以前好像讲过。肢距与间距应当有一个相对辩证的关系。

美国 ACI 318—99 规范公式：

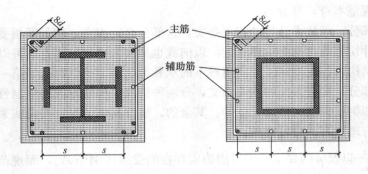

图 1.9-4　钢骨混凝土柱配筋示意

$$S_x = 100 + \left(\frac{350 - h_x}{h}\right)$$

当肢距为 $h_x = 200$，$S_x = 150$，而非 100

新西兰规范：肢距为 200 及柱宽 b 的 1/4 二者中的较大者，如 $b = 1000$，$h_x = 250$ 而不是 200。

以上两本规范的规定都是根据柱子在震害中的表现与试验结果而定的。

由此可见，我国规范对于柱子箍筋加密区箍筋的间距与肢距的规定，都还有可以商榷的余地，并非绝对正确。

我以前多次讲过，不要把我们的规范当成世界上唯一正确的东西，当然它是一本很好的规范，尤其是这一次新规范，由于我参加了，就更加好了……。

任何事物都没有十全十美的，规范也是如此，当然，刚开始工作、经验缺少时，要严格遵守它，在有了一定经验后，就要思考，为什么必须如此？可不可以有另外的解决方法？多看专业参考书，尤其国外资料就可知道人家是怎么做的，我们有什么不足之处。所以要好学英文。

刚才讲，承载力计算象受弯、受剪等等，必须按规范公式计算，其实规范计算公式中，有些假设也是很近似的，象受压区应力图形为矩形，实际上并非如此，只是因为在一般情况下，这种假设与实际情况出入不多，在实用上可以、够准确了，如果以为图形真是如此，再去与外国人争论，就是笑话了。

不单是强制性条文，连建设部部长令里也有些问题。各种结构体系的适用高度不应是限制高度，不许超过适用高度的 20% 是有问题的。

二、顺便再介绍一些国外的新材料、新做法：

① 从 80 年代开始，国外大量应用一种新材料，如日本等已有规范，
FRP——Fiber Reinforced Polymer

　　　　纤维　　增强　　　聚合物

纤维：有碳纤维、玻璃纤维、芳纶纤维等

聚合物：环氧树脂、聚酯（的确良一类）、醋酸树脂等。

FRP可做成棒状代替钢筋、钢绞线，片状可用于修复加固。

将碳纤维做成极细短丝，绞合成长丝，均匀分布在片状树脂内，即成CFRP、GFRP碳纤维中，玻璃细丝或芳纶细丝也可以。

报上现在常登"纳米"技术，这种极细纤维已接近这方面，做得愈细，强度愈高，因为天然物质晶体结构中都有缺陷。材料越细，材料缺陷越少，强度越高。以碳纤维为例，强度可达钢的 $10\sim20$ 倍，弹性模量 E 为钢材的 $1.5\sim2.5$ 倍。

这种材料的优点，是轻质、高强、耐腐蚀。国外棒材多用于公路、铁路桥梁。尤其像加拿大这样的国家，冬季寒冷、雪多，用盐水化雪，对混凝土及钢筋的侵蚀较大，用棒状FRP对于抗侵蚀非常好。尤其是预应力公路桥体外张拉者（即预应力筋暴露在空气中）更合适。

经常可以把棒状FRP做成与钢筋类似的螺纹形等等，还有的做成预应力芯棒。

过去我们也做过芯棒，用高强砂浆中间放预应力钢丝，张拉后，在浇捣预制板时放入板下皮，可减少先张法张拉预应力筋的工序。

据我所知，棒状FRP在国内尚未应用。

片状FRP在国内已有应用，即碳纤维布，主要用于加固，现在仅冶研院已做了一百多项工程，并准备明年出设计与施工规程。

过去加固常用粘钢板，缺点：①钢板与构件表面不能紧密结合。往构件中打射钉或涨管螺栓，又有损伤原有钢筋的可能；②会增加构件截面。

胡总去工地看过，有的工程加固完后，过几年钢板掉下来了。

碳纤维布是用环氧树脂与构件粘结，与原构件共同工作，可以增加梁板的抗弯、抗剪能力，增加柱子的延性

优点：轻，构件截面基本不增加。

缺点：价格较高，材料日本进口，今后进口纤维咱们自己织成布，价会降下来，与粘钢板相比防火可有一定竞争力。碳纤维本身不怕火，是从沥青中烧出来的，环氧是阻燃的。但温度太高也会软化，影响粘结力。

碳纤维增强聚合物，最早是应用在航空航天技术上，质轻高强，对火箭来说，减轻自重是最重要的，飞机也如此。

后来用于运动器材，高尔夫球杆、钓鱼杆等，高级的都是碳纤维，后来台湾用于制造自行车，出口赚了大钱。

再往后，生产多了，价钱下来，用在土木工程上。

②板柱节点的抗冲切构造

我们抗冲切都用箍筋，这样效率较低。因为钢筋必须与冲切裂缝相交才起作用。与可能裂缝相交的箍筋，才能起作用，这样只有 4 个垂直肢才起抗冲切作用，水平段只起锚固作用，不能起抗力作用，这样不仅浪费钢筋，还会造成节点处钢筋过密，施工困难。

美国现在已不用箍筋抗切，用抗剪栓钉，有现成产品，各种直径、各种间距的栓钉，拿来固定在模板上使用。

我们现在还没有，但是要知道有这种东西，以后加入 WTO，在人家图上如果看到这种做法，我们要知道，不要像以前，人家画出我国规范没有的东西就不承认。

刚才讲了，在承载力方面不能灵活，要严格遵守规范，一般构件承载力计算都要适当留有余地，例如梁受弯配筋，需要多少面积，富余 10% 是可以的。但也要看具体情况，例如基础底板抗冲切计算，在板的冲切方面，由于我们国家规范对于冲切的允许应力规定得比国外规范过于保守，所以安全度很大，因此，算出来的板厚，就不需要留太多余地，够了就行。当然这需要对国内外情况有较多的了解。

还有些情况，需要慎重对待。例如对于新的结构体系，新的构件做法，要认真研究，不要轻易相信那些书上、杂志上登的文章。异形柱、框支结构、钢管混凝土柱、节点做法等等。

注意，在地震区，不能认为已建成的结构就一律是成功的，凡是未真正经过地震考验的，它所用的体系、构件、就不能认为是真正成功的，要仔细研究。

① 先说异形柱。最近国内很热闹，广州、天津都出了规程。而且已经建了不少。柱子的厚度也越来越薄，甚至做到 160mm，这样做，钢筋根本放不下。

它的根本问题，是抗震性能不好。地震力作用混凝土易压溃。如果有刚度较大的连梁，情况会好一些，但住宅层高较小，连梁刚度往往不能做大。斜向受力很不利。包括十字形的也是如此。

有人说，经过试验证明效果很好，试验会有人为的因素，例如上海同济做过试验，两个方向的效果不同。

新高规准备对它的使用范围加以限制，7 度以上，12 层以上不能用。抗震规范对异形柱未提，就是对它的性能尚存在怀疑。

如果有业主来要求做异形柱，要劝他们慎重，外地虽然已建不少，但未经过真正地震考验，不能就算是成功的，尤其北京是 8 度（高烈度区）。如果业主强烈要求，我们也不能把到手的业务放弃，就要争取多加些抗震墙。多层者楼梯间、山墙等等，凡可能处尽量加抗震墙；高层者尽量不用，如果用，尽量少用短肢，并多加剪力墙。

② 框支结构

此种结构属于刚度突变，强震时容易出问题，国外已有多次震害发生。

框支结构是中国特色，国外很少，高层者尚未听说。同时，国内外的震害经验表明，竖向刚度突变者，震害较多。此次抗震规范修改，有不少意见建议，框支层数可否加多，经研究，规范范围内仍维持一、二层，如要做多，由设计人自行设法解决。

所以，如果转换层多于两层，不是不可做，而是要谨慎小心，并且注意：

a. 落地墙尽可能多，可向业主与建筑师说明，已超过规范适用范围，应多些墙以保安全。并且确保落地墙数量$\geqslant 35\%$，$V \leqslant 0.15 f_c b h_0 / \gamma_{re}$。

b. 框支柱，最好能承担三倍的地震弯矩 M（相当于设防烈度），推迟出现塑性铰，箍筋按最高档配置，纵筋$\geqslant 1.5\%$。

如框支层多，应用钢骨混凝土 SRC 柱，型钢配置面积 $4\% \sim 5\%$。

③ 钢管混凝土柱

国外只用于非抗震结构。未经过震害考验，现在越做越高。已建成不等于是成功的。性能不如钢骨混凝土 SRC 柱。SRC 柱在国外经过强震考验，如 1995 年日本阪神地震。

主要问题是钢管柱与混凝土梁的连结做法比较间接，强震时究竟是否可靠不能保证。钢管混凝土柱有很多优点，例如由于混凝土在管内受到很好约束，可以充分发挥其强度等等。但它与 RC 楼面梁的连接比较麻烦，一种是在钢管上焊出钢板，楼层梁的纵筋逐根焊接。另一种是在钢管上预留孔洞，以备梁筋伸入。这些做法都有缺点。

最好是楼层用钢梁，深圳 70 层赛格广场就是采用的钢管柱、钢梁，连接无问题。

近来在广东一部分工程流行一种很不好的做法。在钢管上焊二圈 $\phi 25$ 钢筋，在外面打一道环梁，楼面梁与此环梁连接。

这种做法据说在清华大学做过试验，静载与反复荷载试验，效果不错，所以认为可行。试验结果影响因素很多，很难说其可靠性有多大，节点构件试验并非都能证明是安全可靠的，例如日本在 20 世纪 60～70 年代曾用过许多格构式钢骨混凝土柱，在应用之前也曾经过试验，认为可行，但在 1995 年阪神地震时破坏很多。

这种节点主要依靠环梁与钢管壁的摩擦力。根据"连续倒坍"的理论，在地震时，不应依靠摩擦作用来支承竖向荷载，所以，我认为这种做法，未经过真正地震考验，要慎重对待。如以后在广东做工程，有人推荐这种做法，我建议不要轻易采用。这种做法的创始人在外面宣传说，程懋塂也同意了，这是瞎说，我从来未同意。

再讲一遍，已建成的工程，不一定等于是成功的，要看具体情况，尤其是地震区的工程，如果没有经过地震考验，不要轻易相信。

如果业主想用钢管柱加混凝土梁，应说服他们改用 SRC 柱，柱截面不会大，安全性好得多。

1.10 2009 年 5 月对《建筑抗震设计规范》 GB 50011—2010 征求意见稿第 3、5、6 章 的建议

1.10.1 对第 6 章的建议

一、说明（6.1.1）之②

……只要框支部分设计合理……

建议加上："并且位置基本对称，不致造成太大偏心"。

二、关于板柱结构。

（1）板柱—框架结构的抗震性能不可靠。

框架结构本身的抗震性能就不大好，再与不大好的板柱结构结合，能起到多大作用？（汶川地震已证明框架结构抗震性能较差，之前的唐山地震中，北京、天津的框架结构在 6°～8°的地震中都有破坏）。

（2）因此，建议取消板柱-框架一类结构类型，尤其是高达 24m（可建 6～8 层）更是不安全。

1980 年非洲的阿尔及利亚发生强震，一栋三层板柱结构倒塌，死伤好几百人。

（3）建议 8 度（0.3g）允许板柱-抗震墙结构高度 40m。

三、6.1.2 条说明的最后一段，较高房屋上部 1/3 楼层有条件地降低抗震等级，赞成！

四、6.1.4 建议取消抗撞墙的建议，理由：

（1）在房屋两端设墙，可引起较大温度应力，对防止开裂极为不利；

（2）设墙之后，在计算中应考虑抗撞墙的存在，可能会吸引较多地震作用，一律规定四级抗震不合适；

（3）如果防震缝两侧的楼板标高相同，即使两侧结构相撞也不致造成大问题。

五、6.2.3 本条不适用于框剪结构、可否在条文说明中叙述。

六、6.2.13-4 少墙框架，当按框-剪模型计算时，墙的截面及配筋常不能满足规范要求（包括混凝土规范）。建议对此情况采取适当放松要求的措施。

七、6.3.2 扁梁对抗震不利，建议不列入扁梁一词。

我们设计的金地大厦，框架-核心筒结构，梁跨度 10.5m，梁截面 500×450，高跨比 1/23。一般民用建筑中完全可以不用"扁梁"。

八、6.3.3 说明第 2 行及第 3 行的"计入"，含义不明确。与 6.3.3-1 的计入是否同一含义。6.3.3-1 是可以将受压钢筋作为有利因素的。

梁端钢筋如大于 2.5%，不一定会影响"强柱弱梁"，因为许多情况发生在梁与核心筒交接处。

九、6.6.4-4 当……反号时，不反号也应验算冲切，只是截面不同而已。

1.10.2 对第 3 章的建议

一、表 3.4.3-1

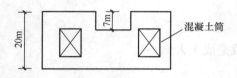

图 1.10-1 凹凸不规则的判断示意

（1）扭转不规则 如果只有少数楼层超过 1.2，应不作为不规则；

（2）凹凸不规则；凹进超过 30%，不一定有问题，如左图。就应当允许。

（3）开洞大于 30%，要看开在什么部位，是否影响水平力的传递……。

二、3.5.3 说明的第三段，框架结构明确采取措施使填充墙成为第一道防线。此条在实践中恐怕难以做到：墙的种类很多；砌筑方法不同；尚无切实可行的计算模型……。

13.2.1-2 ……一般情况下不应计入其抗震承载力，与此节矛盾。

1.10.3 对第 5 章的建议

一、5.1.1-5 的说明

说明中定了三个标准：跨度大于 120m，或长度大于 300m，或悬臂大于 40m。

这三个标准可以商榷。跨度大于 120m，定得太低；长度大于 300m 也是。欧洲规范桥梁长度大于 600m。所以，建议：长度改为大于 400m（计算表明300m 太小）跨度改为大于 150m。

悬臂大于 40m 是不妥的。如果有一建筑，跨度 100m，悬挑 40m，是无需多向、多点输入的。

1.10.4 对第 14 章的建议

一、14.1.4 地下建筑结构的抗震等级为什么定得如此高？一般民用建筑的地下建筑，例如单建的地下车库，层高不大，平面也较规则，层数只有 2~3 层，为什么抗震等级比地上建筑还要高？

地下建筑如果处于土层较稳定，土质较好地区，抗震性能应该无问题，无需提高抗震等级。

民用建筑不能与地下铁车站相比。

由软土地基得出的研究成果，不能套用到北方地区。

二、14.3.2　为什么地下结构要比地上有所加强？

本规范 6.1.3-3 规定，地下一层以下的抗震等级可逐层降低，与本条矛盾？

本条的文字："顶、底板应采用梁板结构，楼板宜采用梁板结构。"那么到底什么地方可以用板柱结构呢？没有了！

1.11 设计中的一些常见问题

一、框架柱底层柱底的放大系数

《高规》6.2.2 条中框架结构底层柱底的 M 设计值，对于一、二、三级乘以 1.5、1.25、1.15 放大系数，这是因为，研究表明框架结构在强震时，底层柱底不能避免出现塑性铰。柱子出铰对于竖向荷载的承载力有较大影响，但又无法避免。因此《高规》规定，将底层柱底的 M 乘以放大系数，推迟其出铰，增加安全度。

但是，《高规》第 8 章对于框架-剪力墙结构有一条规定，框架-剪力墙结构的截面设计要符合本规程第 4、5、6 章的有关规定，这里面包括一个内容，即上面所说的 6.2.2 条，此条只适用于框架结构，而不适用于框架-剪力墙。因为框架-剪力墙结构如果布置恰当，并有足够数量的抗震墙，则底层柱底可以不出塑性铰，所以不必按照 6.2.2 条乘以放大系数。

同样，其他资料上有类似要求的都应取消。

二、框支结构

现在对于框支的限制很多，例如框支的部位、构造、总层数等等。例如 8°区，框支限 3 层，7°区 5 层，超过了就算高位转换。

要注意的是，目前对于"框支"的概念有不少误解。"框支"最早是在 20 世纪 70 年代我国第一批高层剪力墙结构（前三门住宅）中出现的，当时横墙的间距较小，大多为 3~4m，由于底层开商店需要较大空间，所以在底层取消了一部分横向剪力墙，不落地的墙由框架柱及梁承担。由于底部减少了剪力墙，其抗侧刚度减少，上下刚度变化较多，形成了"框支结构"。其要点是上下刚度有较大变化。无多大变化的，不能称为"框支"，也就无所谓"转换层"。

所以首先要把其定义弄明白，究竟什么是框支。对于框支重要的一点是抗侧刚度有突变，尤其在底部，对抗震更不利。所以，规范、规程中，对此种结构有各种限制和计算、构造上的要求。框支层不一定在低层就比在高处安全（见后文），高位转换也可以，框支的影响范围主要在其上下各两层。

有一些结构，虽然有梁托柱等情况但不属于框支。例如，框架-核心筒结构的顶部几层，柱向里收进，由于此种结构体系的抗侧刚度主要由核心筒提供，在顶部柱的移位，并不会导致抗侧刚度突变，所以不应认为是"高位转换"。再例如，框架-剪力墙结构的上部楼层因建筑功能需要，局部柱拔除，形成托柱转换，这也不是"框支"，也不是"高位转换"。这两个例子的主要抗侧力构件核心筒、剪力墙都没有变换，因此不属于"框支"和"高位转换"范围。当然，梁托柱时，由于梁上荷载很大，应仔细验算，注意柱、梁交接处力的传递（宜考虑中震时柱底弯矩的放大）。

又如，剪力墙结构有较多的抗震墙，仅有少量墙不落地，此时抗侧刚度变化不大，也可不作为框支结构。当然，少量数量的掌握，应有分寸，例如，抗侧刚度的变化幅度大约是 10％左右，另外，建筑物的设防烈度、高度、体型是否规则等等，都应综合考虑，如果烈度较低（例如 6 度）或高度较小（例如不到 50m），体型规则且墙体分布均匀，则抗侧刚度即使减少 20％也可不作为框支。所以刚度突变，并且变化很大者，才需按框支的各种严格要求进行设计。

总之，工程情况千变万化，设计时不应只执着于规范条文的文字，而应透彻了解该条文的用意，用概念设计来应对各种复杂情况，才能做好设计。

三、关于"超限"、突破规范等等

有的同志，拿到复杂一点的工程方案，首先看这个方案有哪些与规范不符，哪些是超限了，然后向建筑专业或是业主要求，要修改或其他，或者自己以为要上报超限审查。

我个人不赞成这种做法。搞结构要有雄心壮志，别人会的，我要会；别人不会的，我也要会；别人不敢做的，我要敢做。这样才能锻炼自己，练出真本事。

我常说，不要把规范当圣经。规范是人编出来的，人编出来的东西，必定会有缺点，不全面，甚至是错误的东西。毛泽东伟大吧，古文功底非常好，但在毛选中也有词句错误，例如毛选第四卷，他在指挥作战的电报中说：……恢复疲劳……。疲劳怎么能恢复呢？越恢复越疲劳！

中华人民共和国宪法，是根本大法，比规范重要的得多得多，但是建国以来，修改了几次。

规范是按过去的工程经验和科研成果总结编制成的。经过一段时间，使用者必然会发现一些问题，规范本身所依据的技术，也可能会落后，或是经过工程实践发现有不适合的地方，就需要修改。现在主要的结构规范每隔几年都要修编，就是这个道理。

我以前讲过一些规范中有毛病的地方，实际上新版规范（2002 年版规范）最大的问题，是材料消耗量太大。我们现在 20～30 层的钢筋混凝土建筑，比美国同样高度的钢结构的用钢量还大，这是很不合理的。去年我院在《建筑结构》有一期专刊，我在上面发表了两篇文章，都是呼吁节约的，其中举了几个国外高层钢结构的例子，其用钢量都明显低于我们。

新规范从地震作用开始，就比 89 规范增加不少，北京土的分类，Ⅲ类场地面积范围又比以前增加很多（89 规范时我强硬要求得到了场地土分类的成果，当时国家计委要求 89 规范比旧规范用钢量增加不超过 5%，所以我有依据……）。

其他方面不一一多说。提这些事，就是想强调，我们现在所设计的工程，安全得很。可以放心大胆地干。

讲一件规范中的小事，箍筋弯勾 135°后有一个直段，我们规范规定是 10d，这是 89 规范定的。编 89 规范时，参照美国 1983 年规范，他们原先规定直段是 6d，后来 89 规范把柱箍筋直段加大到 10d，梁则仍是 6d，我们则不论柱和梁，全部定为 10d。到了 89 规范定稿，美国 89 规范也出来了（他们当时每 6 年规范换版一次，现在是每 3 年），又从 10d、6d 改回到 6d（日本规范也是 6d），而我们跟着涨上去，人家落了，我们不动（就好像油价，国际油价上去，我们跟着涨，国际跌了，我们不动）。

四、如何减少楼层梁的高度

楼层梁的高度虽属于结构专业范围，但与建筑物的使用价值（出售价、租赁价）密切相关。一般写字楼办公室室内净高（由地面至吊顶下皮的高度）必须大于 2.70m 才能列入甲级写字楼。因此，如结构的梁高较大，又想使室内净高不小于 2.70m，就必然会增加建筑物的层高。

所以，我们做设计时，应在保证安全的前提下尽可能减少梁高。有人说梁高减小后会增加钢筋用量，不经济。但如果因梁高的问题而使建筑物的层高必须增加，则由此而增加的造价，例如外墙面积的增加、室内体积加大而增加空调费用等等，常比结构增加一些钢筋的费用大得多。现在一栋高档写字楼的外墙装修价格有时比结构造价还高。

有人一提到减少梁高，就想到做"宽扁梁"。宽扁梁的概念是错误的，没有特殊情况没有必要做宽扁梁。

我们现在用的计算程序都经过不少简化，以利于编程。其中一条就是将目前常见的现浇楼面的 T 形梁简化为矩形梁，这就使梁的刚度减少许多。虽然也有将梁的刚度乘以 1.5～2.0 放大系数者，但常不足以弥补。

梁的高度减少后，虽然刚度会减少，但因有翼缘，影响不会很大。将梁腹加宽，如增加量不大对刚度的增加有限，增加较多，则会使结构自重增加过多，造成各种不利。

《混凝土结构设计规范》中明确规定，可以利用构件的预先起拱抵消构件的挠度。而一般在施工支模时都要将梁加以起拱，其量约为跨度的 1/300，这个量足以抵消一般楼层梁受荷时的挠度。

我院在设计北京金地大厦（30多层）时，由于层高较小，必须将楼层梁梁高减至最小。最后设计梁截面为500×450（高），高跨比为1/22，经足尺模型荷载试验，效果良好，目前工程已完工。

概括起来，《混凝土规范》中影响梁高的5个控制因素：

1）剪压比控制

非抗震 $\qquad V \leqslant 0.25\beta_c f_c b\beta h_0$

抗震 $\qquad V \leqslant 0.20\beta_c f_c b h_0/\gamma_{RE}$

2）截面受压区高度控制

抗震等级一级 $x/h_0 \leqslant 0.25$

抗震等级二、三级 $x/h_0 \leqslant 0.35$

此时，可以考虑受压钢筋的作用。

3）裂缝控制

表3.4.5，对于一类环境$\leqslant 0.30(0.40)$mm，年平均湿度小于60%的地区均可采用0.40mm，我国华北、东北、西北大部分地区的建筑物都可以按此值控制。

4）挠度控制

表3.4.3，注意此表的附注3：如果构件制作时预先起拱，且使用上也允许，则在验算挠度时，可将计算所得的挠度值减去起拱值。

5）支座纵筋含量控制

支座纵筋含量ρ不宜大于2.5%，不应大于2.75%。此时应考虑受压钢筋的作用，若依旧满足不了，可以考虑水平加腋，增加支座处的截面。

五、有关梁设计的两个小问题

1）8m左右开间，最好不加次梁。如果单从钢筋与混凝土的指标来看，加次梁可能会节约一些，但施工复杂，影响进度。更重要的是，加次梁后会影响公共建筑管道的交叉，如图1.11-1所示，进而影响层高。

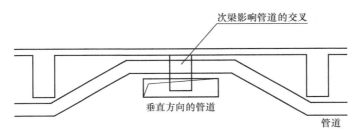

图1.11-1 加次梁后可能会影响公共建筑管道的交叉

2）梁上开洞的问题

有些书和资料上规定，梁的洞口高度不能大于梁高的1/3，这种要求并无充分根据。试想，如果开洞高度必须≤1/3，那么，空腹桁架岂不是就不能做了，桁架其实也是梁的一种。如果梁高为800mm，在梁的靠近跨中部分开一个高300mm的矩形洞，洞上下各为250mm高的弦杆，如图1.11-2所示，只要将弦杆及其连接部位的内力计算清楚（可用中国建筑工业出版社的《混凝土结构构造手册》近似方法计算），配以适当的钢筋，在安全上是没有问题的。

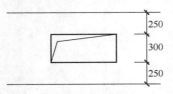

图 1.11-2　梁上开洞示意

一些书和资料上还要求洞口四角设置斜钢筋，如图1.11-3所示，一些施工图总说明也都对此做法抄来抄去，这是不必要的，斜钢筋可以取消。因为任何方向的拉力，都可以分解为X、Y两个方向，由纵筋和横筋承担，例如：梁端的主拉应力是斜向的，但现在我们都用施工方便的竖向箍筋承担拉力，而不再采用纵筋弯起的方式。取消斜钢筋不仅受力没有问题，还大大方便了施工。

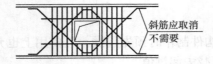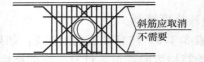

图 1.11-3　梁上开洞四角无需设置斜钢筋加强

六、关于所谓的"新型楼盖"

现在有些人在宣传一些所谓的"新型楼盖"，如图1.11-4所示，还申请了专利技术。其实这种楼盖并不新，20世纪70～80年代以前国外早已应用过。这其实是一种双向密肋板，我有一本1929年出版的德国《混凝土结构设计手册》，里面就有多种密肋双向板的做法，图1.11-5所示，只不过过去的填充物是陶粒空心砖（当时化学工业没有现在发达），但原理是一样的。我在20世纪50年代初就在现浇楼板内放毛竹，以减轻楼板自重，毛竹直径不匀，就来回换个儿放置。现在的空心

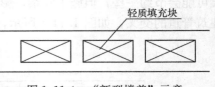

图 1.11-4　"新型楼盖"示意

板，当然条件比那时好多了，圆管直径、材料均匀，但必须是圆管价格低于同条件的混凝土，才能获得理想的经济价值。

现在宣传的双向密肋板有两种，一种是板底有一层混凝土的，如上图1.11-4所示；另一种是图1.11-6所示的，底部无混凝土层。很显然，板底有混凝土者施工不便，下层板与肋之间需要留施工缝，质量不易保证。这样也较浪费，增加

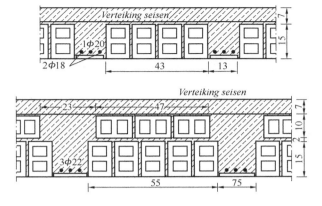

图 1.11-5　1929 年出版的德国《混凝土结构设计手册》中的密肋双向板做法

造价，因为跨中正弯矩区底部受拉区不用大面积混凝土，支座处如抗剪或负弯矩有问题，可采用局部加宽的方式，如图 1.11-7。

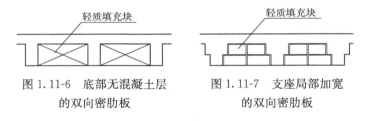

图 1.11-6　底部无混凝土层　　　图 1.11-7　支座局部加宽
　　　的双向密肋板　　　　　　　　　的双向密肋板

我在 1953 年设计新侨饭店时，主要楼板采用了大量空心砖单向密肋楼板。1973 年设计北京五金交电车库时，用的是加气混凝土填充的双向密肋楼板，活载 25kN/m²，楼面要行驶叉车，卸货还有振动。如图 1.11-8。

20 世纪 50 年代，上海也建了许多空心砖密肋楼板结构。

支底模后放置加气块或空心砖，施工很简单。

有人问过我："加气块使用中会不会掉下来？"我的答案是：不会的。加气块与梁板五面

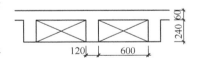

图 1.11-8　新侨饭店空心砖单向
密肋楼板示意

粘接，不会掉的，再者浇筑过程会使混凝土肋与加气块挤密、挤紧，保证加气块不可能掉下来。不仅正常使用没有掉下来的风险，唐山地震中北京的建筑物晃动很厉害，也没有发生过加气块掉下来的情况。

1.12 一些工程实例与构造作法

一、沉降缝与后浇带的作用

首都宾馆工程，20 世纪 80 年代设计。

当时的设计，都要在主楼和周围的裙房之间留一道沉降缝，担心主楼较高，重量大，基础沉降多，裙房沉降少，主楼与裙房之间出现沉降差，主楼下沉时会把裙房带下去，主楼与裙房之间因沉降差产生裂缝。

首都宾馆主楼与裙房之间设置了沉降缝，经过理论计算预留 50mm 沉降差，主楼高出裙房 50mm。至今主楼高出裙房 50mm。这是因为缝两侧的沉降曲线是平滑过渡曲线，并不会出现高低层之间的沉降突变台阶，如图 1.12-1 所示，因此不需要采取什么措施。

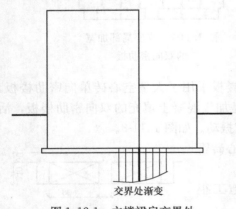

交界处渐变

图 1.12-1　主楼裙房交界处
平滑过渡沉降曲线

北京饭店也出现相同的情况，预留了计算的沉降差，结果沉降缝两侧反而一直留下了台阶，主楼高出裙房。

我是全中国第一个在工程中采用后浇带取消沉降缝的人。西苑饭店 1979 年底开始方案设计，主楼 23 层，裙房 2～3 层，地下室皆为 3 层。当时的规范规定，一栋楼中高差超过 6m 或两层者，应设置沉降缝。该工程建筑师是美国人，机电工程师是英国人，只有我们结构工程师是中国人。建筑师要求高低层之间不设缝，这个工程是第一栋中外合作设计的工程，我想外国人能做的，我们中国人也能做，在院总和勘察单位协助下，采用后浇带解决高低层之间的沉降差。

30 多年来，经过多个工程的沉降观测，发现主楼与裙房之间的沉降差并无突变，而是如图 1.12-1 所示的平滑过渡，这样看来，沉降后浇带不一定设置，或者设置两个月以后浇灌，不必等高层主体结构完成后再浇灌。因为拖延太久会影响工程进度。

最近见到某设计单位的图纸，某工程中间为 80m 高的建筑，周圈在地下室

116

部分伸出一个开间，设计人沿周圈设置了一圈后浇带，如图 1.12-2 所示。

这是一个教条的应用，以为高、低层之间必须设置后浇带。根据这个工程沉降观测结果分析，不设沉降缝是可以的。

二、关于无梁板柱上板带 *M* 的分布和配筋问题

有资料建议，柱上板带配筋的一半分布在 $C+2h$ 范围，我院《建筑结构专业技术措施》分布范围为 $C+3h$ 范围。究竟应该在什么范围呢？

有一个工程，设计为无梁楼板，有托板，如图 1.12-3 所示。

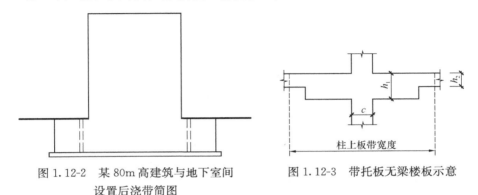

图 1.12-2　某 80m 高建筑与地下室间
设置后浇带简图

图 1.12-3　带托板无梁楼板示意

按照过去习惯做法，设计人将柱上板带的负弯矩钢筋在板带宽度范围内均匀放置，计算钢筋用量时的 h_{01} 按图中的 h_1 考虑，也即考虑了托板的厚度，这样可以节约钢筋。

施工图审查时外审单位对本设计的配筋方式提出异议，认为既然配筋量是按 h_{01} 取得，那么，在托板范围以外的区域，板厚减小为 h_2，有效高度 h_{02} 也相应减小了，这样就会使配筋不够。

外审单位的这种看法，似是而非。我们经常"经验系数法"来计算无梁楼板的弯矩，这实际上是一种粗略近似的方法，它忽略了一些问题，但的确是快捷、方便的方法，在近百年来的工程实践证明是安全可靠的。

如图 1.12-4（a）所示，按近似的"经验系数法"计算所得的弯矩，假定在横跨板带方向上的弯矩分布是均匀的。而实际上，如 1.12-4（b）图所示，弯矩的分布是不均匀的，柱上板带负弯矩的变化尤为剧烈，在柱中线处为最高值，向左右两侧呈抛物线下降，到了板带边上，其值一般只有峰值的 $1/3 \sim 1/4$。因此，我们的配筋即使如前所述，按 h_{01} 算得，也是安全的。

考虑到负弯矩分布的不均匀性，有些资料要求将 50％的柱上板带的负弯矩钢筋配置在柱附近，一般规定为 $C+(2 \sim 3)h$ 范围内，C 为柱宽，h 为板厚。

我院编制的《建筑结构专业技术措施》2007 年版中 5.7.5 条规定：柱上板

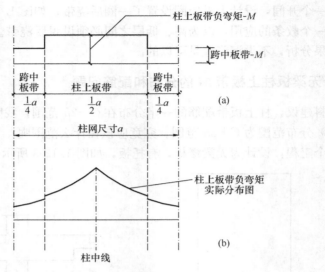

图 1.12-4 柱上板带负弯矩变化示意

带暗梁，要求将板带上下钢筋总截面的 50% 配置于暗梁内，暗梁宽度为 $C+3h$，C 为柱宽，h 为板厚（不包括托板）。这个规定的原因，就是由于柱上板带的负弯矩分布是不均匀的。

但是按过去多年的工程经验，即使将负钢筋均匀分布在板带范围内，工程也是安全的。因为钢筋混凝土构件的自我调节能力是很强的。

三、某储运仓库的基础方案

某储运仓库 6m 柱网，如图 1.12-5 所示。采用了独立柱基 4.9m×4.9m，该方案与筏基方案对比，经计算两个方案的混凝土用量差不多，但独立柱基方案钢筋只为筏基方案的三分之一，可大大节约用钢量。

四、北京日报社办公楼加层

北京日报社办公楼，原为 4 层砖砌体结构，想再加 4 层。

一般的加层，只是在原有结构上增加 1~2 层轻质结构（一般是钢结构）。要验算原有结构增加 1~2 层轻质结构后的承载力。

现在，业主一下子要求增加 4 层，原结构也只有 4 层砖砌体结构，是不能承担那么多额外荷载的。

采用了如下方法，满足了加层需要：在原结构之外另起炉灶，增加的荷载，直接传给基础，如图 1.12-6 所示。新加结构采用型钢混凝土柱子，横跨 15m 的钢梁，柱基础与老结构相距较近，采用大直径人工挖孔桩。

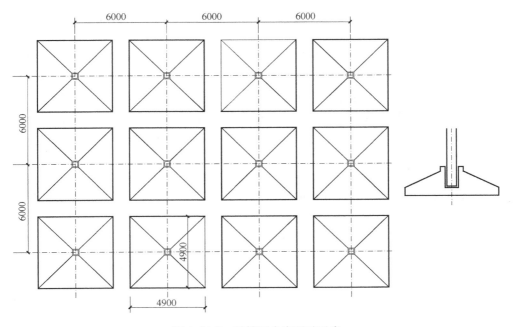

图 1.12-5　某储运仓库基础示意

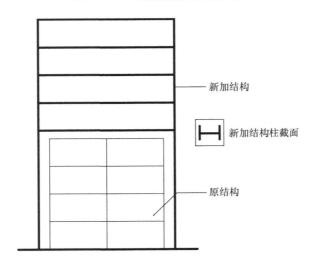

新加结构

新加结构柱截面

原结构

图 1.12-6　北京日报社办公楼加层示意简图

五、本单位校场口住宅翻建

我们单位校场口住宅的南侧部分原来采用木结构地板和屋架，对防火很不利，因此领导决定改为混凝土结构。原木龙骨 50×200@400，改为混凝土龙骨 50×200@800，楼板 50mm 厚。

此改造面临的问题是：基础荷载增加了，原有基础是否需要加固。

勘察单位要求对此改造进行基础加固。

20世纪60年代时，我有许多在杂填土上建造4~5层砖房的经验，而且有一些研究，还多次在北勘院提供的地基承载力 R 值上再增加，取得成功，这些经历让我知道北京各种地基土包括杂填土的潜力，还知道北京旧城以外基本没有炉灰杂填土。因此，我建议不必加固，这样既省钱又加快工期，因为我们单位承诺了住户的回迁时间。为防万一，在首层墙上采取措施，后来勘察单位又补充做了工作，证明我的预见是可行的。

在考虑问题时，首要是不能出安全事故。基础常出现的问题，一般是沉降增加，不会出倒塌事故，我这儿指的是墙体较多的结构，单跨工业厂房这样的结构某个基础下沉过多也会出事。其次，业主是谁要区别对待，本单位好说，把丑话说在前面，要加快施工就要冒一定风险，所以首层墙体要有措施；对于其他业主，事先要用书面把可能发生的问题写出来、备案，很有好处。

我在20世纪60年代设计杂填土上的工程时，很注意总结经验，注意提高自己的业务水平，每个工程都到现场拿铁锹挖土验槽，另外对于北京城杂填土的分布等等，也注意观察总结。

现在听说有些工程师不愿去工地，工作只是上机画图出图，不注重工地实践，这样不利于自己业务水平的提高。

六、某框架-核心筒工程的结构方案

某框架-核心筒工程，140m高，42层。

结构方案存在横向刚度太小，位移太大的问题。为了解决此问题，考虑在15，27层加伸臂层（outrigger beam or truss），结果也不行，原因是加伸臂层对于减少顶点位移效果较好，有时能减少20%以上，但对于层间位移，有时效果不大。

我提出的解决方法：在两个山墙设密柱，对使用影响不大，密柱间距约4m，等于加了两片刚度较大的壁框，这个想法是从框筒的概念引申而来。此外，边柱限制尺寸800×800，做钢管混凝土，混凝土外包钢板，柱子的刚度 EI 可增加许多。

七、某10层剪力墙住宅，施工至7层，业主要在8至10层取消几道墙，做豪华套房。

设计人不同意，业主找我。我认为，在顶部取消几道墙，刚度约为原来的80%，整体上说没问题，而且刚度主要是保证底部，底部不动就没问题。

上面改动之后，要留有一些小墙垛，原来墙厚为160，做小墙垛太薄不大好，加厚至220，后来按我的建议设计，现已建成多年。

1.13 《北京地区建筑地基基础勘察设计规范》DBJ 11-501—2009 宣讲稿节选

一、规范的开始和编制过程

2002 年国标地基基础规范出版后，我和北京市勘察设计研究院总工张在明对于这本规范都有一些看法，正好北京地基基础规范 1992 年出版后也已经 10 年了，亟待更新。于是，我们一同去找首规委勘察设计管理处申请立项，开始修编新的北京地基基础规范。经过一番努力，终于获得批准。2004 年开始编写，2007 年报批稿得到批准。我们以为很快就能出版，不料由于种种原因一直拖到现在才出版，要想干点事还真不容易。我们两人就是想为北京乃至全国的地基基础工作做点贡献，真是不为名不为利。这里面种种曲折也不便多说。

没想到这本规范将要出版之际，张总忽然查出得了胰腺癌入院手术，总算万幸手术顺利，我们把规范交给他看，他很是欣慰。

先讲些总的问题：

从 1989 年开始，我们规范都采用了多系数法，用设计值计算构件。当时的国标地基基础规范主编黄熙龄不同意在计算基础面积的公式中用荷载设计值，但后来他顶不住来自各方的压力了，只好同意。但是荷载用了设计值（比标准值增加约 25%），而勘察单位给不出地基承载力的设计值，还是给标准值（或容许值），这样就会使算出来的基础面积大很多，尤其是单独柱基。为了解决这个问题，便将深度修正系数放大（η_d），例如粉细砂由 2.5 放大到 3.0，砂卵石由 4.0 放大到 4.5，修正深度由 $d-1.5$ 改为 $d-0.5$。但是这些放大抵消不了基础荷载由标准值改为设计值的放大，所以还是会造成浪费，尤其是单独柱基。

当时，我和勘察院袁炳麟总工商量，决定编一本北京地区地基基础规范，这就是 1992 年版的北京地基基础勘察规范，这本规范用的是荷载标准值而不是设计值来计算基础面积，这是全国唯一一本敢于和国标不一致的地方规范，其中明确规定了采用标准值计算基础面积。

后来 2002 年版的国标规范出版，不再采用设计值，本来应该重新回到标准值，但又好像不好意思，羞答答地用了个"特征值"的称呼，实质上就是标准值。

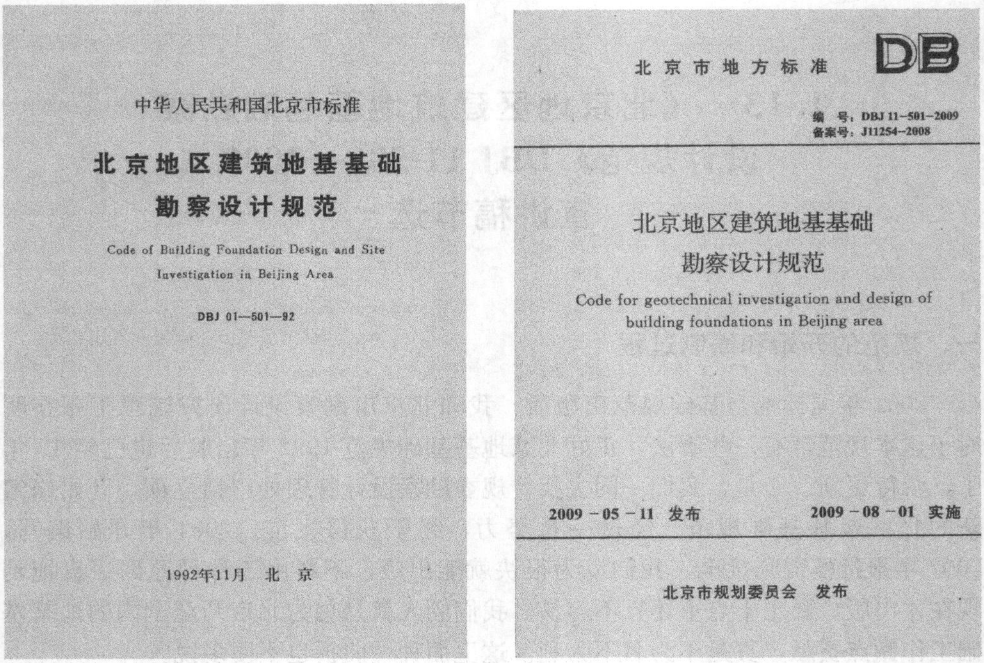

图 1.13-1　与北京市勘察设计研究院合作主编的 1992 年版和
2009 年版《北京地区建筑地基基础勘察设计规范》

国标规范还有一个问题，就是 1989 年改用设计值时，把 η_d 放大了，修正深度由 $d-1.5$ 改为 $d-0.5$，这次改回到"特征值"也就是标准值，但是深度修正系数 η_d 和修正深度采用 $d-0.5$ 还和 89 规范一样。这是经过了研究呢还是有其他理由，此版规范未给说明。而我们这版新北京规范，经过多年研究，将某些深度修正系数 η_d 适当加大，在安全的前提下节约造价。

说到深度修正系数 η_d 和宽度修正系数 η_b，顺便介绍一下此版北京规范的变动：

η_b：砂质粉土、黏质粉土、粉质黏土都有较大提高，与国标相比也较高。

η_d：除新近沉积土和填土外，均有较大提高。

从现在开始，你们计算地基承载力时就可以用新规范，大家会发现地基承载力的提高对设计有很大帮助。

凡北京地区的设计，国标地基基础规范与本规范有矛盾之处，以本规范为准。

二、具体条款讲解——新规范与老规范相比的主要不同点

1. 取消了有关箱基的条文。

20 世纪 70 年代及以前，我国高层建筑数量不多，已建成的地下室层数大多仅有一层，地下室用途大多为人防，需要有较多墙体，因此，将基础设计成箱基，与使用并无矛盾，应用箱基有其外在条件，此外，20 世纪 70 年代北京建成的一批高层住宅，本身为剪力墙，因此地下室自然有较多墙体，形成箱基。

20 世纪 80 年代以来，全国兴起了大批高层建筑，其中酒店、写字楼、商业等公共建筑很多，他们大多是框架-剪力墙结构或框架-核心筒结构，其地下室需要有较大空间的停车库、空调机房等等。随着城市建设的现代化，地下空间的利用越来越重要。地下停车场、地铁车站、地下商业设施以及防空设施，所需要的面积和空间都非常大。箱形基础由于内隔墙较多，影响地下空间的有效利用，而筏形基础对于这类建筑是特别合适的，所以从方便使用的角度说，高层建筑宜选用筏形基础。

另外，建筑物的高宽比也已有了很大变化。20 世纪 80 年代以前的高层建筑，高度常小于长度。近年的高层建筑，高宽比常为 2～4，甚至更大，此种体型的建筑物，一般已不再需要有一个刚性较大的箱形基础来加强其总体刚度。北京近年来所设计的高层公共建筑基本上未采用箱基，而采用了筏基（天然地基及桩基均有），其中，包括高度超过 200m 及层数超过 60 层的超高层建筑，因此，本规范不再叙述有关箱基的内容。

2. 第 3.0.1 条　地基基础的设计等级

国标分为甲、乙、丙级，北京规范分为一、二、三级，意义相同。用甲、乙、丙分级容易与抗震设防分类甲、乙、丙类混淆，故改用一、二、三级。

注意一下，国标中有两条属于甲级的范围的，我们没有放在一级中，也就是一级的范围比国标的甲级有两项缩小：

① 体型复杂、层数相差超过 10 层的高低层连成一体建筑物

现在建筑物越盖越高，主楼、裙房层数相差超过 10 层的太多了；再者，体型复杂也不好界定。

② 大面积的多层地下建筑物（车库、商场等）

多层地下建筑物如车库等，多埋深较大，但建筑物重量往往比挖掉的土轻很多，因此地基土多处于回弹再压缩状态，因此对于地基基础的设计来说并不复杂。

北京规范是鉴于我们总结了北京市在高层建筑方面积累了较多的经验，因此相对于全国规范适当缩小了地基基础设计等级为一级的建筑物的范围。

3. 第 3.0.7 条　永久荷载效应控制的基本组合可取荷载效应标准组合值乘以 1.30 的系数。

永久荷载效应控制时，标准组合乘以 1.30 的系数，而不是按荷载规范或国标地基基础规范中的 1.35，理由详见本条条文说明。

按荷载规范的公式 $S = \gamma_G S_{GK} + \sum \gamma_{Qi} \psi_{Ci} S_{QiK}$

式中 $\gamma_G = 1.35$，$\gamma_Q = 1.40$，$\psi_C = 0.70$

从上式可以算出荷载效应基本组合的设计值与荷载效应标准组合值之比 β。当静载占80%时，$\beta = 1.35 \times 0.8 + 1.4 \times 1.07 \times 0.2 = 1.28$，静载占85%与90%时，$\beta$ 分别为 1.29、1.31。由此可见，对于一般民用建筑的基础构件，永久荷载控制的基本组合，不宜取标准组合值乘以 1.35 的系数，全部取 1.35 系数太过保守，宜取乘以 1.30 的系数。

4. 第8.1.9条　如基础混凝土内掺入一定数量的粉煤灰，可考虑粉煤灰对混凝土后期强度的作用，混凝土设计强度的龄期宜为 60d 或 90d，以 90d 为好。

5. 第8.1.11条第3款　筏板基础底板受力钢筋间距不应太小，可取 200～300mm，不宜小于 150mm。

基础钢筋间距过小会影响混凝土的浇筑施工质量。

6. 第8.1.13条　当地下室外墙外侧设有建筑防水层时，外墙最大裂缝宽度的限值可取为 0.40mm。

实质上，现行混凝土规范裂缝计算公式仅适用于简支梁，连续梁、双向板、压弯构件等都不适用。

现在，我们给出的外墙裂缝 0.4mm 限值是根据美国 ACI 一个委员会的报告，其中对于有防水层的外墙可以取为 0.40mm。

7. 第8.1.14条　柱下条形基础和筏形基础可不考虑抗震构造。

柱下条基和筏基构件的截面较大，其刚度常远远大于其所支承的竖向构件，大震时塑性铰产生于柱子根部，不会在基础构件中出现塑性铰，因此，柱下条形基础和筏形基础可不考虑抗震构造。其钢筋锚固、搭接长度和箍筋弯钩等，皆可按非抗震做法。

有些图集中把柱下条形基础和筏形基础构件均画为抗震构造，不仅不合理，还会造成很大浪费。

8. 第8.1.15条　基础结构构件（包括筏形基础的梁和板；厚板基础的板；条形基础的梁等）可不验算混凝土裂缝宽度。

这一条定得比较大胆，还没有一本规范如此明确写过。

前面讲过，裂缝宽度根本算不准。美国混凝土规范已经取消有关裂缝宽度限值的内容。（有关裂缝宽度的问题前面已有详述，此处略去）

9. 第8.5.3条第6款　当基础梁、板各截面受力钢筋实际配筋量比计算所需多 1/3 以上时，可不考虑现行国家标准《混凝土结构设计规范》GB 50010 有关受力钢筋最小配筋率要求。

此条款对厚板基础例如 2m、2.5m 等很有用，因为板厚常由抗冲切结果决定截面，咱们国家的抗冲切公式比较保守，抗弯不需要，因此配筋往往为非受力控制，配筋常为构造。如果按《混凝土结构设计规范》最小含钢量配筋，将多配许多钢筋。过去由于考虑最小含钢量，例如不小于 0.25％，当板较厚时，会需要配很多钢筋。因此引用美国规范，多配 1/3 以上钢筋时，可不考虑最小配筋率。

可以按照最小配筋率 0.15％配筋，而不是 0.25％，对于 2m、2.5m 的厚板，配筋率从 0.25％减为 0.15％钢筋减少的量就非常可观了。

10. 第 8.6.3 条　……除满足计算要求外，底部支座钢筋应有 1/3～1/4 在跨中拉通，顶部跨中钢筋宜在支座连接。对梁板式筏形基础中的基础梁和板，计算弯矩和剪力时可采用净跨。

过去规定，连续基础梁支座下铁应有 1/2～1/3 拉通，现在减为 1/3～1/4。沿建筑物长向取大值，短向取小值。

实际上，解放前及 20 世纪 50 年代初，对于梁板式筏形基础中的基础梁和板，计算弯矩和剪力时都是采用净跨。美国那时也是用净跨计算，至今如此（顺便提一句，他们计算无梁楼板也用净跨）。对于柱子截面、基础梁截面大的情况，净跨与轴跨会差距很大，例如 8m 的柱跨，若 1m 的基础梁宽，则 $7^2/8^2 = 0.7656$，差了 23.44％，而基础梁宽还往往会大于 1m，差距就会更大的。

11. 第 8.6.4 条　梁板式筏形基础的底板，对单向板应进行受剪承载力验算，受剪验算截面采用墙或梁边截面；对双向板应进行受冲切承载力验算。

筏板的双向板不验算剪切。

12. 第 8.6.5 条　梁板式筏形基础底板可按塑性理论计算弯矩并配筋。

北京院从 1952 年开始用塑性理论计算双向板的配筋，包括楼层板和基础底板，没有出现过问题。

有些人认为采用塑性理论计算弯矩，使用过程中板会沿塑性铰线开裂，这是误解。塑性分析法是按塑性铰线理论计算弯矩，使用时沿塑性铰线并无开裂现象。

13. 第 8.6.9 条　对上部为框架-核心筒结构的平板式筏形基础，核心筒下筏板受冲切承载力应按规范式 8.6.9 计算：

$$F_l \leqslant 0.7\beta_{hp} f_t \mu_m h_0 / \eta$$

其中冲切力 F_l 为荷载效应基本组合下，核心筒所承受的轴力设计值减去筏板冲切破坏椎体范围内的实际地基土反力设计值，基底反力值应扣除板的自重。

由此条可以得出一个结论：对于地基承载力很高的岩石地基，如果核心筒冲切范围 L 内的上部荷载可以直接由基底反力抵消，则筏板不需要按冲切验算。如图 1.13-2 所示。如果采用桩基，冲切范围内的桩基承载力大于上部荷载，也可以不验算冲切，但需要注意的是，打桩时桩位有可能会有偏差，尤其对于软黏土地区例如天津等，桩有可能跑位，所以 45 度冲切线附近的桩不要计入。如图 1.13-3 所示。

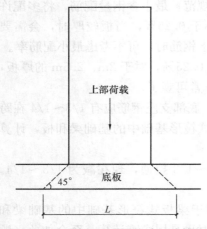

图 1.13-2　筏板不需要按冲切验算的
　　　情况——核心筒冲切范围 L 内的
　　上部荷载可以直接由基底反力抵消

图 1.13-3　45 度冲切线附近的桩不计
　　　　　　　入基底反力

最近接触大连某工程，200m 高的框架-核心筒结构，44 层，基础持力层为岩石，$f_a=1300$kPa 也即 130t/m²。由北京某设计院设计，底板 2.8m，太厚了，浪费。我们单位 1996 年设计竣工的齐鲁宾馆（地点在济南，曾是济南市最高的建筑），是由齐五辉院总设计的，47 层，基础持力层也是岩石，底板厚度为 1.6m。

我提出底板过厚的问题，设计师竟然强调是上部荷载要乘以安全系数导致。这种说法属于概念不清楚，荷载系数是安全系数的一部分，算构件截面和配筋等要用，但在计算力的传递与平衡时不要乘。

还有的外审单位要求计算冲切力 F_l 时，核心筒所承受的轴力设计值乘以荷载系数 1.35，而减去的筏板冲切破坏锥体范围内的实际地基土反力设计值用标准值，说法是验算底板冲切时地基土反力是有利荷载，还需要再打折。这也是概念不清楚。正确的做法是先由力的平衡计算出净的冲切力，再乘以荷载系数核算冲切。

还需要提醒的是：对于框架-核心筒结构，如基础不是厚板而是梁板式筏基，每开间有基础梁，则不需要验算核心筒边的冲切，只核算基础梁的受剪承载力。

14. 第 8.6.10 条　对上部为框架-核心筒结构的平板式筏形基础，当核心筒长宽比较大时，尚应验算距核心筒长边边缘处的受剪承载力。

底面狭长（长宽比大）的框架-核心筒结构，平板式筏形基础沿核心筒长边方向的板接近单向受力，因此要验算受剪承载力。

15.……当基础埋置在隔水层土中，若隔水层土质在建筑使用期内可始终保持非饱和状态，且下层承压水不可能冲破隔水层，肥槽采用不透水材料时〔图

126

8.8.1(c)]，基础底板不受上层水的浮力作用；……

我院设计的西客站广场下的地下室，基础落在不透水砾岩上，与此条款条件相当，可以不考虑水浮力。

1.14 关于我院结构专业技术措施的修改

——为 1991 年版技术措施升版专写的特稿

（刊于 1997 年《建筑技术交流》第六、第九期）

我院编制的结构专业措施，自 1991 年出版以来，已 6 年有余。由于工程技术的发展和一些规范的修订，使该措施的不少方面，已不能满足当前使用上的要求。为此，我们决定对该措施进行修改，主要编写人为程懋堃、柯长华。为了使措施编写得更好，我们商定，借院内《建筑技术交流》刊物的一些篇幅，登载修改的内容，目的是请全院结构专业人员，多提宝贵意见，使这本措施更能切合实际，满足大家的要求。

新修改的《结构专业技术措施》，在章节安排上，基本与 1991 年版本一致，但在一些条文后面，增加了［说明］，这是为了让使用者更多地了解编写意图，能更灵活地运用。我国规范也有条文说明，但在另外一册编写，查找不便，而国外（如欧洲、美国）的规范常将正式条文与条文解说并列，使用起来很方便。

关于我院《结构专业技术措施》与现行规范的关系，还是与以前的规定相同，即：凡"技措"条文中有规定者，以"技措"为准，凡"技措"未作规定者，以现行规范有关条文为准。此种规定，与一般设计单位的要求不大一致，但我认为是有理由的。

在设计工作中，应当遵守国家及北京市的有关规范、规程，但因①实际工程的内容千变万化，规范不可能全面包括；②技术在不断进步，有些新技术规范中未及收入；③有些原来认为不可行的做法，通过近年的工程实践与试验研究，有了新的结论；④全国规范常不能照顾到各地方的特殊情况。因此，我们在设计中一方面必须遵守规范，另一方面又要不断创新，有所突破，才能促使技术进步。

但是，结构设计关系到安全问题，因此，有关突破规范事宜，除技术措施上已载明者外，各设计所不能擅自决定，必须书面通过院总工程师的批准，方可实行。本次刊登者，为修改过的条文。

第一章 总 则

第 1.0.5 条 对于在已建成之工程上续建加层之工作，应审慎进行，并遵守以下两条原则：

一、凡已建成之工程未按要求进行抗震设防者（即原设计未按抗震设计，或

128

原设防烈度不够）应先进行抗震加固，再进行加层（设计工作可同时进行）；

二、非我院设计之工程，不宜接受加层的设计任务。

以上两条原则，在实施中确有困难者，可报请院总工，研究解决方法。

第1.0.6条 本措施系根据我院多年设计经验及北京地区具体情况而编写。凡本技术措施条文中有规定者，以技术措施条文为准；凡技术措施中未作规定者，以现行规范有关条文为准。

在地基设计中，如为北京地区的工程，应遵守《北京地区建筑地基基础勘察设计规范》，凡该规范与国标 GBJ 7—89《建筑地基基础设计规范》有矛盾之处，以北京规范为准。

第1.0.9条 总高度超过 100m 的高层建筑以及体型特别复杂的建筑在抗震计算时，应采用不少于 2 种不同力学模型的电算程序进行计算，并对计算结果仔细审核，选用合理的结果。必要时辅以手算。

第1.0.10条 为节约钢材，在选用非预应力构件的受力钢筋时，对于直径 ≥12mm 的钢筋，除吊钩等情况外，不得选用Ⅰ级钢筋。在现浇楼板中经常使用的直径 <12mm 的钢筋，不宜选用Ⅰ级钢筋，宜选用强度较高的钢筋，如冷轧扭钢筋、冷轧带肋钢筋等。

第二章 荷 载

第2.0.1条 对于活载占总荷载的比例少于 25%，以及活载不大于 $0.7kN/m^2$ 之钢筋混凝土构件，在设计时宜适当留有余地。

［说明］在 74 规范中，钢筋混凝土受弯构件的安全系数为 1.40，轴心受压构件的安全系数为 1.55。89 规范中，虽不再出现安全系数，但其总的安全度是相当的。

以受弯构件为例。其荷载中，永久荷载的分项系数为 1.2，可变荷载为 1.4，在一般民用建筑的楼面上，综合分项系数约为 1.27 左右。在钢筋强度方面，标准值/设计值≈1.1，则 1.27×1.1≈1.4，即过去受弯构件的安全系数。

轴心受压和小偏心受压柱。根据 GBJ 10－89《混凝土结构设计规范》第 3.2.2 条注②，其安全等级应提高一级，即从二级提为一级，即在 $\gamma_0 S \leqslant R$ 的公式中，S 应乘以 $\gamma_0 = 1.1$，1.4×1.1≈1.55，也即 74 规范中混凝土柱子的安全系数。

其他例子不再多举。

由此可见，89 规范的荷载分项系数等等，实质上是过去总安全系数中的一部分，如果分项系数小于一定数值，将使构件的安全度降低。而分项系数中，活载又比静载大，因此，如果构件的总荷载中，活载的比例较小，将导致综合分项系数较低。所以，我们规定，如果钢筋混凝土构件的荷载中，活载比例小于 25%，或活载不大于 $0.7kN/m^2$，均宜在设计时，适当留有余地。

第 2.0.6 条 地下水位以下的土容重，可近似取 11kN/m³ 计算。

［说明］有人以为，水下土容重，就是将土的水上容重，减去水浮力 10kN/m³ 即可，例如某种土的水上容重为 18kN/m³，则水下容重为：18－10＝8kN/m³，这种算法是错误的。根据阿基米德原理，固体在液体内所受到的浮力，等于它所排开同体积液体的重量。土壤不是密实的固体，它由许多小颗粒组成，颗粒之间有水也有空气。所以，1m³ 的土在水中，所排开的水不到 1m³，也即所受浮力不到 10kN/m³。按北京一般第四纪土的孔隙比计算，土在水下的容量，约为 11kN/m³，比 8kN/m³ 大 37.5%。在计算地下室挡土墙等水下构件时，应注意正确取用土的水下容重。

第 2.0.7 条 在计算地下室外墙时，一般民用建筑的室外地面活荷载可取 5kN/m²。有特殊较重荷载时，按实际情况确定。

［说明］高层建筑应考虑室外停放大型消防车的荷载。但现在有些部门，以停放消防车为理由，要求室外荷载按汽—10 级甚至汽—20 级考虑，这是不合理的。汽—10 或汽—20 等荷载，是在设计桥梁、涵洞或受车辆影响的构筑物时所用的车辆荷载，其车辆密集排列，且轮压皆很大，甚至还要验算重载履带车及挂车的荷载，这些情况，在高层建筑的室外是不可能发生的，即使在火灾时，消防车也不可能密集排列如同汽车—20 设计图。

关于车辆荷载汽—10 至汽—20 的数据，可参阅我院编制之《结构设计手册》第 11 页。可以看出，对于一般民用建筑的室外荷载，它是明显不合理的。

第 2.0.8 条 停车库的荷载

停放小轿车之停车库，其楼板上的均布活荷载应按 GBJ 9—87 表 3.1.1 中之规定。

停放面包车、卡车、大轿车或其他较重车辆之车库，其楼面活荷载应按车辆实际轮压重量考虑（如车辆入库时有满载可能者，应按满载重量考虑），并按最不利轮压荷载组合另加 2kN/m² 均布荷载进行计算。不宜简单地以加大均布活荷的方法进行计算。

不论停放何种车辆，在设计时其活载均不应另乘动力系数。

［说明］在停车库中，车辆行驶的速度都很低，车库内的路面也较平坦，所以车辆的活载，无需另乘大于 1 的动力系数。

第 2.0.15 条 对于体型复杂的大型体育场馆、越高层建筑、以及其他不能单纯依靠荷载规范查得风荷载的、由风荷控制的重要建筑物，应进行风洞试验，以取得设计所需数据。

第三章 地基与基础

第一节 一般规定

第 3.1.4 条 如果所设计之基础，在施工时有可能需要降低地下水位，则在施工图上必须注明："施工单位须注意，在降低地下水位时，应采取必要措施，以避免因降低地下水位而影响邻近建筑物、构筑物、地下设施等之正常使用及安全。"

第3.1.8条 建筑物之地下室是否按防水要求进行设计，以及水位高度之确定，可参照下列原则：

一、凡地下室内设有重要机电设备，或存放贵重物资等，一旦进水将使建筑物正常使用受到重大影响或造成巨大损失者，应按该地区1971～1973年最高水位进行防水设计（水位高度包括上层滞水）；

二、凡地下室为一般人防或车库、仓库等，万一进水不致有重大影响者，其地下水位标高，可取71～73年最高水位与最近三至五年的最高水位之平均值（水位高度包括上层滞水）；

三、验算地下室外墙承载力时，水位高度可按最近三至五年的最高水位（水位高度不包括上层滞水）（见说明）；

四、框架结构（包括高层建筑之裙房）采用单独柱基加防水板之做法时，应验算防水板之承载力，设防水位可按最近三至五年的最高水位。

［说明］上层滞水对于建筑物地下室之影响，应视具体情况而定。在本说明图A之情况下，基础底板受到水浮力作用，其水头高度为h。在图B中，基础埋置在隔水层土中（例如较密实的黏性土），因此可认为基础底板不受上层滞水的浮力作用。

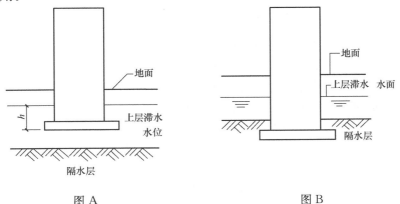

图A   图B

五、对于地下室层数不多而地上层数较少之建筑物，应慎重验算地下水之水浮力作用。其设防水位可取1971～1973年最高水位与最近三至五年最高水位之平均值。在验算建筑物之抗浮能力时，应不考虑活载，抗浮安全系数取1.2。即

$$\frac{建筑物重量（不包括活载）}{水浮力} \geqslant 1.2$$

［说明］对于邻近主要排洪河道（永定河、潮白河等）之上述地下建筑，在

验算抗浮能力时，尚应考虑官厅水库及密云水库向下游排水而导致河流附近地下水位上升之可能性。在设计此种工程时，应与北京市勘察设计研究院联系，了解该院地下水位之观测结果，以便正确决定设防水位。

在计算建筑物重量时，如地下室面积较大，则地下室外墙之重量，不宜计入。

六、当地下水位较高，施工时采取临时降低地下水位措施者，应在设计图纸上注明：施工单位在停止降水之前，必须取得设计人同意，以免停止降水后，水位过早上升，发生问题。

[说明]北京某工程，有四层地下室，由于地下水位较高，施工时采取降水措施，当结构完成±0处楼板后，正值春节休假，施工单位即停止降水措施。春节过后复工时，发现整个四层地下室上浮，最多处达到20cm。以后又重新开始降水，并向地下室内灌水以增加其重量，地下室很快下沉至原位。因此，设计图纸上必须写明对于降低地下水位的时间要求，以免发生问题。

第 3. 1. 9 条　较高的高层建筑应设置地下室。高层建筑基础的埋置深度（由室外地平至基底）为：

一、一般天然地基。不宜小于 $\frac{1}{15}H$，且不宜小于 3m；

二、岩石地基。埋深不受上述第一款的限制。但对于建筑物高宽比大于 4 的情况，应验算倾覆，必要时可设置基础锚杆；

三、桩基。不宜小于 $\frac{1}{18}H$（由室外地平至承台底）。

H 为建筑物室外地面至主体结构檐口之高度。

如因地下水位太高，施工时排水很困难或费用太大；或坚硬土层位置较浅，其下面有较软土层，使深埋确有困难或不合理时，还可将本条所规定的埋置深度适当减小，但应验算倾覆，并适当加强上部结构。

埋置深度一般自室外地面算起。如地下室周围无可靠之侧限时，应从具有侧限之标高算起。如有沉降缝，应将室外地平以下之缝内用粗砂填满，以保证侧限。

[说明]关于高层建筑的基础埋置深度，《高规》JGJ 3—91 第 6.1.2 条之规定为："采用天然地基时可不小于建筑高度的 1/12，"条文中用词虽为"可"，但根据该规程的用词说明，是允许稍有选择，在条件许可时，首先应这样做，这样就使许多设计单位在设计高层建筑时，基础埋深按该规程之要求设置，往往造成一些不合理与浪费。

建研院抗震所曾出版《抗震验算与构造措施》，其中收集了许多宝贵材料，对我们深入研究抗震设计，有很好的参考价值。

他们曾编译了《二十八个国家抗震设计规范有关场地、地基、基础部分规定摘编》。这二十八国除我国外，包括罗马尼亚、前苏联、南斯拉夫、日本、希腊、美国、墨西哥、新西兰、印度、意大利等国。现将抗震所的资料，（1986 年出版）综述如下：

一、基础类型对地震作用的影响

1. 大多数国家的规范未考虑此因素。

2. 少数国家的规范，在地震作用的计算公式中列有基础类型影响系数，以反映基础类型对地震作用的影响，如希腊、法国等。

该资料将希腊 1978 规范中的基础类型影响系数做了介绍，现转载如下：

基础类型影响系数   表 A

基础类别		场地上类别		
刚度	埋　深	甲	乙	丙
小	浅 ($D/B \leqslant 0.10$)	1.10 *	1.30	1.50
	深 ($D/B \leqslant 0.40$)	1.10	1.10	1.25
大	浅 ($D/B \leqslant 0.10$)	0.90	1.00	1.15
	深 ($D/B \leqslant 0.40$)	0.80	0.90	1.00

* 资料为 1.40，应改为 1.10。

表 A 中之术语可按以下各条确定：

1. 基础刚度大小参考下表判断：

基础刚度大小判断表   表 B

基础类型	刚　度
A. 独立基础	小
B. 柔性系梁联系的独立基础	
C. 顶部不相联的桩基础	
D. 承台用柔性系梁联系的桩基础	刚度增加
E. 单方向刚性带形基础	
F. 交叉网状刚性带形基础	中
G. 柱下的交叉网状带形基础	
H. 整体筏式基础	大
I. 刚性箱形基础	

2. 基础埋深按 D/B 判断

其中 B 为建筑物基础外侧或承台外缘之间的距离，D 为基础埋深，对于桩基，根据场地土类别及桩群密度，取承台埋深加 $\leqslant 1/5$ 桩长之和。

二、对基础埋深的要求

苏联地基规范，对地震区五层和五层以上房屋，建议设置地下室来加大基础埋置深度。

除此以外，其他国家规范皆未提出对基础埋深的要求。

三、基础系梁

在上述抗震规范中，有十五国规范规定了设置基础系梁的要求

1. 基础系梁的作用

新西兰规范说明指出："基础间的相互连接是确保建筑物在地震时能起整体作用的重要构造要求"，也即，在不均匀水平和竖向地面运动作用下，保证建筑物的整体性。

2. 基础系梁的设置条件

（1）对于单独基础（包括单独桩承台，下同），一般都要求在纵横两个方向设置通长的基础系梁，将基础相互拉结。

（2）有些国家规范规定只要求在高烈度区或软弱、中等地基上设置系梁，对于低烈度区或坚硬地基上则可以不设或少设。

（3）基础系梁的最小截面尺寸，各国规范规定不完全相同，有 200mm×200mm，300mm×300mm，200mm×400mm 几种。

3. 基础系梁设置的必要性和灵活性

虽然有超过半数的国家规范都有设置基础系梁的要求，但有些国家的规范中，仍留有一定的灵活性。例如：

（1）希腊规范在要求单独基础设置系梁的同时，提出"或采用经证实能同样有效限制单独基础或承台运动的其他措施，如深埋单独基础或桩承台，利用被动土压力"。

（2）新西兰规范在要求设置单独基础系梁的同时，提出"也可采用其他能防止在地震期间产生侧向差异运动的方法来约束基础"。

（3）意大利规范在要求设置系梁的同时，提出"若上部结构证明可以经受所连接二点的相对位移时，则这种连接（即系梁）可以省去"。该规范又规定："在均匀地基上最小容许相位移 $\Delta L \leqslant \dfrac{L}{1000}$，$L$ 为所考虑二点之间的距离，ΔL 为位移，最小取 20mm"。

以上为建研院抗震所的资料摘编。以下为本措施的说明。

建筑物的基础如果有一定的埋置深度，例如设置地下室，对于抵抗地震，减少震害，确有好处，这从过去的震害调查中得到了例证。但是提高建筑物的抗震性能，有各种途径和方法，不仅仅限于增加建筑物的埋深，而且，各国抗震规范中，都没有规定建筑物的基础埋置深度必须是多少，更没有与建筑物的总高度相联系。因此，我们认为，硬性规定高层建筑的基础埋置深度必须为其总高度的若干分之一，是没有必要的（我国的抗震规范，就没有这个规定）。

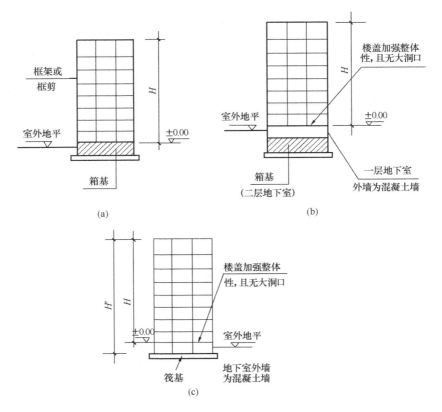

框架或
框剪

室外地平

±0.00

箱基

(a)

楼盖加强整体
性，且无大洞口

室外地平

±0.00

箱基
（二层地下室）

一层地下室
外墙为混凝土墙

(b)

楼盖加强整体
性，且无大洞口

±0.00

室外地平

筏基

地下室外墙
为混凝土墙

(c)

上面引述的希腊规范对于地基埋深与基础刚度的要求，值得我们参考。它根据基础的埋深和刚度大小，规定一系列系数。基础刚度大而且埋置较深的，对上部结构的影响系数可取为小于 1.0，反之，埋置浅而且刚度小的，则取大于 1.0 的系数。这样具有灵活性的规定，使设计人可以根据建筑物的不同情况而有所选择，是比较切合实际的。因为建筑物的情况千变万化，不是简单的一、二条条文所能包括的。

另外，关于单独基础的系梁，有些国家的规范，也表现出一定的灵活性，所以在设计中也应注意，并非所有的单独基础都需要设置基础系梁。例如，对于铰接排架与刚架应有所区别；对于建筑物底层层高较高者与较低者也应有所区别。单层厂房一般采用铰接排架，层高又较高，适应不均匀位移的性能要比民用框架好，故基础系梁的设置条件可以放宽，一般在厂房跨度方向可以不设置系梁。

第 3.1.13 条　建筑物计算总高度 H 的取值，应视地下室（或基础）的嵌固程度和埋置深度，以及上部结构与地下结构之总侧向刚度之比值等因素而确定。以下举若干例子以说明：

一、上部结构为框架或框剪结构，有一层地下室为箱基，此时 H 可算至

±0.00处（箱基顶板），如图3.1.13（a）。

二、上部为框剪结构，有两层地下室，第二层地下室为箱基。如上部结构剪力墙与地下室外墙之间的距离不超过规定（见本条说明），且第一层地下室外墙为钢筋混凝土墙，则 H 可算至±0.00处。

如上部为框架结构，当地下室平面为矩形（或接近矩形），长宽比不大于3，地下室外墙为钢筋混凝土墙，H 也可算至±0.00处。见图3.1.13（b）。

三、上部为框架或框剪结构，有一层地下室，采用筏板基础，如能满足本条第二款的有关要求，则可按图3.1.13（c）中之 H 计算，否则应按 H'。

四、上部为剪力墙结构，有一层地下室为箱基，H 应算至箱基底板上皮。如有二层地下室，H 可算至箱基第二层地下室顶板之上皮。

不论何种情况，室外地平至±0.00处的距离 h' 皆应小于第一层地下室的层高 h 的 1/3，也即 $h'/h \leqslant 1/3$，否则 H 的取值，应向下增加一层的高度。

[说明] 我们在考虑建筑物受侧力作用时，常将建筑物假设为一根竖向悬臂梁，其下端为固定端，悬臂梁之竖向跨度，即为计算抗震、抗风时建筑物总高度 H。

对于无地下室之建筑物，其总高度 H 一般可算至基础顶面。

对于有地下室之建筑，其总高度 H 算至什么标高，应视其上下刚度变化之程度及地基埋置情况而定。影响结构侧向位移的主要因素，是其竖向构件（墙、柱）的刚度，水平构件（梁、板）的刚度大小，尤其楼板的刚度大小，对于结构的侧向位移，影响较小。有人认为，如果在±0.00处的楼板适当加厚（例如200mm），增配钢筋，则上部结构可以考虑嵌固在±0.00处。这个概念是不对的。

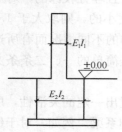

第一种情况，图中，$E_1 I_1$ 代表上部结构的总侧移刚度，$E_2 I_2$ 代表地下结构的总侧移刚度。如 $E_2 I_2$ 比 $E_1 I_1$ 大许多，例如 $E_2 I_2 \geqslant 3E_1 I_1$ 则可近似地认为上部结构嵌固于±0.00处，结构在抗震验算时之计算高度 H 为±0.00以上主体结构之高度。框架结构、框剪结构，如地下室有较多钢筋混凝土墙（如地下室外墙），则±0.00以下的总侧移刚度比±0.00以上大许多，可以将±0.00处视作嵌固端。

第二种情况，如上部结构为剪力墙结构，其地下部分之墙体数量一般与上部相等，但厚度可能增大。例如上部为高层住宅时，外墙厚度可能为 200～250mm，至地下室，外墙厚度可能增至 300～350mm；内墙厚度也可能相应有所增加。但地下部分的总刚度 $E_2 I_2$ 比地上部分 $E_1 I_1$ 增大不很多，可能达不到所需倍数（因墙厚增加，对 I 值影响不是很大），因此，在这种情况下，假设嵌固在

±0.00 处，误差就会较大。

除了上下刚度差异需要考虑以外，室外标高及回填肥槽土的质量，与嵌固也有密切关系。如图对于高层建筑，如 $h' \leqslant \dfrac{1}{3} h$，对于上述第一种情况，可假设嵌固在±0.00 处，对于第二种情况，则宜将嵌固标出，向下移一层。

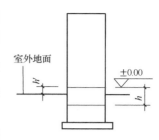

在本条条文第二款中，提到"如上部结构剪力墙与地下室外墙之间距不超过规定"。今以下图作解释：图中最外端之上部结构剪力墙与地下室外墙之距离为 L，地下室顶板之宽度为 B，则 L/B 应小于 2，如大于 2，则因距离过远，地下室外墙对整个刚度之作用即不宜考虑。因此，即使地下室外墙之侧移刚度很大，也不能视为本说明中之第一种情况。总之，建筑物的实际情况较复杂，并非若干条文所能概括，我们可根据本条所提的原则，按实际情况综合考虑，以确定建筑物总高度 H 的取值。

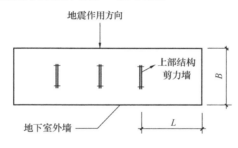

地下室平面图

第二篇　发表的主要论文汇编

2.1 1996年施工图抽查设计质量剖析（二）

（原文刊于《建筑技术交流》1997年第3期）

程懋堃　周　彬

结　构

一、96年度施工图质量抽查小结

1. 施工图绘制深度达不到要求。

（1）基础图是建筑物放线的主要依据，应按绘图规定的内容标注齐全。

a. 漏画指北针，方位不明。

b. 柱、梁、墙各构件与轴线关系尺寸标注不全。

c. 楼梯间基础做法遗漏。

d. 基础局部变化处相关做法表示不清。

（2）楼板结构平面应将模板和配筋要求绘制清楚。

a. 应按镜面反射法的画图原则严格将可见线为实线，不可见线为虚线，在平面中绘制清楚。如框架结构除画轴线和梁、柱实线外，楼板外边线、挑檐檐口、构造柱等相关构造均应在平面中表示。

b. 图面过于简化，梁、柱只编号，不注截面尺寸。

c. 楼面标高变化处应有小剖面示意。

（3）框架梁、柱大样平面画法时，应配合必要的纵剖面和节点详图。如集中力处箍筋加密、吊筋规格；悬挑梁处构造做法等。并纵向筋应抽筋示意，梁上皮标高有变化时，应画纵剖面。

（4）剪力墙连梁不注高度，仅说明详见建筑；墙体及楼板留洞不画，只详见设备（除100以下小洞），设计人省事，施工时则容易发生专业矛盾：如过梁高度不足，留洞过大削弱截面强度等。

（5）统一说明及统一大样与本工程图纸不符。设计人不看具体条文，拿来就用，有的条文或大样并不适合本工程。如某工程隔墙为轻钢龙骨石膏板，总说明中用大量篇幅叙述框架柱和隔墙的拉接筋、现浇带的构造。又如梁、柱的锚固搭接要求与本工程详图不符。

2. 构造不妥。

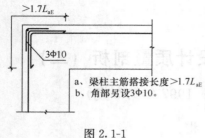

a、梁柱主筋搭接长度>1.7L_{aE}；
b、角部另设3Φ10。

图 2.1-1

（1）正常情况下梁宽不宜大于 300，否则需四肢箍，浪费许多钢材，除非剪力需要。宽扁梁的宽度一般不宜大于 500，截面应满足 $V \leqslant 0.20 f_c b h_0 / r_{RE}$。

（2）二、三级框架顶层梁、柱钢筋锚固做法可参照我院主编的国家标准图 94G329（一）《建筑物抗震构造详图》。该构造便于施工（见图 2.1-1）。

（3）填充墙选用材料一定要与建筑配合。轻型砌块、陶粒空心砖强度等级应大于 2.5N/mm²；过高过长的填充墙应采取可行措施。

（4）阶梯教室的局部加层、檐口设计时图省事，统统做成现浇，不考虑支拆模的施工可能性（如图 2.1-2）。

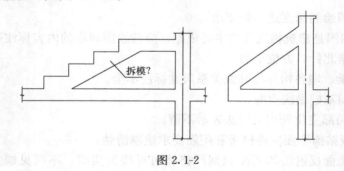

图 2.1-2

（5）首层常有门头、雨罩等，致使框架柱形成短柱，应注意箍筋加密。

（6）梁荷重较大时，配筋较多，不要只用 Φ25，可以用大直径 Φ28、Φ30、Φ32 等。《规范》修订稿中规定强度不必折减。有的工程用 Φ25 排不开，只好做三排，有效高度损失太大。

（7）基础底板局部下降为汲水坑时应注意下降处板厚及配筋与底板应等厚等强。

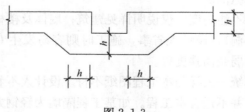

图 2.1-3

（8）有防水、防渗要求时，应根据水位及壁厚确定必要的混凝土抗渗标号（如下表）。某工程地下水位较低，只需考虑上层滞水，外墙厚 300，混凝土抗渗标号却要求 S10。

依水位及壁厚确定混凝土抗渗标量标号 表 2.1-1

最大水头与最小壁厚之比	混凝土抗渗标号
5	4
5～10	6
10～15	8
15～25	12
25～35	16
＞35	20

注：最大水头指设计最高水位高于地下室底面高度。

例如图 2.1-4：

最大水头 3000/最小壁厚 300＝10，选 S＝6 即可。

（9）现浇结构超长，仅靠后浇缝只能解决水化热，不能长期解决温度应力，应采取相应其他措施：如屋面保温、加强温度筋等。

（10）砖混结构预制楼板在同一道墙上的圈梁应尽可能使钢筋拉通。

（11）双向板的编号应使两个方向的跨中及支座筋完全相同时才能编一个号；不等跨板配筋其支座上铁长度应随大跨（弯矩图）；选用板

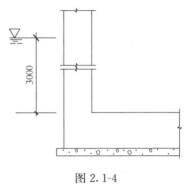

图 2.1-4

配筋应尽量使各块板的承载力等强，并符合受力特征，如：双向板短向筋应大于长向筋、端跨应大于中跨，简支应大于连续、大跨应大于小跨等宏观原则。

（12）采用现浇板时配筋越来越大，实配值往往较计算值超配 50% 以上。原因：

a. 计算跨度应取净跨时还用轴跨，特别在宽梁的情况下出入较大。

b. 荷载取值无根据放大。

c. 实配钢筋时统得过宽，富余太多。

d. 板厚有差别时交接处支座仍可按连续考虑，该边支座上铁可取薄板计算值。

3. 计算应注意的问题。

（1）计算机结果应有分析判断，必要时手算校核。当不采用计算结果时应有根据，找出原因，不能想当然。注册结构工程师试点考试更注重手算。

（2）计算基础利用计算机结果时，应将柱底内力计算值调回到标准值。计算基础混凝土构件则应将标准值调回计算值；计算基底面积时不忘加基础自重。

143

（3）计算假设应与实际配筋构造相符。如地下室外墙上下端如按嵌固计算，楼板与外墙的配筋构造必须有可靠锚固，能够承受弯矩。

（4）荷载取值应基本按建筑做法取，不可无根据任意加大。如框架隔墙已明文规定不得采用黏土砖，还有工程按黏土砖墙计算。甲方提的荷载值是否切合实际设计人应核实。有工程甲方提出车库楼面活荷载为 $20kN/m^2$，查规范仅 $4.0kN/m^2$。

（5）力的传递途径应尽量简单明确。

如下图 2.1-5（a）将楼梯边梁设计为折梁，不如下图 2.1-5（b）支承在悬挑梁上为好。

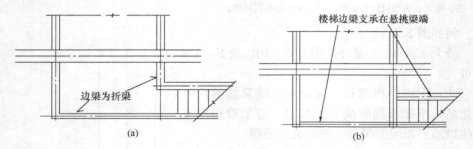

图 2.1-5

二、设计中应注意的几个问题

1. 结构设计应考虑使用要求。

例：1）梁高 1.05m，占去较大层高。

2）某商场层高 5m，因设计时无空调，建筑允许梁高一些无妨，8m 跨做 700mm 高。但应该想到，这是商场，应为发展留有余地。在施工过程中，如业主改加空调，而梁已施工完毕，就会影响使用。

2. 基础一柱一桩，不应按天然地基满堂筏基设计，概念错误。

3. 无梁楼板是否不能开洞？

例：1）在设计时，层高低，建筑要求做无梁，结构回答如做无梁楼板则不能开洞。

2）已完工办公楼，某大公司要租二层并加以改造，结构回答不能开洞。

AC1318-95 加了一条，明确写只要计算够了，任何部位都可开洞，技术措施上也写了不少措施。预应力筋是不能任意截断，可能崩出来伤人，但可以采取措施解决。任何人不要轻易用否决权，自己认为不能做，应问一下其他有经验的同志，尤其对业主。市场经济要特别注意。

4. 设计时，自己的假设、计算、构造、做法等均应能自圆其说。

例：某工程为三层框架，占地面积较大，但容积率较低，业主可能会要求将来加层，出图时就将地梁钢筋加大一号，Φ28～Φ32，如遇加层，不但地梁纵筋要增加，箍筋、基底面积、柱子承载力（垂直力与水平力）都应相应增加。

此工程虽是框架结构，但有少量混凝土墙。计算时与墙相连的柱子配筋计算结果很大，配筋时却忽略了计算结果，仍与一般柱子同样配筋。设计人是按框架—剪力墙考虑，还是按框架设计，计算和构造均不能自圆其说。

结构超长，要求不设温度缝，但未采取相应措施，如保温层未加厚，未设架空层，不交圈。

5. 要有宏观数量的概念。

例：有的工程，做完设计或已开工，甲方要求层顶加游泳池，设计人认为太重，不行，实际上，如果考虑建筑物的总重，则游泳池的重量只占很少部分。例如一栋 20 层楼，每层 2000m²，共 40000m²×12kN/m²＝480000kN，游泳池如果是 10m×20m，水深 1.5m，则水重 3000kN，加上池子重量，一共不超过 10000kN，10000/480000＝2.1%，比例很小，对于抗震和基础都不会有问题，只需局部处理加强即可。

6. 外面不少书，写了不少规定，要分析，不能轻易相信。有人提出，框剪结构布置好了，计算完成，位移等等都无问题。但有的书上规定，框剪结构每平方米至少应有若干面积的剪力墙，本工程剪力墙数量不够书上规定。

首先，除规范、规程或国际，市标图集如 G329（我院技措）是有约束力以外，任何手册、文章等等，只代表其作者的个人意见。其次，每平方米建筑面积至少若干面积的剪力墙，这规定本身就不通。建筑面积完全相同，20 层和 40 层的结构所需墙的数量完全不同。可是按其规定却完全相同，可见其不合理。

外面有说法，高层建筑筏板厚度，每层 50mm，这同样是不合理的。

7. 厚剪力墙的配筋方法。（见《建筑结构学报》1997 年第 2 期）

（1）当墙厚≤400mm 时，仍按纵横两层钢筋设置。

（2）当墙厚＞400mm 时，可将钢筋分成三层、四层等设置。（见图 2.1-6）

（3）当墙内设置三层钢筋时，可将计算所需 A_{sh} 均分为三份，每层钢筋各配 $A_{sh}/3$。设置四层钢筋时为 $A_{sh}/4$。（A_{sh} 系指水平钢筋面积）。

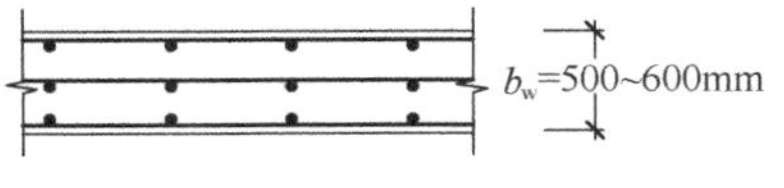

$b_w=500\sim600mm$

图 2.1-6

（4）竖向钢筋宜将外皮钢筋多分配一些。

8. 冷轧扭钢筋推广应用。

市建委科技处已下文可以推广使用，我院已有一些工程采用了该项新技术。但文中所提本市 1993 年市标《冷轧扭钢筋混凝土结构设计与施工规程》DBJ01-1-93 与即将出版的国家标准有些不同，主要是截面规格有变化；延伸率指标提高到 $\delta_{10}\geqslant4.5$；设计强度仍为 $f_\lambda=360N/mm^2$；冷弯指标为 180°无裂纹。其中：

（1）规格只有小直径，$\Phi^r6.5$ 到 Φ^r12。

（2）在现浇楼板中代替Ⅰ级钢筋：$\Phi^r6.5$ 代替 $\Phi8$、Φ^r8 代替 $\Phi10$、Φ^r10 代替 $\Phi12$ 等等。

（3）可节约钢材 40%，节约造价约 20%。

（4）代替Ⅱ级钢筋不合算。

9. 高强混凝土柱与低强混凝土楼板节点的验算。

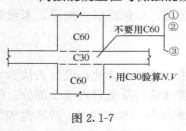

图 2.1-7

①少量混凝土质量不易保证。

②商品混凝土流动性大，节点处不敢振捣。

③四边梁四个施工缝处理不好。

图示节点《建筑结构》1997 年第 1 期介绍舒传谦文章，有如何验算的具体公式。该作者在华盛顿大学与他人合作做了试验，对于 N 的核算，考虑了上下柱段高强混凝土对楼板混凝土的约束作用；楼板中水平钢筋的约束作用；荷载在楼板中扩散，使其压应力会有所降低。至于 V 的核算，一般情况下 C60～C30 可以满足，也可水平加腋或增加截面和箍筋解决。

10. 高层建筑转换层。

《建筑结构》1997 年第 1 期魏琏、丁大钧文章，否定了厚板，赞成以梁板式为转换层。

11. 算基础时，柱底内力不应取各种工况最大值的组合：

各种工况不会同时发生，地震和风的组合在算基础时一般不控制，通常应按垂直荷载。算基底面积（单独柱基、筏基）为标准值加基础及土自重。

算基础构件配筋时（梁、板）为设计值，不算自重。

12. 梁柱节点构造。

一般梁底纵筋都在柱内搭接，钢筋密集，浇灌混凝土困难，质量不好。美国在柱外反弯点附近搭接（见图 2.1-8）。

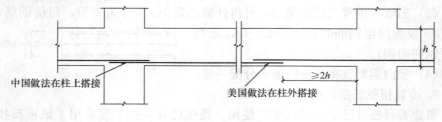

图 2.1-8

最近上海院和东南大学合作，结合上海新亚-汤臣大酒店工程，通过试验改进了接头做法，试验效果良好，已在三个工程中应用（见图 2.1-9）。

13. 单独柱基的柱子纵筋锚固长度见图2.1-10。

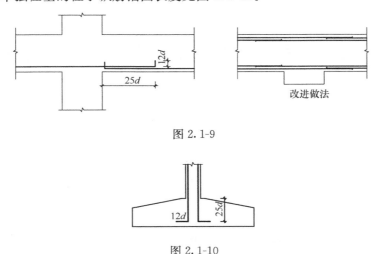

图 2.1-9

图 2.1-10

14. 专业技术问题的处理应坚持原则，必要时以书面形式发文存档。

结构专业涉及建筑物的安全问题，人命关天，所以在安全问题的原则上不能马虎。例如西客站大厅玻璃顶应该用聚酯玻璃，甲方嫌贵，不愿进口，改用钢化玻璃。我院坚持不同意，书面函告，施工后因热胀冷缩破碎掉下，幸未伤人。我院因有书面文函为据，不负有责任。

15. 近来抽查结构施工图，梁板配筋超配过多，今后应特别注意，如再查到超配过多者，将做严肃处理。（本文为业务学习讲课大纲）

2.2 高层不等强度梁柱节点承载能力的计算和分析

（原文刊于《建筑技术交流》1997 年第 10 期）

程懋堃 沈 莉 蓝晓琪

近年来，随着国家经济建设迅猛发展，高层建筑像雨后春笋般拔地而起。在高层建筑施工的过程中，存在着一些设计要求与实施施工的矛盾，设计中的要求在实地的施工中很困难或无法实现。

最近，我们就整浇高层建筑的梁柱节点不等强时，设计与施工的矛盾问题做了一些计算、比较和分析。

在整浇的高层建筑中，由于竖向荷载大，由轴压比控制的框架柱为了满足建筑功能需要，要尽可能地减少柱断面，所以常采用高强度混凝土如 C60，而框架梁板只承受本层竖向荷载及梁端地震作用荷载，常用较低强度混凝土如 C30，即可满足强度要求，没有必要用高强度混凝土。通常，节点处的高、低强度混凝土的交接要求如下（"图 2.2-1"实线所示）。

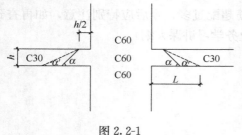

图 2.2-1

但是这样的做法在施工中存在如下几点问题：

（1）商品混凝土流动性大，造成实际的 α' 角很小。

（2）振捣后，混凝土流出距离 L 很长，使施工单位不能振捣。

（3）由于梁柱节点处的钢筋密集，很难支模。

（4）工地上常一次搅拌出较多的高强度混凝土，然后陆续使用，而节点处每次只需较少用量，常使最后浇捣的节点混凝土超过初凝时间。

1997 年第一期《建筑结构》中，舒传谦同志发表的"多层建筑不等强度混凝土轴心受压柱承载能力计算"，这篇文章就不等强节点做了研究。舒的文章把不等强的梁柱交接节点称为夹层柱，并通过大量的实验与分析发现，该夹层柱混凝土在各种因素的影响下，其表现强度较其原有强度有所提高，甚至有时夹层混凝土的表现强度还可能超过上下柱段的混凝土强度。因此采用这种表现强度来计算夹层柱的承载能力，可以使计算结果更接近实际，从而使梁柱节点区的混凝土强度采用与梁同强度混凝土，有了可能。

根据舒文之研究结果，我们对节点混凝土轴心受压承载强度进行核算，并且补充了节点的抗剪强度的验算，并列出了表格，以供大家参考。

一、中柱节点不加腋时的核算

1. 例题：

下面以 20 层的 8m×8m 跨的框架-剪力墙结构为例来计算节点的承载力。我们按照规范要求的轴压比定出柱断面，荷载按经验值假定，梁柱节点按梁的混凝土强度施工。

已知条件如下假定：

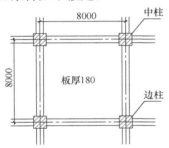

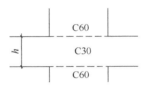

梁柱节点强度示意

图 2.2-2

抗震设防烈度为 8°，假定 20 层建筑高度在 80m 之内，框架的抗震等级为二级，层荷载标准值为 13kN/m²，梁为双向正交梁 400mm×500mm，柱子纵向配筋率为 1%，梁穿过节点的纵筋配率上下共计 1.3%。按照此假定条件，以下先按舒文提出的公式，验算中柱的抗压承载能力。

首层柱的荷载设计值 $N=13×8×8×1.25×20=20800kN$

规范中轴压比限值 $\mu_N=0.8$（按不利情况，假定抗震墙较少）。

$$\mu_N=N/b_ch_cf_c$$

柱强度 C60　$f_c=26.5N/mm^2$

$$b_ch_c=\frac{20800×10^3}{0.8×26.5}=981132mm^2≈990×990mm^2$$

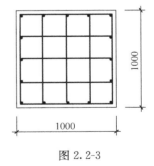

图 2.2-3

取为 1000×1000

节点内方箍按最小配箍率取为 Φ12@100

节点高宽比 $h/b=500/1000=0.5$

上下柱约束系数：

$$\beta = 1/(4.07 \times 0.5 + 0.3) = 0.428$$

应力扩散系数：
$$\beta = 9/(h/b)^2 - 23.64(h/b) + 25.08 = 15.51°$$
$$\text{tg}\alpha = 0.28$$

梁柱宽度比 $\psi = 400/1000 = 0.4$

水平钢筋面积：$A_{s2} = 113.10 \times 5 \times 6 + 1.3\% \times 400 \times 460 = 5785.0\text{mm}^2$

节点混凝土的表现立方强度 f_{cu}^p

$$f_{cu}^p = \Delta_1 + \Delta_2 + \Delta_3 + \Delta_4$$

Δ_1 为楼盖混凝土原有的立方强度

$\Delta_1 = 30\text{N/mm}^2$

Δ_2 为上下柱段对楼盖混凝土的约束作用所产生的表现强度。

$$\Delta_2 = \beta(f_{cu}^c - 1.15 f_{cu}^t) = 0.428 \times (60 - 1.15 \times 30) = 10.91\text{N/mm}^2$$

Δ_3 为荷载扩散对楼盖混凝土表面强度影响所产生的表现强度。

$$\Delta_3 = \psi\left[\left(1 + \frac{h}{b}\text{tg}\alpha\right)^2 - 1\right]f_{cu}^t = 0.4[(1 + 0.5 \times 0.28)^2 - 1] \times 30$$
$$= 3.60\text{N/mm}^2$$

Δ_4 为水平钢筋影响后所产生的表现强度。

$$\Delta_4 = \frac{246A_{s2}}{bh} + 10\frac{f_y A_{ss}}{S d_{cor}} \quad \text{其中} \ 10\frac{f_y A_{ss}}{S d_{cor}} \text{为柱节点环形箍筋影响值。}$$

由于在实际施工中，节点处做环箍施工不便，所以在这里不设环箍。

$$\Delta_4 = \frac{246A_{s2}}{bh} = \frac{246 \times 5785.0}{1000 \times 500} = 2.85\text{N/mm}^2$$

$$f_{cu}^p = 30 + 10.91 + 3.60 + 2.85 = 47.36\text{N/mm}^2$$

可见表面强度 f_{cu}^p 值较原 30N/mm^2 值有所提高。

按照 $f_{cu}^p = 45\text{N/mm}^2$ 查得 $f_c = 21.5\text{N/mm}^2$

柱截面设计轴压承载能力为：

$$N = \Phi(f_c A_c + f_y' A_{s1}') = 1.0 \times (21.5 \times 1000^2 + 310 \times 1000^2 \times 1\%)$$
$$= 24600\text{kN}$$

此值大于柱子的设计荷载值 20800kN，满足要求。

下面我们补充计算节点的抗剪承载能力。在现行规范 GBJ 10—89 中框架节点抗震计算公式，用 η_j 来表示梁对节点约束影响等有利因素。在这里，我们已考虑在各种因素影响后的表现强度 f_{cu}^p，不再使用 η_j 影响系数，以偏于安全。

先计算节点的剪力设计值，由于原假定梁的纵向受力配筋率上下共计 1.3% 偏小，为了计算出最大的剪力设计值。在这里我们重新假定梁的纵向受力配筋率，上筋为 2.5%，下筋为 1.3%，相应的 f_{cu}^p 值也按此值重新计算。为验证本方法的可靠性，节点剪力按一级抗震等级考虑。

节点的剪力设计值 $V_j = 1.05 \frac{(M_{\mathrm{b}}^{\mathrm{l}} + M_{\mathrm{b}}^{\mathrm{r}})}{h_{\mathrm{bo}} - a_{\mathrm{s}}'} \left(1 - \frac{h_{\mathrm{bo}} - a_{\mathrm{s}}'}{H_{\mathrm{c}} - h_{\mathrm{b}}}\right)$

假定 $H_{\mathrm{c}} = 3.8\mathrm{m}$

$M_{\mathrm{b}}^{\mathrm{l}} = f_{\mathrm{y}} A_{\mathrm{s}}' (h_{\mathrm{bo}} - a_{\mathrm{s}}') = 310 \times 2.5\% \times 400 \times 460 \times 430 = 613.2\mathrm{kN-m}$

$M_{\mathrm{b}}^{\mathrm{r}} = f_{\mathrm{y}} A_{\mathrm{s}} (h_{\mathrm{bo}} - a_{\mathrm{s}}') = 310 \times 1.3\% \times 400 \times 460 \times 430 = 318.9\mathrm{kN-m}$

$$V_j = 1.05 \times \frac{(613.2 + 318.9)}{0.43} \times \left(1 - \frac{0.43}{3.8 - 0.5}\right) = 1979.5\mathrm{kN}$$

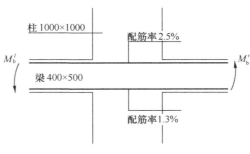

图 2.2-4

节点混凝土表现立方强度：

$$f_{\mathrm{cu}}^{\mathrm{p}} = f_{\mathrm{cu}}^{\mathrm{f}} + \beta(f_{\mathrm{cu}}^{\mathrm{f}} - 1.15 f_{\mathrm{cu}}^{\mathrm{f}}) + \psi\left[\left(1 + \frac{h}{b}\mathrm{tg}\alpha\right)2 - 1\right] f_{\mathrm{cu}}^{\mathrm{f}} + \frac{246 A_{\mathrm{s}2}}{bh} + 10\frac{f_{\mathrm{y}} A_{\mathrm{ss}}}{Sd_{\mathrm{cor}}}$$

$$= 30 + 10.91 + 3.60 + \frac{246 \times [113.10 \times 5 \times 6 + (2.5 + 1.3)\% \times 400 \times 460]}{1000 \times 500}$$

$$= 30 + 10.91 + 3.60 + 5.11 = 49.62\mathrm{N/mm^2}$$

按照 $f_{\mathrm{cu}}^{\mathrm{p}} = 45\mathrm{N/mm^2}$　查得 $f_{\mathrm{c}} = 21.5\mathrm{N/mm^2}$

$$b_j = 400 + 0.5 \times 1000 = 900\mathrm{mm}$$

$$N > 0.5 f_{\mathrm{c}} b_{\mathrm{c}} h_{\mathrm{c}}$$

取 $N = 0.5 f_{\mathrm{c}} b_{\mathrm{c}} h_{\mathrm{c}}$

$$V = \frac{1}{r_{\mathrm{RE}}}\left[0.1 \times \left(1 + \frac{N}{f_{\mathrm{c}} b_{\mathrm{c}} h_{\mathrm{c}}}\right) f_{\mathrm{c}} b_j h_j + \frac{f_{\mathrm{yv}} A_{\mathrm{svj}}}{s}(h_{\mathrm{bo}} - a_{\mathrm{s}}')\right]$$

$$= \frac{1}{0.85} \times \left[0.1 \times \left(1 + \frac{0.5 f_{\mathrm{c}} b_{\mathrm{c}} h_{\mathrm{c}}}{f_{\mathrm{c}} b_{\mathrm{c}} h_{\mathrm{c}}}\right) \times 21.5 \times 900 \times 1000\right.$$

$$\left. + \frac{310 \times 113.10 \times 3}{100} \times 430\right]$$

$$= 3946.8\mathrm{kN}$$

可以看出 $V_j < V$ 满足要求

2. 比较：

另外，我们对 25 层、30 层的 8m×8m 跨框架剪力墙结构也做了验算，计算过程不再细述。这里把计算结果列出来进行了比较。由于原规范轴压比要求较严，使高层建筑的底层柱子断面尺寸较大，对节点表现强度是有利的，所以我们又进一步按照我院的"技术措施"把轴压比值提高后再做了验算。在表中可以看到提高前后的差别（见"表 2.2-1"）。另外，表中的节点剪力设计值皆是按照梁纵筋配筋率上筋 2.5％，下筋 1.3％计算出来的，所以剪力的比较是偏于安全的。

中柱节点表　　　　　　　　　　　　　　　　　　表 2.2-1

层数	抗震等级	轴压比	柱断面	柱身强度	柱子设计荷载(kN)	梁板强度	节点表现强度	节点抗压设计承载能力(kN) $N = \phi(f_c A_c + f'_y A'_{s1})$ (kN)	节点抗剪承载能力(kN) $V = \dfrac{1}{\gamma_{RE}} \left[0.1\left(1+\dfrac{N}{f_c b_c h_c}\right) f_c h_j b_j + \dfrac{f_{yv} A_{svj}}{S}(h_{bo}-a'_s) \right]$	节点剪力设计值(kN) V_j
20	二	0.8	1000×1000 箍筋 φ12@100	C60	20800	C30	C45	24600	3946.8	1979.5
	二	0.9	950×950 箍筋 φ12@100	C60	20800	C30	C45	22202	3686.0	1979.5
25	二	0.8	1100×1100 箍筋 φ12@100	C60	26000	C30	C45	29766	4497.0	1979.5
	二	0.9	1050×1050 箍筋 φ12@100	C60	26000	C30	C45	27455	4217.1	1979.5
30	一	0.7	1300×1300 箍筋 φ12@100	C60	31200	C30	C45	41574	6065.8	2177.5
	一	0.8	1200×1200 箍筋 φ12@100	C60	31200	C30	C45	35424	5439.8	2177.5

3. 分析：

（1）从"表 2.2-1"数值可得结论是：即使我们的柱子的强度按 C60 设计，在施工柱节点（夹层柱）时我们完全可以按强度 C30 和梁、板一起浇灌。因为按舒文考虑到各项有利影响后，节点的表现强度均为 C45，按 C45 计算的节点抗压设计承载能力大于柱端的设计荷载，节点的抗剪承载能力大于节点的剪力设计值。

（2）我们可以按照我院技措放宽的轴压比来使柱子断面减少尺寸。表中的数值可以看出按放宽的轴压比计算，梁柱节点的抗压、抗剪强度也能满足要求。

（3）下面"表 2.2-2"中列出了按规范中的轴压比限值计算 20、25、30 层梁柱节点的节点表现强度时，各项有利因素的提高值，给了我们一个启示，就是上下柱段对楼盖约束所产生的强度对节点表现强度的提高贡献较大。

<table>
<tr><td colspan="8" style="text-align:center">构成表现强度的各项如下</td><td style="text-align:right">表 2.2-2</td></tr>
<tr><td rowspan="2">层数</td><td rowspan="2">抗震等级</td><td rowspan="2">柱断面（mm²）</td><td>楼盖原有立方强度</td><td>上下柱段对楼盖约束</td><td>荷载扩散的影响</td><td>楼盖层穿过柱体水平筋影响</td><td rowspan="2">表现强度总和（N/mm²）</td></tr>
<tr><td>Δ_1</td><td>Δ_2</td><td>Δ_3</td><td>Δ_4</td></tr>
<tr><td>20</td><td>二</td><td>1000×1000</td><td>30</td><td>10.91</td><td>3.60</td><td>2.85</td><td>47.36</td></tr>
<tr><td>25</td><td>二</td><td>1100×1100</td><td>30</td><td>11.86</td><td>3.07</td><td>2.59</td><td>47.52</td></tr>
<tr><td>30</td><td>一</td><td>1300×1300</td><td>30</td><td>13.67</td><td>2.34</td><td>2.70</td><td>48.71</td></tr>
</table>

二、中柱节点加腋时的验算

下面我们研究一下不考虑前述舒文中提出的提高节点强度的有利因素，梁在节点处加腋（见"图 2.2-5"），加腋部分的高度同梁高，柱为 C60，节点为 C30 时的节点承载力是否能满足要求。抗压承载力按柱的局部承压核算，另外计算抗剪承载力时，为了简便，仍按不加腋时的梁柱断面尺寸核算（偏于安全）。计算结果见"表三"（已知条件同例题）。

从"表 2.2-3"的结果可知，如果我们不考虑舒文的有利条件，把梁在节点处加腋，那么柱强度为 C60，节点强度为 C30 时，抗压、抗剪也可满足承载力要求。

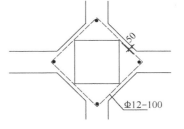

图 2.2-5　加腋节点平面

三、边柱节点的核算（不加腋）

在边柱（见"图 2.2-2"）的节点强度的计算中，由于节点处只有三面梁的约束，为安全起见，我们不考虑提高节点混凝土强度的因素，以下"表 2.2-4"为当柱为 C60，柱节点为 C30 时节点承载力的验算结果。可以看出，在设计时，只要将柱原断面尺寸（按规范之轴压比而定）略加放大，即能满足承载要求。

边柱已知假设条件如下：

体系为框架-剪力墙结构，抗震烈度为 8°，层荷载标准值 13kN/m²，柱纵向配筋率分别按1%、1.5%计算，梁为双向正交为400×500mm²。

表 2.2-3

层数	柱断面 （mm²）	实际设计荷载 （kN）	抗压承载能力 （kN）$1.5\beta f_c A_{tn}$	剪力设计值 V_j（kN）	抗剪承载能力 V
20	1000×1000	20800	34065	1979.5	2914.5
25	1100×1100	26000	40837	1979.5	3298.3
30	1300×1300	31200	56700	2177.5	4500.1

边 柱 节 点 表 2.2-4

层数	抗震等级	轴压比	柱断面 （mm²）	柱身强度	柱子设计荷载 （kN）	节点抗压设计承载能力（kN）$N=\phi(f_c A_c+f'_{2y}A'_{sl})$（kN）		节点抗剪承载力（kN）$V=\dfrac{1}{\gamma_{RE}}\left[0.1\left(1+\dfrac{N}{f_c b_c h_c}\right)f_c b_j h_j+\dfrac{f_{yv}A_{svj}}{S}(h_{b0}-a'_s)\right]$	节点剪力设计值 （kN）V_j
						柱纵向配筋率 1.0%	柱纵向配筋率 1.5%		
20	二	0.8	750×750 箍筋 φ12@100	C60	10400	10181	11053	2198.4	1979.5
		修改断面	800×800 箍筋 φ12@100	C60		11584		2403.6	1979.5
25	二	0.8	800×800 箍筋 φ12@100	C60	13000	11584	12576		1979.5
		修改断面	800×800 箍筋 φ12@100	C60		13077		2565.7	1979.5
30	一	0.7	950×950 箍筋 φ12@100	C60	15600	16335		2712.5	2177.5

根据以上验算。我们认为高层建筑的柱梁交点处的混凝土强度等同梁的混凝土强度，在安全上是没有问题的。这样可以解决过去节点强度的设计与实际施工的矛盾，而且大大简化了施工的过程。

本方法已在一些实际工程中得到实施。我院设计的高层建筑中，如果柱子采用了高强混凝土，应按工程具体情况，用本文中的方法进行核算，使梁柱节点处的混凝土，与梁板同时浇捣，较之在节点处局部用高强混凝土的方法，更能保证质量。

2.3 程懋堃访谈录

（原文刊于《建筑技术交流》1997年第 12 期）

问：程总，您是本院经验丰富的结构总工程师，请您就当前及未来工程设计与科研的一些方向性问题，谈一下好吗？

现在最缺少的是既懂专业又会外语的青年人才

答：我院现正面临新老交替时期，到 2000 年，"文革"前毕业的大学生基本都将退休，剩下的就是年轻一代的工程师们，他们大部分都在学校受过正规训练，又在设计院积累了一定的经验，接班应该没有什么大问题。但工程师这一行业与医生行业有些类似，医生看书再多，如果没有临床经验，就不是好医生；工程师也是一样，工程一定要多做，并且时常要总结经验，并时常到工地去看一看，工程图纸到底与实际工程是否相符，还存在哪些问题，只有经常小结，才能进步。我院有些年轻人是这样做的，但有些年轻人做的不够，只知道做工程，不知道读书钻研，所以工程做了不少，长进却不多，这是很可惜的。在我院工作，应该比在其他各院进步的机会多，因为我院大工程多，接触面广，机会多，年轻人上面有许多有经验的老工程师指导。但现在少数人却由于各种原因，只知道做工程挣钱，不想多花时间看书，丧失了很好的机会。我们在五六十年代时，有空就到新华书店去买书，买不起就把有用的抄录下来，我们的书，包括规范都是自己花钱，从来没有公费，现在是公家花钱买书还不看，这就太可惜了。所以我希望在这世纪之交，我院新老交替之际，年轻人应抓紧时机多学本事，趁我们这些老人还没有完全退休，多请教一些，当然我们也不是什么都懂，但经验总是有的，总是有一些可以学习的地方。

说到学习，前些天我看到一篇文章，一位中国记者问杨振宁教授："中国留学生与美国学生有什么差别？"杨振宁回答："中国学生一般都非常勤奋、用功，成绩也很好，但是有两个缺点，一个是知识面不够宽，另一个就是太相信书本，书本上说的都是对的，不敢超越书本，在这些方面中国学生不如美国学生"。这与我国的学校教育体制有很大关系，我们的大学教育受苏联的影响太深，苏联那套僵化的教育体制对我们影响太坏，使得学生只知死读书本，不知书本以外还有很多其他的路可走。再有就是专业分得太细，知识面太窄对实际工作也是没有好处的。因此我们的年轻人在这种环境下成长，敢想敢突破的精神不够，而我院在这方面还算好的，有的设计院更差。一般来说应该遵守设计规范，但如果某工程不适合，规范也不是不可以突破的，在必要的情况下书面报请本专业的总工程师，批准后就可以突破，这一点是一般设计单位没有做到的，我认为这是我院的一大优势，对年轻人是非常有好处的，让他知道规范不是神圣不可侵犯的，有些甚至是有错误的。当然不能随便突破，要慎重。

另一方面我们现在的年轻人外文水平较差，这影响我们的对外交流，也影响自己吸收国外最新的科技成果。我认为年轻人最好还是学好英语，不论日本、德国还是其他国家，对外交往都使用英语，这是大势所趋。现在中国的年轻人不缺少只懂技术的，也不缺少只懂外语的，只稀罕又懂技术又懂外语的人才。

问：您看是不是与年轻人工作太忙有关？

答：我认为我们现在的工作并不饱满，20世纪50年代时我们每天加班，有时甚至到12点。现在我们的工程是一阵忙，然后就清闲，很少能一个工程接一个工程。千万不要为自己不努力学习找借口，我想如果你不积极进取，就会被时代淘汰，不要让时间白白浪费掉。我要说的一个问题就是接班的人有，但经验不够。另一个就是学术氛围不够，应强化。

知识有两种，一种是实用型，一种是储备型

我们结构专业的学习气氛还是不错的，但有些不足。比如每个月都有讲课，过去有句老话叫"急功近利"，如果讲课是实用的，听课的人就多；反之，如果讲基础原理课听的人就少。我认为知识有两种：一种是储备型，远期使用；另一种是近期的，马上就可以用。这两种都有用，储备型知识在你今后的设计中会用到，你不能知其然而不知其所以然，否则就会出错误，知识的积累一定要厚实，俗话说厚积薄发嘛，这是很基本的道理。所以我希望年轻人学习的氛围应更深一些。

结构专业与别人竞争应做到两点：别人不会的我们会；别人能做到的我们做的更好。

现在社会是市场经济，竞争非常激烈，我院的情况也不乐观。我们结构专业要想立足，必须做到两点，别人不会的我们会；别人能做到的我们做的更好，这样才有竞争能力。比如我们天津百货大楼结构的设计反应就很好，用钢量少，甲方很满意。我总是呼吁要节约，钢筋不能随意添加。另外我们应有危机感，北京院倚仗大院优势，多少又有些受照顾，这几年效益也不错，但不能盲目乐观，如果完全进入市场竞争，我们就需要强化意识。

现在有了计算机，往往就不注意工程原理。林同炎教授曾说过美国的工程师只会用电脑，已经不注意力学原理了。现在我们的工程师也有向这方面发展的趋势。这就使得年轻人不容易长进，什么都依靠电脑，不愿钻研设计原理；电脑不是万能的，它是会出错的。因为电脑是按程序计算的，程序是人编的。因此，第一：任何程序都会有错；第二：任何程序都有一个特定的使用对象，超出这一范围，计算就不准确。比如：有些程序假定每层楼板为刚性体，是不变形的，若有一根梁与楼板相连，因为楼板不变形，就没有应变，没有应变就没有内力，梁的受拉应力程序就算不出来。在这时如果不会手算就很被动了。我发现有些新毕业的学生不会用弯矩分配法，这很不利。

我在年轻的时候，随身带着几个本，做过的每个工程都有记录，是哪类建筑物，有些什么特殊情况，施工中遇到哪些难题，都是怎样解决的，用过哪些重要公式等等，都要记录下来，长此以往就积累了许多经验。我还有几个读书笔记本，那时没有复印机，遇到有用的知识就摘录下来，有时甚至是整章抄录，现在随着科学技术的进步，恐怕已经没有人再花时间去抄录了，我想许多同龄人都会有类似的经历。一个人的成功绝不是偶然的，虽然有机遇的成分，但主要还是通过不懈的努力，否则是不可能达到目的的。

问：现在的建筑越来越漂亮，但其功能都越来越复杂，这给建筑专业以外的其他专业带来了许多麻烦，您是不是也这样认为？

建筑设计复杂确实给其他专业带来了"麻烦"，但同时也是锻炼并提高自身素质的机会，所以我把这看成一种挑战。

答：这是建筑设计发展的趋势。我们院要想生存就必须满足甲方的各种需求，即使有些要求并不高明。建筑设计复杂确实给其他专业带来了"麻烦"，但同时也是锻炼并提高自身素质的机会，所以我把这看成一种挑战。我就喜欢做富有挑战性的工程，如果每个工程的形式与形状都差别不大，设计起来也没有意思，更不要说锻炼自己了。国外的工程界也是从无到有发展起来的，比如超高层建筑。我在美国洛杉矶时参观某超高层建筑，下面 20 层为正方形，上面 20 层对角线切断，变成三角形建筑。我问结构工程师"洛杉矶为地震 9 度设防区，你为什么这样设计？"他回答："是建筑师这样设计，我没有办法"。在美国，各种奇形怪状的建筑都有。前几年我曾请清华大学的一位教授写文章刊登在结构杂志上，专门介绍国外各种异形建筑，目的是让国内的结构工程师广开思路，看国外同行是如何设计的。

从结构专业来说，没有技术上做不到的，只有经济上达不到的。

一条载重几十万吨的油轮，三百多米长，五六十米宽，四、五十米高，受海浪的颠簸，又有台风，受的力比地震力大许多，船也不会沉，为什么我们一有地震就受不了了？问题是我们不能用造船的钱来盖房子。不是技术上做不到，而是经济上承受不住。我最反感的是结构专业有人说在某种情况下不能设计，你不会设计别人会，你可以请教我或其他总工程师。前不久我已经给结构专业说过：任何结构工程师不能对甲方说"不能设计"。有些业主的要求，本来是合理的，但有的设计人自己不会，也不向上级请教，就自作主张回答说不能做，这样下去既影响自己的进步，也影响设计院的声誉。现在有些工程师缺乏闯劲，工程是越简单越好，钱是越多越好，不愿意多花劳动力，这样下去就有可能被时代淘汰。有些年轻人向我请教问题时，希望我不要从基本原理讲起，你就告诉我结果，回去把工程对付过去就行了。刚才我说过知识有两种，一种是实用型，一种是储备型。我是真心希望青年人有闯劲，我在年轻时就经常向组长申请苦活，我不怕累，没有做过的结构类型想办法学，做过的工程总结经验，这样，工程做多了，设计水平自然也就提高了。从原则上说，结构专业没有做不到的，比如拔柱子，如果有钱又有空间就可以做到。

问：我国现在的结构设计水平与国外同行相比有多大差距？

我国目前的设计水平不低于国外。

答：我院的结构设计水平是相当高的。我院有国家级结构大师胡庆昌总工程师，我是清华大学的客座教授，还是结构规范的编委会成员，我们几位结构总工经常出国考察，对国外的设计水平与趋势都很了解，还可以对我国现行结构规范提出补充和建议。结构专业与国外同行的合作设计最多，我感觉在技术上与国外水平差别不大。但有两个方面较弱：一个是眼界不够宽；对国外的建筑发展情况了解较少。再一个就是只了解国内规范，缺乏对国外结构规范的了解。这两点都有可能束缚我们的手脚，影响结构专业的发展速度，应想办法及早克服。

问：国外的注册工程师与我们有什么不同？

答：国外的注册工程师也需要考试，但美国略有不同，主要分区考试，比如在加州考试合格只能在加州开业，在其他州就不允许开业，不是全国统一的。我认为我们的考试制度有缺陷。比如从去年的考试题目中反映不出工程师的工作经验，只考基本课程，这使得毕业年限短的考生占有优势。另外我认为考试题目偏难。我曾参与注册建筑师的结构部分出题工作，最后题目让我去考试都不一定得100分，而美国的考试就较容易。当前强调要与国际接轨，有的方面不一定正确。比如现在与英国结构工程师学会相互承认，这种承认是吃亏的。英国目前的建筑市场为饱和状态，即使英国让我们去设计也找不到工程，相反英联邦国家的工程师就可以大举侵入我国建筑市场。我11月份在深圳开中日结构工程师大会时碰到台湾结构工程师协会主席，他就说这次我们可要吃亏了。我在美国考察时发现，各大建筑事务所的大工程绝大部分在亚洲，全靠亚洲的工程养活。这次柯总参观 SOM 公司，发现该公司大工程全在亚洲，而其中一部分就在我们中国，咱们现在去接轨，白白让人家进入我们市场。我们现在的经济状况与20年前大不一样，以前我们很穷，有许多事情不懂，工程不会做，现在什么都可以做了国际地位也已大为提高再与国外做互相承认的接轨是错误的。

问：程总，您看设计院的研究所应如何进行开展研究工作？

答：我认为本院研究所是全国同行业中较好的。我院要想保持大院优势，就必须不断开发新的研究项目，做到别人不会的我们会，别人能做到的我们做的更好，这样才能使我院在许多领域领先。当然这需要政策和资金。研究所在现有人员和现有资金的情况下，坚持不断进取，研究成果每年都获得不同级别的奖励，我认为是非常不容易的，科研人员付出的努力和取得的成绩也是令人感动的。希望院领导在机制和科研经费方面给予更大的重视。

在这里我想再强调一下继续教育问题。我一向主张知识面要宽，要不断学习，应多了解一些其他专业的知识，这有利于本专业的设计，同时在与其他专业人员或甲方的交涉中处于有利的地位。

注：本文由张燕通过录音整理，已经程懋堃总工程师审阅。

2.4 关于提高建筑结构设计安全度的意见

（原文刊于《建筑科学》1999 年第 5 期）

程懋堃

摘要 对提高建筑结构设计安全度问题，提出了以下几点看法：①当前的建筑物安全事故，与结构设计可靠度无关；②结构设计，仍宜提倡节约；③我国建筑设计规范中的构造规定，尚属恰当；④规范与国际市场并无直接联系；⑤规范要根据国家政策而定。

关键词 建筑结构 设计安全度

最近在建筑工程界，有些同志提出，要大幅度提高建筑结构设计的安全度，引起一些议论。现将我个人对此问题的一些看法提出来，请诸位指正。

1. 当前的建筑物安全事故，与结构设计安全度无关

20 世纪 50 年代的结构设计方法，与现在近似，当时所用的混凝土强度很低，只有 110～140 号，比现在的 C15 还低。20 世纪 50 年代初期施工手段也很落后，混凝土用体积配合比，人工搅拌，没有振捣器……而当时施工发生安全事故的较少。有一些建筑物，如王府井百货大楼、北京饭店等，使用至今已逾 45 年，而且经过了唐山地震影响的考验。因此可以说，现在的安全事故，与结构设计安全度是没有连带关系的。

2. 结构设计，仍宜提倡节约

关于节约钢材的问题。作为一个结构设计工程师，重要职责之一，就是以较少的材料去完成建筑物各种功能的要求。如果将构件截面任意加大，材料用量任意增多，这个工作，建筑师也能做。

在发达国家，节约材料也是工程师所追求的。1998 年美国《商业周刊》登载由美国建筑师学会（AIA）举办的最佳建筑设计竞赛，"节省材料"是该次竞赛的主题之一。纽约时报新印刷厂的设计，因采用规则的矩形平面和常规材料，节约五千万美元而获奖；又如香港中国银行（贝聿铭设计）因其结构方案布置得当，比同样高度的其他结构大量节约钢材，所以若干个杂志上都发表文章加以

表扬。

3. 我国规范中的构造规定，并非都比别国低

我国规范规定的是最低用钢量，设计者一般根据结构重要性，予以适当提高，所以不能以此来判定我们在工程中的材料用量，更不能以我们的最低值来与人家比。我国规范规定的柱子最小含钢量为 0.4%，是不考虑抗地震时的数量。我们大多数城市设计时都考虑抗震，高层建筑更是都要考虑，这时柱子的最小含钢量就是 0.5%～1.0%。而且设计单位在设计高层建筑的柱子时，用钢量常比规范要求的还大，因此与国外相比，实际用钢量并不太小。

我们有些构造要求，已与国外持平，如剪力墙的最小配筋率为 0.25%，与美国相同。至于墙的暗柱配筋量，在许多方面已是世界领先。

我国规范对于梁受压钢筋的配筋率，有明确规定，且数值与美国基本相等，并非"无此规定"。至于受拉钢筋的最小配筋率，有设计经验的人都知道，在一般梁板构件中，此值并不起作用，有影响的是在类似基础厚板一类构件中。这种构件中，我国规范与国外规范相比，在某些情况下配筋更多。因为如美国或新西兰规范，对于控制最小配筋量还有一些放松要求的措施，可使配筋减少，所以在一定情况下，配筋可以比我们更少。因此也不能一概而论，说我国的构造配筋比国外如何的少。

4. 关于能否进入国际市场

最近在北京大北窑建成的航华中心，其中三栋最大的办公楼，为三家外国大公司买去，即美国的惠普公司、摩托罗拉公司和韩国三星公司。这些工程都是按我国规范设计建造的，建成主体结构后，先后被这三家公司买下。其他国际知名的公司购买或长期租用我国建筑物者还很多。这些大公司都愿意购买，说明我们的设计，能为国际接受。

有人以为，低安全度有损于我国建筑业的国际形象。有损于国际形象的事情有，但不是结构设计安全度问题。我曾多次遇到在华投资的外商来向我咨询，所提问题，一是施工质量低劣，二是结构设计太浪费。后者都是用钢量太高或混凝土构件截面过大，超过了他们国家的常用水平！有一个工程，单是基础就多用了钢筋 500 吨！

5. 规范要根据国家政策而定

一个国家的规范，不仅仅是技术性的，还有很强的政策性，许多方面，是一个国家经济条件的直接反映。因此，我国规范的材料用量，当然应该比发达国家低，也即安全度应该低一些。这方面我们完全可以理直气壮地说，我们过去的设

计标准，是符合我国国情的，是安全的。当然某些局部有不足，要不断修改。国外的规范也不是十全十美，也在不断地修改。我们过去的结构成功地经受了几十年的考验，那就是说，我们的规范，基本是正确的，安全度基本是能满足要求的。

至于抗震规范，更与政策密切相关。美国抗震专家 MarkFintel 说过，一个国家的抗震政策（体现在规范上），实际上是一个国家的政府愿意为他的人民在抗震方面投多少保险。所以国家富了，可多投些保险费，穷国只能适当少投。

不能单看这些年我国沿海地区的经济发展，我国广大中西部地区，还是相当穷的。我国钢产量虽已与日本齐平，但人均产量只有日本的 1/10，而且品种不全，质量较低。所以，我不赞成说现在就可以大量用钢。

中小城市现在还在发展冷轧变形钢筋，这种钢筋性能并不太好，就因为能省钢，所以还在发展，这就是我国的国情。

再回到抗震。地震的情况各国不同。日本的地震发生很频繁，有的城市每三、四十年就会有一次大地震；美国的加州也是每几十年就有一次大地震。我国虽是多地震国家，但同一个地区发生大震的机遇一般不很频繁。例如北京，根据历史记载，大约每 300 年有一次大震。地震的机率不同，设计所用的地震作用当然也不同。

但是，按照我国规范设计的抗震工程，还是安全的。近年云南省发生过几次较强地震，凡是按规范正常设计、正常施工的工程，都经受住了考验。

6. 不容忽视设计中的浪费现象

当前建筑结构设计存在的问题中，有一个方面不容忽视，就是设计中的浪费现象。我们有不少钢筋混凝土高层建筑的用钢量，已超过国外同等高度钢结构的用钢量，其不合理可见一斑！

现在这种关于建筑结构设计安全度的讨论，是正常的，但我担心会不会引起误导，使一些设计人员误以为按我国规范进行设计会造成不安全，以致盲目加大构件截面，增加用钢量，造成不必要的浪费。这种可能性，是不能不防的。

以上一些看法，可能有不当之处，请予以指正。

2.5 对《短肢剪力墙结构现浇楼板裂缝原因及防治》文中观点的商榷

（原文刊于《建筑技术》2005 年第 12 期）

程懋堃　沈　莉

关键词： 楼板；裂缝；防治

中图分类号：TU712.3　文献标识码：B　文章编号：1000-4726（2005）12-0938-02

A DISCUSSION ON CRACK REASONS IN CAST-IN-PLACE SLAB OF SHORT SHEAR WALL STRUCTURE AND ITS PREVENTION

CHENG Maokun　SHEN Li

Keywords：slab；crack；prevention

发表在《建筑技术》2005 年第 4 期上的《短肢剪力墙结构现浇楼板裂缝原因及防治》一文，从设计、施工各方面分析了重庆市江北区某 30 层短肢剪力墙结构的住宅工程楼板产生裂缝的原因。对该文的一些观点，笔者有不同或迥异的看法。

1. 几点商榷

（1）楼板产生裂缝并不只局限于短肢剪力墙结构。无约束的自由伸缩板的变形不会受到阻碍，便不会产生拉应力，变形变化在板内不引起应力，当然没有拉应力产生的裂缝。所以，只要板边有约束，约束条件可以是梁或墙，板的自由变形受到阻碍，就有产生裂缝的可能。原文图 1 中所示各种楼板裂缝，在剪力墙结构和砖砌体结构中都屡有发生。

（2）近二三十年来国内开发出众多软件，其可靠性、先进性已不亚于国外软件。结构的模型化假定是关键，它直接决定了多、高层结构分析模型的科学性及实际的贴切性。针对开洞、形状不规则的板也进一步可以用有限元分析程序准确

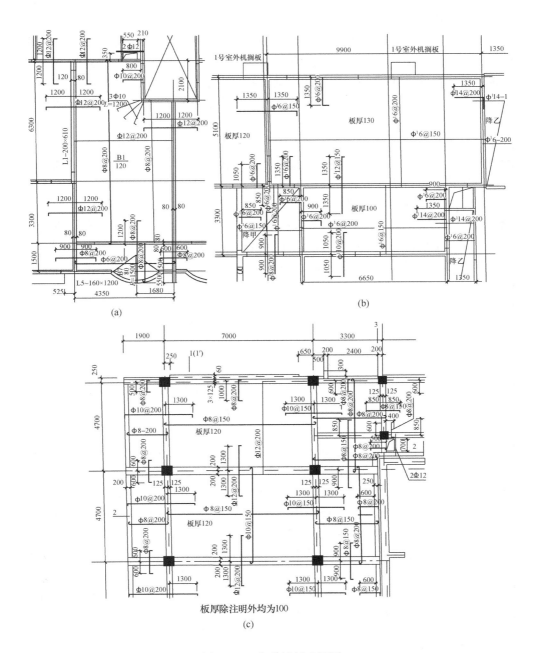

图 2.5-1　住宅楼板配筋图

(a) 住宅 1；(b) 住宅 2；(c) 住宅 3

分析出受力情况。并不存在原文所提及的相对于剪力墙、梁的计算来讲，对板的设计重视程度不够的问题。

（3）原文中提到设计单位"只片面强调承载力的满足，忽视裂缝控制，板底筋采用 φ12@200，其间又未间断设置较小构造筋，极易产生裂缝"这个观点是不确切的。φ12@200 在住宅板中配筋量已经不小了，尤其是住宅跨度不大的板。笔者做过的很多住宅配筋量与其相似，从施工到验收未有板可见裂缝的报告，见图 2.5-1。

（4）规范及有关技术措施规定双向板简支时厚度与跨度最小比值 1/40，连续时最小比值为 1/50，这本身就是板变形控制的技术指标。故原文中所提设计人员忽视板裂缝与挠度计算的观点不妥。

（5）再讨论混凝土的带裂缝工作问题。很多年以来，特别是 20 世纪 60 年代，因有关混凝土的现代试验研究设备的出现，完全证实了在尚未受荷的混凝土和钢筋混凝土结构中存在微观裂缝，主要有粘结裂缝、水泥石裂缝及骨料裂缝三种。微裂的原因可按混凝土的构造理论加以解释，不再详述。我们把具有小于 0.05mm 裂缝的结构叫无裂缝结构。所谓不允许裂缝设计，也只能是相对于不大于 0.05mm 初始裂缝的结构，所以混凝土有裂缝是绝对的，而范围在 0.2mm 之内的裂缝肉眼一般是不可见的，故原文中认为设计人员以板可带裂缝工作为由，造成现浇楼板先天不足，裂缝较多的提法不妥。

（6）现行混凝土结构设计规范（GB 50010—2002）最大裂缝宽度计算公式实际上仅适用于单向受弯杆件，现在许多程序编写时将其推广到双向板裂缝宽度计算是不妥当的。以双向板的支座弯矩为例，支座各点的弯矩不同，以最大弯矩来计算裂缝是不合适的。

（7）混凝土的抗拉强度与抗压强度相差 10 倍左右，钢筋混凝土中的钢筋解决了混凝土抗拉能力低的缺陷。多少年来，混凝土结构设计规范规定只有在温差影响大或其他可能外力会作用的板受压区中要求配置防温度及干缩钢筋。老工程经过多年使用（那时的配筋量还较小），受压区未配筋也未出现裂缝，故板中受压区不配筋易产生裂缝的说法是不正确的。

（8）为获得较大的轴向抗拉强度，提高混凝土强度以达到减少裂缝的说法也是不对的。混凝土强度越高，水泥用量越大，水化过程中产生的收缩裂缝就会越大，因此现在我们在许多工程中都采用混凝土的 60～90d 强度，利用粉煤灰的后期强度，减少水泥用量，以减少开裂。

2. 减小板裂缝的有效措施

（1）设计人员应该严格按规范规定的要求进行设计，对条件不正常、会出现温度应力影响的部位（如屋顶、超长结构），应加强计算、构造，并应在一定位置的板受压区配置抗温度、收缩钢筋。

（2）原文中"……导致商品混凝土流动性更大，用水量更多，……"现在，增大商品混凝土的流动性，在我国许多地方早已不采用增加用水量的方法，而是在混凝土中加入塑化剂、减水剂等。增加用水量不但易导致开裂，还会因水灰比增加而降低混凝土强度，所以一定要控制商品混凝土的用水量。

（3）原文所提加强施工管理、保证施工中混凝土的养护才是控制收缩裂缝产生的最重要的方面。首先要防止混凝土硬化过程中的早期收缩裂缝，要严格控制水灰比不能太大，振捣要密实，混凝土下料不应太快，初凝前后的反复收光也是关键。养护时要采取有效措施防止混凝土的失水过快。工程中最常遇到的问题是与湿度变化有关的毛细收缩及吸附收缩；其次由于混凝土的水分蒸发及含湿量的不均匀分布，形成湿度变化梯度（结构的湿度场）而引起收缩应力，也是引起表面开裂的最常见原因之一。总之，施工方要严格遵守施工规范中有关规定，精心施工是防止现浇楼板出现收缩裂缝的关键。

参考文献

[1] 工铁梦. 建筑物的裂缝控制. 上海：上海科学技术出版社，1993
[2] ［美］梅泰 P. 混凝土的结构、性能与材料. 上海：同济大学出版社，1986
[3] ACI Committee 224. Control of Cracking in Concrete Structures，2001
[4] ACI Committee 224. Causes，Evaluation and Repair of Cracks in Concrete Structures，1998
[5] ACI 318-05. Building Code Requirements for Structural Concrete，2004

2.6 结构设计安全度专题讨论综述

（发言记录综合整理，原文刊于
《土木工程学报》1999 年 12 月）

1999 年 5 月 14 日，中国土木工程学会邀请在京的部分专家，举行了为期一天的结构设计安全度专题讨论会。来自设计、科研、高校、政府部门等 16 个单位共 28 名专家参加了会议。中国土木工程学会秘书长唐美树，常务副理事长、国家建设部总工姚兵、建设部科技司司长李先逵先后在会上致辞，强调了对安全度问题展开讨论的重要性，中国土木工程学会并将于明年 5 月在杭州召开第九次年会，结构安全度将作为年会的主要议题。

讨论会由中国土木工程学会学术委员会副主任刘西拉教授主持。与会专家各抒己见，其中既有共识，也有不同乃至对立的意见。以下是讨论发言的简要归纳。

1. 关于可靠度设计理论

可靠度理论是分析结构安全性的一种有效手段。我国已颁布统一标准，要求结构设计规范按可靠度理论设计。20 世纪 70 年代的我国混凝土结构、木结构和钢结构设计规范分别采用不同的设计方法体系，在安全度的表达形式上互不相同，给设计或教学都造成不便，20 世纪 80 年代用可靠度理论率先加以统一。但是，对规范采用可靠度理论，以及这一理论能否将各种结构的安全度都统一在同一体系中，专家们持不同意见：

（1）认为我国规范采用了先进的可靠度理论，用失效概率度量结构的可靠性，通过将抗力和作用效应相互独立、将随机过程化为随机变量并以经验为校准点，成功地将这一理论用于建筑结构设计规范中，这是我国规范先进性的一种表现。工程设计采用可靠度理论为国际标准组织（ISO）所提倡，是国际上大势所趋；多次国际安全度会议也倾向于采纳 ISO 提出的在设计规范中采用可靠度理论的原则。可靠度理论一样重视经验，可靠度取值用校准法确定。

（2）认为可靠度理论是分析和度量结构安全性的一种先进手段，但在应用上还有其局限性，理论本身也有一些方面未能突破，比如结构可靠度分析的三个约束条件：将抗力与作用效应分离，将随机过程变为随机变量，以及将截面承载力

的安全指标 β 作为结构的可靠指标，随着认识的发展都值得质疑。用概率可靠度理论需要进行大量数据统计，但不论荷载统计或抗力统计都还存在一些问题，规范安全度还需考虑将来可能出现的荷载变化。概率可靠度理论会有意或无意地简化、忽略本应考虑但又无法用这一理论处理的因素，如一定程度的人为失误以及社会、经济因素等。可靠度理论强调三个正常，即正常设计、正常施工和正常使用，但正常和不正常有时不易界定。匆忙地将可靠度理论推广于各种规范，会带来一些不必要麻烦，比如地基基础规范中，地基承载力强度的设计值竟比标准值还高，抗震设计规范中不得不引入调整系数。又如地下结构的荷载与其作用效应高度耦合，其不确定性远大于荷载本身的不确定性、结构构件尺寸的不确定性、以及材料强度不确定性的总和，而前者又难以估计，这时勉强采用可靠度设计往往徒有形式而无实效。有的专家指出，水工结构的大坝设计目前只有苏联用可靠度理论，其他国家都用安全系数 K，大坝在不同工作条件下的温度、渗透压力很难用统计确定，影响坝基稳定的地基软弱夹层及其分布也很难凭少数钻孔取样确定其统计特性，所以用可靠度理论估计不了坝体的安全度。将可靠度理论用于铁路工程结构规范要确定火车的荷载谱，现在花了很大力气已取得上万条荷载谱，统计出了 50 年最大可能荷载，可是今后铁路上的火车荷载及其变化，更多地由铁路部门指令所确定，与那些统计多不相关。

（3）认为分项多安全系数设计方法要比可靠度方法更为灵活实用。在确定安全系数时，同样可以利用可靠度理论一起作分析，最后选定合适的系数值。鉴于现行建筑结构设计规范已经采用了可靠度理论，不足之处可继续改进，而其设计公式的表达形式又与分项多安全系数基本相似，所以也不必再回到老路上去。现行可靠度设计规范中的分项系数，其含义可以模糊些，考虑更多的经验因素，这在可靠度理论中也是说得过去的。规范采用可靠度理论应采取实事求是的态度，能用的尽量用，尚不成熟的将来再用，不宜用行政手段一刀切去追求"统一"。

（4）认为可靠度理论是美国专家于 20 世纪 40 年代最早提出的，这方面的研究工作和成果也远远超过我们，可是到现在为止，他们大部分的重要规范都还没有用可靠度方法。在西方，主张可靠度理论用于规范的主要是可靠度理论家们的观点，搞工程实践的人多持反对或怀疑态度。所请国际标准《结构可靠性总原则》，主要也是一些理论工作者提出的，是参考性的，并无约束力。前不久，曾长期担任过美国混凝土设计规范 ACI-318 委员会主席的国际著名学者 Siess 教授，就在《Concrete International》杂志上谈了为什么不用可靠度设计理论的见解。可靠度理论是否已完善到可以用于规范的程度，这个问题在国际上是有争论的。确定工程的安全度在一定程度上需以概率和统计为基础，但更多的须依靠经验、工程判断及综合考虑。所以在可靠用于规范这一点上，我们大可不必去争天下先。建筑结构设计规范还是用安全系数方法好，对于工程设计人员来说用分项安全系数表达安全度要比可靠指标 β 更直观、更明白。可靠指标虽然有一个相应的失效概率，可是这个所谓的失效概率其实也不是真实的，但在一定程度上可用于相对比较。

2. 多大的安全度才算够

多大的安全度才算够？这是一个探讨已久的国际性课题。所谓"安全"，包括保证人员财产不受损失和保证结构功能的正常运行，即所谓的"强度"和"功能"二原则，结构安全度还应保证结构有修复的可能，加上"可修复"则为三原则。

与国际上一些通用标准相比，我国混凝土结构规范设定的安全度水平偏低，有的偏低较多。由于不同标准对安全度的表示方法不一样，所采用的抗力计算公式也不一致，要准确估计不同标准之间安全程度的差异比较困难。有的专家认为，我国规范与欧洲模式规范相比，可靠度只是偏低一些，并在可接受的范围内；另有专家认为，我国规范的安全度要比欧美规范低 20%～40%；也有专家认为，如果再考虑到荷载标准值的差异，对于有些建筑物楼层，安全储备相差远不止 40%。解放后，我国结构设计安全度历次变更，现在的安全度低于 50 年代。

确定结构的安全储备或安全度水平，应考虑到国家和社会的经济、技术水平，结构的生命周期，结构的功能需求，以及增加安全度与增加费用之间的关系。在当前历史条件下，如何对规范的设计安全度进行调整，专家们有不同的见解：

（1）认为现行规范的设计安全度在总体上是合适的，只要施工质量保证、设计不出错误，安全程度已能满足要求，所以不必作出全面的变更，个别地方有不够的，则可作局部修补。规范对安全度的要求只是最低值，设计人员完全可以根据不同的工程对象，必要时采用高于规范规定的数值。我国是发展中的国家，还是要尽量提倡节约，即使在美国，省钢也是受表扬的。我国规范中的构造要求，并非都比外国低，有的已经超过。外国大企业在北京买了按我国规范设计的大楼，说明我国规范不是进不了国际市场。现在对安全度进行讨论，应注意不要引起误导，以为规范安全度不够而在设计中盲目加大构件截面，造成不必要的浪费。

（2）认为现行规范安全度与国际相比虽然偏低，但使用十年来已成功建成约 100 亿 m² 的建筑物，实践已经证明，现行规范安全度是可以接受的，这是重要的经验，不能轻易放弃。但考虑到客观形势变化，国家经济实力增强和住宅制度改革现状，可以将现行设计可靠水平适当提高一点，这样投入不大，却对国家总体和长远利益有利。

（3）认为设计安全度应大幅度提高。由于环境变了，对结构功能和安全程度的需求增强了，比如现在出现事故造成的损失已非昔日可比。规范要适应从计划经济体制到市场经济体制的转变，从短缺经济年代的影响下走出来。现在，建筑物商品化，结构造价在建筑物售价中的比例愈来愈低，用相对较少的钱换得更为可靠和更为好用的房子，应属合理消费，为此而多用一些钢筋也属合理使用，说不上有违节约。如果既不要国家出钱，又能刺激生产，也不浪费资源，就不要限制合理消费，限制对商品高质量和高标准的追求。所谓"大幅度"提高，只是一个宏观估计。我国幅员广阔，各地经济发展很不平衡，提高幅度可区别对待。经济发达的大城市，建筑物功能要求和售价都高，设计安全度应相对高些。

（4）认为设计安全度水平应尽量与国际接轨，比如混凝土结构能够与美国混凝土学会（ACl）的规范接近。即使达到相同的安全度水平，由于施工和材料的管理水平尚与国外有较大差距，结构的实际安全储备仍会偏低。我国现行规范的低安全度水平是历史条件造成的，在 20 世纪 60 年代初编制我国混凝土规范时，对当时工程事故频繁状况，不少专家曾提出增大安全度，但限于当时政治形势和经济状况而未能实现。现在条件变了，安全度应该提高。

（5）我国目前的建筑业队伍有 3500 万人，其中 2000 万来自农村，在确定结构设计安全度时，确实不能不考虑施工队伍平均受教育水平低的现状。对于设计和施工，也不能不考虑难以避免的一定程度的人为差错（human error）。要提高施工质量和管理水平，牵涉到人员素质和技术的发展，需有一个长期的过程。不能认为这些问题完全是施工的而在设定规范的安全度水平时不予理睬。也有专家指出：一些有经验的设计人员，能够针对具体工程和施工的特点，需要时能选用高于规范规定的最低要求，可是没有经验的设计人员就不一样，还要提防故意钻规范最低要求空子的。确定规范的设计安全度水平时，应该考虑这些现实。

（6）关于工程事故与设计安全度的关系，专家们一致认为：当前频繁的工程事故主要是野蛮施工和管理腐败所致。有些专家认为，国内发生的工程事故与现行规范的安全度没有关系，规范的安全度是够的。不过也有专家指出，一些工程事故往往由多种因素综合造成，施工质量差、设计有毛病、结构安全储备又偏低，加在一起终于酿成大祸，这类情况不是由于野蛮施工和管理腐败，较高的安全度总是与较低的失效概率相联系，这是客观规律；例如铁路工程结构的设计比较保守，安全度大，施工管理也比较严格，到现在没有发生一例倒塌事故。建筑工程安全事故由来已久，只是不像现在这样可以曝光而已。

3. 设计要从多个方面来保证结构的安全性

结构设计的首要任务是选用经济合理的结构方案，其次是结构分析与构件和连接的设计，并取用规范规定的安全系数或可靠指标以保证结构的安全性。结构的安全度通常指安全系数或可靠指标，实际上只是对结构截面强度安全的一种度量，与此相关的还有荷载和材料强度标准值的取值。影响结构安全性的因素太多，安全度是保证结构安全性的重要方面但不是全部。有些设计人员往往只满足于规范对结构强度计算上的安全度需要，而忽视从结构体系、结构构造、结构材料、结构维护、结构耐久性、以及从设计、施工到使用全过程中经常出现的人为错误等方面去加强和保证结构的安全性。有的结构整体性和延性不足，抗偶然作用和防倒塌能力差；或者计算图形和受力路线不明确，造成局部受力过大；或者混凝土强度等级过低、保护层厚度过小、钢筋直径过细、构件截面过薄，削弱了结构耐久性；这些都会严重影响结构的安全性；有的城市桥梁，虽然满足设计规范的强度要求，仅用了 5～10 年就因耐久性出了毛病影响结构安全。结构耐久性不足已成为最现实的一个安全问题，设计时要从构造、材料等角度采取措施加强结构耐久性，并要对施工单位提出具体要求。现在有这样的倾向：设计中考虑强度多而考虑耐久性少，重视强度极限状态而不重视使用极限状态，重视新建筑的建造而不重视旧建筑的维护。设计人员不能只套规范，应该根据不同的设计对象，不同的环境和使用条件，发挥自己的才智和创造性；规范再详细也不能包罗本来应由设计人员自己去解决的各种问题。此外，不同的结构体系针对其特点需有特殊的布局与构造，例如预制预应力多孔空心板的楼面结构，板端应考虑墙的嵌固约束，并配置负钢筋以防止端部开裂而造成脆性剪切破坏，可是过去多按简支设计而出现端部裂缝，造成大面积隐患。在新材料、新工艺、新技术应用中，有许多专门技术需有专业公司合作配合，如有特殊防腐蚀要求的后张预应力筋或混凝土等。

4. 关于设计规范的操作和管理

国际上的结构设计规范有二种体制，一种是推荐性的，另一种是强制性的。发达国家的规范多是推荐性的，对设计人员只起帮助指导作用，结构工程千变万化，规范不可能取代设计人员所必需的理论知识、经验和判断，设计人员必须自己承担设计的全部责任，可以不受推荐性规范的约束。我国的设计规范则是强制性的，是设计人员必须遵守的法律，如有违反，一切责任由设计人自负，而出了事故，设计人员也可凭规范推卸责任。几十年来，这种做法已在工程设计界深入人心，因而对规范的制订工作也就提出了很高的要求。强制性规范的不足之处是，不能灵活适应设计中遇到的各种情况，难以照顾到设计者可能遇到的各种特殊问题，而且客观上不利于发挥调动甚至限制设计人员的创造性。强制性规范的利弊值得仔细探讨。

长期以来，我国规范由政府部门管理，随着政府机构精简和政府功能转变，有人担心在规范管理的力度上会否削弱。今后可否借助各种学会、协会的积极性，委托学会、协会来编制和管理，而政府部门则起批准监督作用。如果将规范的课题研究、规范的编制和规范的批准分成独立的不同层次，是否会更好一些。在规范的编订和管理上，如何能更好地适应既是社会主义、又是市场经济的体制，有必要作细致的研究。

（本刊根据程懋堃、李明顺、陈远椿、陈幼潘，蔡绍怀、陈肇元，杜拱辰、徐有邻、秦权、鲍卫刚，张琳、罗玲、林志伸、夏靖华、朱伯芳、刘西拉、姚兵、唐美树、徐渭、李先逵等的发言记录综合整理）

2.7 关于高层建筑结构设计的一些建议

（原文刊于《建筑结构学报》1997 年第 4 期）

程懋堃

提要：本文提供了作者在设计工作中的一些经验和体会，可供设计工作者借鉴和参考。

关键词：高层建筑结构、设计经验

Some Suggestions on Structural Design of Highrise Buildings

Cheng Maokun

(Beijing Architectural Design and Research Institute)

Abstract：This paper presents the author's personal experience and understanding drawn from his long-time work on the design of highrise building structures. It may serve as a reference for those engaged in this engineering field.

Keywords：highrise building structures，design experience

作者在第 13 届和第 14 届全国高层建筑结构学术交流会上，各做了一次发言，讲了自己在工作中的一些经验和体会，不少同行希望我能把所讲内容写出来。现在根据当时我写的发言提纲，整理成文，内容如有不妥之处，请不吝指正。

一、高层建筑不一定设置箱形基础

有人以为高层建筑必须将基础设计成箱基，这是一种误解。曾见到有的工程，原设计为两层地下室，由于使用要求，须做成大空间，因而形不成箱基。设计人为达到设置箱基的目的，在两层地下室下面，硬加了一个第三层地下室，由纵横两个方向间距较密的钢筋混凝土墙形成箱基。由于墙较密，只能在图纸上写作"仓库"。这种做法，导致很大的不必要的浪费。

有一种意见认为，设置箱基，可以增加基础刚度，减少不均匀沉降。在过

174

去，建筑物高度不大，长度相对较长，建筑物纵向的高宽比较小时，这种意见是对的。随着建筑物高宽比的增加，抵抗纵向弯曲的整体刚度也随之加大，与多层建筑相比，在整体刚度中基础刚度所占的比例明显减少（即使设置箱基也是如此）。过去曾以为，只有上部结构是剪力墙结构，才对整体刚度有作用，如果是框架结构，填充墙的强度又较弱，则对于抵抗纵向弯曲的整体刚度，并无多大作用。但是，对于框架结构的实测研究表明，即使是框架结构，对于建筑物的整体刚度，也能有很大提高。

曾有人对某 10 层框架结构办公楼做过实测[1]，该工程框架的填充墙：外墙为 240mm 厚黏土砖；内墙为 180mm 厚加气混凝土砌块。填充墙的刚度不大。建筑物总长 41.1m，地面以上总高度 37.3m，有一层箱基地下室，高度为 4.4m。

该工程虽然设置了箱基，但实测表明，上部结构的刚度起了很大作用。纵向弯曲的中和轴，上移至 $\frac{2}{5}H$ 左右，即在四层楼面处。此现象表明，上部结构不仅是一个荷载作用于基础，而且也能分担箱基的内力，该工程在主体结构施工完毕后，箱基顶板钢筋的应力由受压转化为受拉。

该工程基础底板钢筋实测应力为 20～40MPa，与国内其他工程的实测应力（通常为 20～50MPa）的数值接近。这种情况，绝非偶然，而是中和轴上移的必然结果。该工程设置了箱基，但作者相信，如果不是箱基而是筏基，也会出现类似的结果：上部结构的刚度起很大作用，纵向弯曲的中和轴会上升至一定高度。

该工程的纵向高宽比为 37.3/41.1＝0.91，目前高层建筑的高宽比已大得多，塔式建筑高达 5～6 者也已有之，因此，上部结构的刚度所占比重更大，设置箱基，更无必要。

从工程实例看，我院设计的从 30 多层至 60 层的高层建筑，都未设置箱基，也无任何问题。近十年来，所设计的高层建筑，除上部结构为剪力墙结构，基础自然形成箱基，以及因人防等需要设多道混凝土墙的工程以外，通常皆为筏基。

因此，作者建议，高层建筑，不一定要设置箱形基础。

二、厚板基础，当板的厚度大于 1m 时，没有必要在板的中面加一层钢筋网

从板的受力状况看，在板的中面配置钢筋，不如在板的顶、底面配置钢筋更有效。至于温度伸缩，基础板埋置土中，基本上不受外界气温变化的影响，所以也无需为此配筋，而且外界温度变化，首先影响构件表面，也无必要在板的中部配筋。

我院设计的高层建筑，包括 48 层、52 层和 60 层的超高层建筑的基础厚底板，皆未在其中面配筋，未发生任何问题。

再看其他实例。北京某银行总行大楼，为美国某公司设计，基础底板厚度为1.5m，除板上下皮配有双向受力钢筋外，在板的中面并未配筋。但在基础板上皮的受力钢筋之上，另配置Φ 8～150双向钢筋。其目的显然是为了减少混凝土硬化过程中表皮上产生的裂缝。

另一个实例是境外某城市的地下铁道车站。其基础底板厚度达5m。除板上皮和下皮各配置Φ 36受力钢筋三至四层以外，在板中面未配任何钢筋。

有人以为，厚板可能分层浇捣，因此，板的中面加一层钢筋会有好处。但是，第一，在出图时并不知道施工单位的施工方法；第二，即使分两层浇捣，在中间加一层粗钢筋网（我见到有配Φ 16至Φ 20～200的），对于防止收缩裂缝，并无好处。

此种配筋，耗钢量较大，以Φ 20～200双向筋为例，每平方米基础面积将用钢约25kg。

根据上述理由，以及工程实例，作者认为基础厚板的中面没有必要配置钢筋。

三、筏板基础板厚的估计

在设计界流传着一种说法，筏板基础底板厚度，可以按每层若干厘米估计。例如30层的建筑，以每层5cm计，则底板厚度至少为150cm。这种说法是错误的。

基础底板的厚度，首先是由它的内力确定的。一般情况下，板厚由冲切承载力决定。冲切强度满足后，其他如弯矩等皆不成问题。而板的冲切力不仅与其荷载（与层数基本成正比）有关，同时与其跨度有关，也即与建筑物的柱网尺寸有关。所以，单以建筑物层数一个参数来估计，显然是不够的。例如，同是30层的建筑，柱网4m与8m，所需的基础底板厚度是大不相同的。

举几个我院设计的工程实例：

1. 北京新世纪饭店：地上33层，地下2层，基础柱网尺寸7.6m×8.4m，基础底板厚度为1.10m，地梁1.2×2.4m。

2. 北京西苑饭店：地上23层（局部29层），地下3层，基础底板跨度4m，厚0.7m。

3. 山东齐鲁宾馆：地上48层，地下2层，基础底板跨度9.8m×12.4m，底板厚度1.6m。

其他例子不多提。以上第1、2项工程，已建成使用，第3项结构已封顶。这三项工程的基础底板厚度，都不足每层5cm，因此，建议在筏板基础的板厚设计中，以板所受内力为判断依据，不必按照每层若干厘米的错误传说考虑筏板厚度。

四、框筒结构的角柱不一定要比中柱大

许多书上都建议：框筒结构的角柱应设计得较大。有的要求是：角柱面积为中柱面积的 1.5 至 2 倍。因此，不少框筒结构的设计，角柱面积很大，有的是 L 形角墙或角筒。这种做法，既多费了材料，对于结构受力状况，也不一定有利。众所周知，框筒结构承受水平力时，各柱的受力分布，有滞后现象，当角柱与中柱等截面时，角柱受力较中柱大。如果角柱面积加大很多，虽然可加大框筒的整体刚度，但也有可能更增加滞后效应，不一定有好处。

1972 年美国土木工程学会结构分会会刊登载一个工程实例[2]。南美委内瑞拉首都加拉加斯（强震区），建造一座 37 层的钢框筒结构（见图 2.7-1～图 2.7-3）。经多方案比较，认为取消角柱，受力性能较好，也较节约。最后的实施方案是无角柱的，建筑物每个角上的窗裙梁按铰接设计，以相互传递腹板框架与翼缘框架之间的剪力。

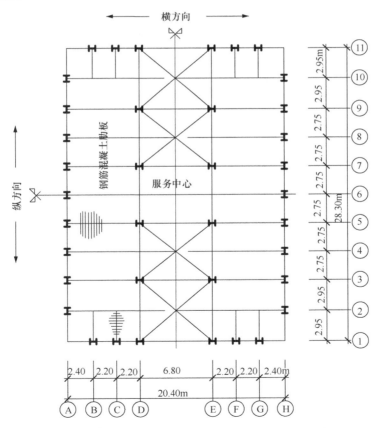

图 2.7-1　框筒平面示意

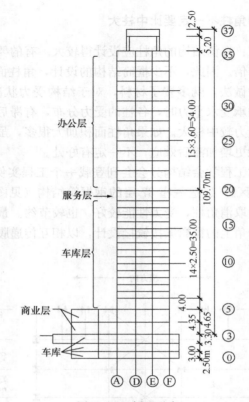

图 2.7-2　剖面示意

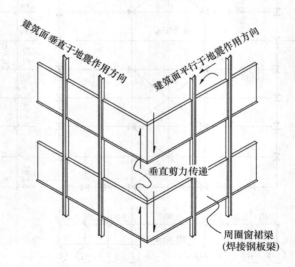

图 2.7-3　建筑转角处垂直剪力传递方式（框筒作用）

由此例可见，不设角柱都可以，为什么设了就必须很大？国外有不少框筒结构，角柱并未特殊加大，可以作为借鉴。

或许有人会以为作者所举例子年代太久，不足为训。实际上，从 60 年代后期开始，正是国外第一批框筒结构的建设时期，许多著名建筑物如纽约的世界贸易中心等等，皆在那个时期兴建。当时的经验，对于我们还是可以借鉴的。

五、筒中筒结构的内筒尺寸，不宜有所限制

有一些资料上，要求内筒平面尺寸不宜小于结构总外包尺寸的 1/3，或要求内筒的边长宜为总高度的 1/8～1/10，等等。这些要求，其实都可以松动，不必限制过严。

筒中筒结构所受侧力，由内筒与外筒共同承担，其分配比例，视内外筒之刚度比而不同。极而言之，如果没有内筒，则全部侧力皆由外筒承担，也是可行的。国外许多高层钢框筒结构和钢骨钢筋混凝土框筒结构，都不设内筒，而且内柱只考虑承受垂直荷载，不参与抵抗侧力。

既然不设内筒都可以，为什么有了内筒，倒要对其尺度有各种要求呢？正如上一节所说，框筒结构没有角柱也是可以的，有了角柱就非要多大，同样是不相宜的。

所以，只要结构工程师与建筑师配合得当，因地制宜，有一些条条框框是可以灵活处理的。以框筒结构为例，如果布置了内筒，不影响建筑使用，又能导致节约造价，当然以设置内筒为宜，设置内筒可以降低外柱的剪压比，多一道抗震防线，但是其尺度要按建筑物具体情况来布置，不能硬套规定，也不必强求其平面尺寸应当如何。

六、梁高度减小后，宽度不必很宽

现在，由于建筑方面的要求，梁的高度常须做得较小，主梁高度为跨度的 1/8～/12 的规定，早已不适用。不少工程中出现了扁梁，其特点是梁宽比梁高大得多，例如截面为 1000×600，1200×500 等，此种截面，导致梁的自重很大，楼板的混凝土折合厚度增加，结构自重也明显加大，而且还会带来梁柱节点区的构造问题。实际上在大多数情况下，梁的宽度无需如此之大。

造成梁宽过大的原因之一，是有些同志担心梁高减小后，刚度将不够，因而以加大宽度来弥补。实际上现浇 T 形梁的刚度，主要依靠翼缘、梁腹的宽度，对刚度影响并不大。对于一般高层建筑之楼层，非预应力钢筋混凝土现浇 T 形梁的高度，如取跨度的 1/15～1/18，刚度不致有问题。我院在这方面已有大量实践经验。还可参考国外经验。美国规范[3]，规定的非预应力混凝土梁的最小高度见下表（原规范表 9.5 (a)，作者删去了原表中关于单向板和单向密肋的条文）。

非预应力混凝土梁的最小高度

(不支承或接触易受大挠度损坏的隔墙或其他构造物时)

杆件	简支	一端连续	二端连续	悬臂
梁	$l/16$	$l/18.5$	$l/21$	$l/8$

注：表中数值可直接用于使用标准重量的混凝土（$W_c = 145lb/ft^3$，约合 $2.33t/m^3$）及 60 级钢筋（f_{yk}
$= 422N/mm^2$）。

如果梁高取跨度的 1/15 左右，在荷载和跨度不太大的情况下，宽度取 400～500 已足够。梁截面应满足：

1. $V \leqslant 0.20 f_c bh_0 / \gamma_{RE}$（抗震设计）

2. $x \leqslant 0.25 h_0$（一级抗震）

  $x \leqslant 0.35 h_0$（二、三级抗震）

3. 纵向受拉钢筋百分率 $\rho \leqslant 2.5\%$

以上第 2、3 条在计算时，皆可考虑受压钢筋 A_s' 之作用。一般情况下，梁支座的下铁皆有一定数量，所以第 2、3 条的要求较易满足。如果此三条皆已满足，则不必人为地将梁的宽度过分加大。

七、框架-剪力墙结构中，剪力墙之数量并无最低要求

（也即最少需布置多少道墙，并无规定）

《建筑抗震设计规范》GBJ 11—89 的 1993 年局部修订本第 6.13 条规定："框架—抗震墙结构中，当抗震墙部分承受的地震倾覆力矩不大于结构总地震倾覆力矩的 50% 时，其框架部分的抗震等级应按框架结构划分"。

作者体会这条规定的含义是，框剪结构中剪力墙（抗震墙）达到一定数量后，其框架的抗震等级可适当降低。例如，8 度区 60m 高的框剪结构，当剪力墙承受的地震倾覆力矩大于总地震倾覆力矩的 50% 时，其框架的抗震等级为二级，而剪力墙则为一级。但对于同样的结构，当剪力墙不能满足上述要求时，则框架仍应为一级，不应取为二级。也就是说，当有足够的剪力墙作第一道防线时，对框架的要求可适当降低，如果没有足够的剪力墙，则不能降低。（当然，结构高度超过一定范围，框架的等级也不能降低）。

综上所述，规范并未要求剪力墙必须承担多少百分比的地震倾覆力矩，也即对墙的数量并未规定下限。即使剪力墙的数量较少，在设计中也可考虑其参与抗震，但须注意：

(1) 剪力墙的位置须布置恰当，不要产生过大的偏心。

(2) 墙的承载力应满足要求。尤须注意剪压比应满足。

(3) 位移不超过规范要求。

我院的技术措施规定：在 8 度区，五层及五层以上的框架结构，应增设抗震

墙，也即改用框剪结构，其理由是：

（1）国内、外的震害经验表明，框剪结构的抗震性能，远远好于框架结构，其重要的一方面是侧向位移较小。我国的框架结构填充墙，常用刚性砌体材料，例如空心砖墙，这种墙体，对于侧向位移的承受力较差，即使遇到小震也常开裂，影响使用。

（2）在框架结构中，少量布置一些抗震墙，既可大大减少柱子的内力，使其截面和用钢量减小，又可增加一道防线。

但是布置剪力墙，常与建筑使用发生矛盾，可以在楼、电梯间布置，也可在外墙布置（壁式框架）。只要剪力墙与楼盖有较好连结，其两端不一定与框架柱相连。图 2.7-4 是一个 6 层仓库的剪力墙布置实例。

对于高层建筑，如按图 2.7-4 布置，应加强抗震墙与柱子之连系，且不应将全部抗震墙皆布置在外墙，中部也应布置墙（可利用楼电梯井筒等）。

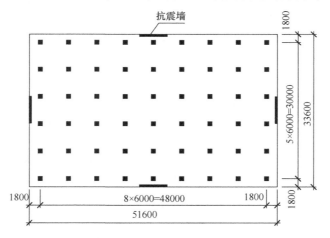

图 2.7-4　外墙布置抗震墙平面示意（图中粗线表示抗震墙）

八、剪力墙端部暗柱面积的取值问题

某些条文规定，剪力墙端部为矩形截面时，其暗柱的长度取 $1.5b_w \sim 2.0b_w$，b_w 为剪力墙厚度。（有些计算程序，则不论何种情况，一律将暗柱长度取为 $2b_w$，可能会造成浪费。）

这个规定，在过去房屋高度不很高，墙厚不大时，是可以的。但目前房屋愈来愈高，剪力墙厚度 >400mm 者已常见，厚度 800mm 甚至更多者也已出现，如暗柱长度仍按过去的 $1.5b_w \sim 2.0b_w$ 则其构造配筋将很多，可能造成浪费。特别是对于厚墙的较短墙肢，如图 2.7-5，斜线表示暗柱，可看出其明显不合理。

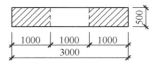

图 2.7-5

181

因此，我们建议，按不同的墙厚，取不同的暗柱长度：

（1）墙厚≤300mm，暗柱面积可取

$$A_c = 2b_w^2$$

（2）墙厚＞300mm，但≤400mm

$$A_c = 1.5b_w^2$$

（3）墙厚＞400mm，但≤500mm

$$A_c = (1.2 \sim 1.5)b_w^2$$

（4）墙厚＞500mm

$$A_c = (1.0 \sim 1.2)b_w^2$$

对于房屋底部加强区，可酌量加大暗柱面积，但也不宜过大，以免造成浪费。

但是，对于非对称截面剪力墙的暗柱面积，要特别注意其取值是否合宜。下面先介绍一些国外研究情况。

1985年智利大地震时，发现300多栋钢筋混凝土剪力墙结构的破坏较轻，但它们的混凝土墙边缘并无较好的约束。研究表明，由于这些房屋的结构体系刚度较大，使其在受到侧力时变形较小，因而破坏较轻。以Wallace为代表的一些学者对剪力墙结构进行了一系列研究，加州结构工程师协会（SEAOC）提出了新的设计建议，并由美国统一建筑规范（UBC）1994年版纳入规范条文。条文对于剪力墙结构的设计，由过去的强度控制改为位移控制（displacement-based design procedure for RC structural walls）。该规范规定，边缘构件的设置范围及构造要求，取决于轴力大小、剪跨比及剪应力大小，同时也取决于地震作用下的位移及墙端部的压应变。如果剪力墙的总截面面积与楼层面积之比值较大时，墙端部的约束构件（即暗柱）可能只需在底部几层设置。但也有学者发表文章，认为UBC规范对于剪力墙边缘构件的要求，在某些方面可能偏于不安全。例如非对称截面剪力墙及短周期结构（$T_1 \leqslant 0.5s$）。

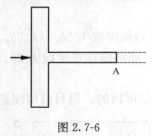

图2.7-6

图2.7-6是一个T形截面墙平面图。试验表明，当地震作用方向如箭头所示时，则翼缘中的所有受拉钢筋都可能达到屈服，而A处之暗柱如无足够的面积及约束箍筋，很可能压溃。

所以，独立的非对称截面剪力墙，如T形、L形等，端部暗柱的构造须注意。但此试验为独立的T形截面，如果如图2.7-6，A端为门洞边，洞宽不大、洞上过梁刚度较大（过梁由虚线表示），则情况就比独立截面好得多。反之，洞口较大，过梁较弱，则就近似于试验情况了。

从试验也可看出，如T形截面墙，在翼缘中配置过多钢筋，对抗震能力反而有害。这也可有助于我们判断程序计算的结果是否可以采用，对于那些导致翼缘配筋过多的结果，应该由设计人予以调整。

九、厚剪力墙的配筋方法

随着建筑物总高度的增加，剪力墙的厚度也在加大。目前，墙厚 400mm 者已常见，厚度 600mm，800mm 甚至更大者也已出现。对于厚剪力墙的分布钢筋的配置方法，需要研究。

我们从混凝土梁的箍筋配置方法，得到启发。一般当梁宽≥350mm 时，即配置四肢箍，目的是使受力较均匀。同理，剪力墙厚度较大时，如仍在墙的两个表面配两层纵横钢筋，对于受力是不利的。因此我们建议：

（1）当墙厚≤400mm 时，仍按纵横两层钢筋设置（图 2.7-7）。

（2）当墙厚＞400mm 时，可将钢筋分成三层、四层等设置（图 2.7-8、图 2.7-9）。

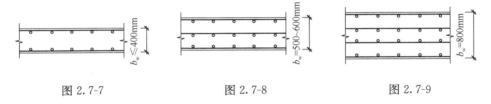

图 2.7-7   图 2.7-8   图 2.7-9

（3）当墙内设置三层钢筋时，可将计算所需 A_{sh} 均分为三份，每层钢筋各配 $A_{sh}/3$；设置四层钢筋时，各配 $A_{sh}/4$。

（4）以上第 3 点所述将 A_{sh} 均分为 3 份或 4 份，系指水平钢筋。至于竖向钢筋，宜在分配时，对外皮钢筋多分配一些。

十、关于钢筋的焊接接头

89 规范规定，在结构的重要部位的钢筋接头，应采用焊接。其他部位则优先采用焊接。这种要求，在目前情况下，似有不妥之处。因为：

（1）现在市上供应的钢筋，其化学成分并不十分稳定，尤其是与某些大钢厂"联营"的小企业，虽打着大钢厂旗号，其质量不一定可靠。北京已发生过钢筋因焊接而折断的事故。

进口钢筋的化学成分与国产者不同，对于其焊接工艺、焊条要求等，我们并不熟悉。有时限于各种条件，不一定能做可焊性试验等。

（2）焊工水平不高，缺少正规培训。

（3）缺乏正规检验。例如对于手工绑条焊接，一般只是外观检查而已。钢结构工程对于焊接有超声波探伤等要求，而钢筋焊接则没有。

在当前施工质量普遍欠佳的情况下，没有妥善检验的施工工法是不可靠的。

以上各点，包括电弧焊及电渣焊。

可以参考国外的作法。

1. 美国。美国钢筋协会（Concrete Reinforcing Steel Institute）出版了一本《钢筋-锚固，搭接与连接》[4]，其中提到：

"经验表明，人工电弧焊接可能是现有钢筋连接方法中最昂贵和最不可靠的方法。因为，如果认真执行规定，就需要：

① 每批钢筋都需化验；

② 采用预热处理；

③ 提供强度合适的低氢焊条，并需烘干；

④ 质量检验——不但费钱，而且有些质检本身也存在问题。X 光探伤，现场切割样品进行检验，等等。切割下的钢筋有用剖口对焊补上，而这剖口焊又是需要检查的。

没有这些检查，人工电弧焊（包括剖口对焊）是不能与机械接头相比的。"

美国混凝土协会规范 ACI318－89 中，对于抗震构件的钢筋采用焊接是有限制的：

"21.2.6 条……除非焊接有一个控制好的工法并有充分的检验，不允许在抗震构件中采用焊接方法。要特别注意，交叉钢筋的焊接将导致钢筋局部变脆。"

2. 英国 BS8110 修订版

7.6 焊接

7.6.1 概述

如有可能应避免现场焊接，当采用适当的安全保证和技术并且钢筋的种类具有所需要的可焊性时，可以现场焊接。然而，一切焊接通常应在工厂或车间在控制的条件下进行。操作人员的能力应在焊接之前以及在焊接过程中定期地加以检验。……

因此，我们建议如下：

（1）在规范修订时，重新考虑过分强调焊接是否妥当。

（2）在当前的工程设计中，不宜过分依赖焊接。搭接接头如果部位合适，措施得当，其可靠程度至少不低于焊接接头。

（3）积极推广机械接头，包括锥螺纹接头和套管挤压接头。

十一、关于对钢筋接头要求的商榷

我们现在的规范，要求钢筋接头在做受拉试验时，必须断在母材上，不能断在接头处。作者认为这种要求似乎过高。

图 2.7-10 是软钢的应力-应变曲线。我们在设计构件时，有关的是 f_{yk} 和 f_y，而不是抗拉强度 f_{stk}，所以国外规范（例如美国和日本）对于钢筋接头，都要求

其强度大于 f_y 若干百分比，美国要求钢筋机械接头之强度不小于 $1.25f_y$，日本则要求 $1.35f_y$，都没有要求不得在接头处拉断，必须断在母材上。

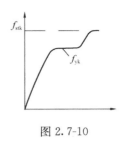

图 2.7-10

在第十节中，作者建议积极推广机械接头。目前推广此种接头的主要障碍之一，是机械接头的价格偏高，而价格偏高的原因之一，是对于机械接头的要求过高，也即本节所述必须断在母材上。所以，对于过去我们认为理所当然的各种规定、要求，是否合理，似乎应该重新研究一番。结构当然要安全，但安全也宜有一个度，不是越安全越好。安全与节约，应有机地结合考虑。

十二、抗震结构中的某些构件，可以不按抗震构造要求考虑

在第五节中曾提到，国外的框筒结构，除周围的密排柱承受侧力外，中间的内柱在设计时并不考虑它承受侧力，因而在构造上可以简化（当然还要考虑此种内柱承受水平位移的能力）。在抗震框架结构设计中，如果该结构在横向共有 5 榀框架，可以将其中 3 榀按抗震框架设计，承担该方向的全部侧力，其余 2 榀则只承受竖向荷载。这些做法，有可取之处，当然在我国，一时尚不能推行，然而，设计人员知道在一个抗震结构中，并非每一个构件都必须按抗震要求进行设计、构造，对于提高概念水平，更灵活地进行工作，是有好处的。

在按我国规范设计范围内，也可以在一个抗震结构内，将某些构件作为非抗震构件来设计。

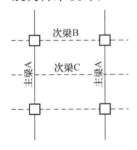

图 2.7-11

如图 2.7-11 为一个抗震框架的楼层平面中的一个区格。实线表示主梁，虚线表示次梁。次梁 B 与柱子相连，参与抗震工作。次梁 C 不与柱子相连，因而不参与抗震。所以次梁 C 的构造可按非抗震的要求，例如，梁端箍筋不需按抗震要求而加密，仅需满足抗剪强度要求以及非抗震的构造要求；又如，梁端底部纵筋伸入支座长度，无需 l_{aE}，仅需 $10\sim15d$ 即可。

另一个例子是筏板基础中的地基梁。这种梁因荷载很大，所以截面通常很大，它的刚度，远比所承托的柱子大，因此在强震时，塑性铰可能产生在柱子根部而不会发生在梁内（图 2.7-12）。所以，这种地基梁无需按延性要求进行构造配筋，也即可按非抗震设计。梁端箍筋无需很密（满足强度要求即可），梁的纵筋搭接及伸入支座的锚固要求等等，都可按非抗震设计。由于地基梁的配筋很多，所以，放宽构造要求所节约的钢材是很

图 2.7-12

可观的。

十三、一些构造配筋概念的误区

有人以为，钢筋混凝土构件之间力的传递，要依靠一个构件的钢筋架在另一个构件上，或依靠一个构件的钢筋勾住另一个构件的钢筋，这种概念，似是而非，常使我们的配筋构造和施工，产生不必要的麻烦。试举几例如下：

1. 次梁的下部纵筋，必须架在主梁的下部纵筋之上，错。

钢筋混凝土构件之间的力的传递，乃依靠钢筋与混凝土共同作用，能承担传递弯矩、剪力等内力，决非依靠几根钢筋的架立的力量。试想下部纵筋再大，直径也不超过 40mm，有几十千牛的力量，就足以将它压弯，而次梁传给主梁的力，常十倍乃至几十倍于几十千牛。所以很明显，力的传递不依靠钢筋架住它。

图 2.7-13

一般情况下，次梁截面高度宜小于主梁高度，但在特殊情况下，次梁高度可以大于主梁高度，只要构造措施得当，计算准确，可以保证安全。如图 2.7-13。次梁底部纵筋应伸入主梁并按受拉锚固，次梁的抗剪承载力在计算时不按 h 而按 h_1 考虑。

2. 主梁的纵筋必须勾住次梁，错。

图 2.7-14 表示某些工程上的做法。次梁支承在悬挑主梁上，主梁的上部纵筋弯折多次以勾住次梁，以为非如此，次梁的荷载将不能传至主梁，这是错误的概念，理由同上一例。次梁传至主梁的荷载常达几十千牛或更多，决非几根钢筋所能勾住，它依靠的是钢筋与混凝土的共同工作。只要次梁与主梁交接的截面上，抗剪承载力足够，采用如图 2.7-15 的构造做法是没有问题的，我们在工程实践中多次用过。假设悬挑主梁纵筋为 4Φ25，在梁端可弯下 2Φ25，一是可以抗剪，更重要的是使梁端上铁不至过密，便于施工时可以下混凝土和下振捣棒。在设计时注意便于施工是非常重要的，如果布筋过密，使混凝土浇捣困难，以致混凝土质量不好，则设计得再好也会出问题。这方面不少设计人员是注意不够的。

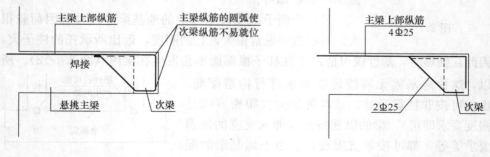

图 2.7-14

图 2.7-15

十四、后浇带不能代替温度伸缩缝

目前建筑物尺度不断增大，超长建筑物常有出现。为了减少温度变化对结构的影响，我们常要求布置温度伸缩缝。但这常与建筑的立面处理、防水等发生矛盾。尤其在地震区，伸缩缝的宽度须符合防震缝的要求，更使立面处理等等产生困难。因此，建筑师常要求结构工程师不设或少设伸缩缝，有时还提出用后浇带代替伸缩缝。结构工程师也有赞同此种意见的，作者以为不妥。

后浇带的作用之一，是因为结构区段较长，当现浇混凝土凝固时，容易产生干缩裂缝，因此将楼板划分成 20～40m 的区格，用后浇带分开，用减少楼板浇灌区格的长度的方法，以减少干缩的影响。在混凝土干缩过程大都已完成时，即可将后浇带灌注混凝土。后浇混凝土凝固完成后，后浇带即应视作不复存在，楼板成为较长的区段，此时，如果受温度变化的影响，后浇带就不能再起任何作用了。

如果伸缩缝间距过长，可以采取以下几种方法，我们在工程中有过下列实践：

1. 加强屋面的保温隔热措施。除保温层适当加厚，并采用有效的隔热方法，例如，在屋面上设架空层，以减少太阳辐射对混凝土屋面板的直接影响。

2. 适当配置温度筋。配置直径较小（一般用 $\phi 8$），间距较密（150mm 左右）的温度筋，能起到良好的作用。

3. 如能在混凝土板内设置预应力筋，使板保持一定的预压应力，对于防止温度收缩裂缝是有效的。美国规范要求压应力不小于 $100 lb/in^2$，约合 0.7MPa。

其他方法不一一列举。

十五、更好地运用概念设计

现在许多同志都在提倡概念设计，这是好事。因为实际工程千变万化，不是几本规范或几个公式所能包括的，必须由设计人因地因时制宜，寻求较好的解决方案。

但是，有些书上说的概念设计，多是些大的原则、方案方面的问题，实际上我们在设计工作中，经常会遇到概念问题，它并不空洞，可以说经常存在。作者在本文中提出的 14 个问题中，也包含着如何运用理论力学、材料力学和结构力学等等的基本概念去思考问题的想法。一些人为设置的条条框框，是可以松动的，但是数学力学和材料等方面的基本原理则是不能违背的。作者相信，如果我们大家都能运用概念设计，不拘泥于某些条条框框，敢于创新和突破，我们的设计工作就会做得更好。

参考文献

[1] 何颐华等：某高层办公楼套箱基础-框架体系协同作用的测试研究，建筑结构学报，1988年第 5 期。

[2] Agustin Mazzeo L.，Arnim De Fries：Perimetral Tube for 37-story Steel Building，Journal of the Structural Division，June，1972，Proceedings of ASCE.

[3] Building Code Requirements for Reinforced Concrete(ACI 318-89).

[4] Reinforcement. Anchorages，Lap Splices and Connections-Concrete Reinforcing Steel Institute，1990.

[5] Uniform Building Code，Vol. 1，1994.

[6] John W. Wallace：Evaluation of UBC-94 Provisions for Seismic Design of RC Structural Walls，Earthquake Spectra，Vol. 2，May 1996.

2.8 关于框筒结构的设计

（原文刊于《建筑结构学报》1998 年第 4 期）

程懋堃

On the Design of Framed Tube Structures

Cheng Maokun

Abstract：This paper presents the author's personal experience and under-standing drawn from his work on the design of framed tube structures. It can be served as a reference for the designers of such structures.

Keywords：framed tube structure，highrise building structure，structural design

框筒一词，系由英文 framed tube 翻译而得，意即由框架形成的筒体。它一般由布置在建筑物周边的、间距不太大的柱子以及窗裙梁（spandrel beam）组成。这种结构，最早在 60 年代由美国工程师 Khan 应用于高层建筑中，以后由于它抗侧力刚度大和经济指标好，迅速得到广泛应用，并衍生出若干种变化形式，如筒中筒，成束筒等等。

Khan 曾经建议，将高层建筑划分为三类：

1）低高层建筑：层数少于 40 层；

2）中高层建筑：层数由 40 层至 100 层；

3）超高层建筑：层数超过 100 层。

他并建议，由于超过 40 层的建筑物，结构设计常由侧力控制，所以不宜再依靠建筑物内部的抗侧力构件（如核心筒，内部剪力墙等）抵抗侧向荷载，因为这样做很不经济，而应当由建筑物周边的构件，如框筒、外墙交叉支撑等等来抵抗侧力。这样做，刚度大，经济性好。

国外的高层建筑，基本是按照此规律做的。因为在市场经济中，结构用料的节约，是一个重要因素。框筒结构经济性好，设计、施工皆较简单（较之交叉支撑等结构，杆件简单得多），所以应用比较广泛。

国外的框筒结构，绝大多数采用钢结构。20 世纪 80 年代开始，美国建造了一批高层组合结构，其周边均为钢骨混凝土柱（采用高强混凝土），用以承受侧力（因为混凝土的阻尼比，较之钢结构大得多，适合于受侧移控制的结构）。内部则为只承受竖向荷载的钢柱，但也需要有一定的抗侧向变形的能力。这种钢柱，大多选用轧制的宽翼缘工字钢。

我国自改革开放以来，高层建筑的数量与高度都在猛增，其中有一定数量采用了钢筋混凝土框筒结构。这种结构，不易做到强柱弱梁，且常形成短柱，裙梁的跨高比也常较小，这些都是对于抗震不利的一面。并且在国外的历次强震的调查报告中，尚未见到有钢筋混凝土框筒结构承受强震的报道。因此作者建议，在我国的 8 度区及 7 度Ⅵ类场地区，采用钢筋混凝土框筒结构建造 30 层以上的建筑时，宜谨慎从事。最好采用钢骨混凝土（SRC）柱。此外，并宜注意加强柱子的变形能力，例如用螺旋箍筋，包括圆形螺旋箍及矩形螺旋箍；注意做到强柱弱梁；在抗侧刚度允许时，增加裙梁的跨高比，最好能不小于 4。

在另一方面，对于适宜于选用框筒结构（包括筒中筒结构）的工程，却常常因各种不合理的规定而影响了它的适当应用，或在应用时出现截面选择不当、柱距要求过严等问题，下面分别论述有关的一些问题。

在论及框筒结构的各种设计问题之前，想先就一个名词——框架-筒体结构，加以讨论。

在 89 抗震规范中，将多、高层钢筋混凝土房屋，按其抗侧力特征，分为框架结构、框架-抗震墙结构（即框剪结构）、抗震墙结构（即剪力墙结构）和筒体四大类，其中筒体分为框架-核心筒和筒中筒，这是正确的。但是在有些资料中，又出现框架-筒体结构这一名词。实际上，所谓框架-筒体结构，乃是框架-核心筒结构，其受力机制与框剪结构基本一致，只不过其剪力墙在平面上形成了封闭的口字形，但是其抗侧力特征，与框-剪结构并无本质区别，因此，作者以为，并无必要另起一个新名词，区分一个类别。从《高规》的表 2.1.2、表 2.1.3、表 4.9.3、表 5.1.2-2 等，就可看出，无论是适用高度、高度比限值、层间位移限值和抗震等级的划分等等，都是将框架-筒体结构和框架-剪力墙结构等同对待，也就是承认它们是同一类型的结构，那么，为什么还要另起炉灶，另立名词呢？

框架-筒体结构这个名词，还有一个缺点，就是容易与框筒结构混淆。其实这两种结构的抗侧力特征完全不同，前者主要依靠形成封闭筒体的剪力墙抵抗侧力，后者则主要依靠建筑物周边的框架抵抗侧力。

笔者希望，今后不再使用框架-筒体这种似是而非的名词。在国外，对于框架-剪力墙结构，称作 frame-shear wall，对于剪力墙形成筒的，称为 frame-core wall 即框架-核心筒结构，这个名词，比框架-筒体结构，较为不易混淆。

在一些规范（程）、资料中，对于框筒（包括筒中筒）结构，提出一些比较具体的要求和建议，例如：

1）内筒的边长宜为高度的 1/8～1/10；

2）角柱面积可取中柱的 1.5～2 倍，并可采用 L 形角墙或角筒；

3）内筒宜贯通建筑物全高，竖向刚度宜均匀变化；

4）外筒柱距不宜大于层高，宜小于 3m；外墙面洞口面积不宜大于墙面面积的 50%；

5）矩形平面的长宽比不宜大于 2，当大于 2 时，宜在平面外另设剪力墙或柱距较小的框架将筒体划分为若干个筒，各筒之间的刚度不宜相差太大；

6）外筒的柱距宜相等；

7）内筒与外筒之间的距离，对非抗震设计，不宜大于 12m，对抗震设计，不宜大于 10m。超过此限值时，宜另设承受竖向荷载的内柱或采用预应力混凝土楼面结构。

以上 7 个问题中，前两个问题，即内筒的边长及角柱的截面不必有所要求，作者已在其他文章中有所论述，不再重复。下面将就其他相关问题，分别提出个人见解，以供参考。

一、关于内筒是否应贯通建筑物全高

作者前已论述，框筒结构不一定必须设置内筒，当然设置内筒有其一定优点，但不是必需的，国外设计的框筒结构，大多数不设置内筒。

内筒的尺度，应当由使用要求来确定。一般在内筒中设有电梯间、楼梯间、机电房间、管道竖井、男女厕所等。其中电梯间的面积占整个内筒面积的比例较大，而且 30 层以上的高层建筑，电梯往往划分为高速高层电梯及中速低层电梯等若干组，在使用上，常要求低层电梯组不通向高层，因此，要求内筒的面积，上部比下部小。如果拘泥于"内筒必须贯通建筑物全高"的要求，有时会造成建筑面积的浪费。

作者认为，当外框筒的抗侧刚度占总刚度的比例较大时，内筒的面积在竖向可以有所变化。因为这种变化，对结构的总侧向刚度的影响比例不是很大，只要在构造上采取适当措施即可。

二、"外筒柱距不宜大于层高，宜小于 3m；外墙面洞口面积不宜大于墙面面积的 50%"

这些要求都过于严格。虽然在字面上用了"宜"字，但许多设计、监理等单位是照此执行的，这就可能形成一些不合理的设计。

限制外框筒的柱距，无非是想增加结构的抗侧刚度和减少框筒结构的"滞后效应"。但是，滞后效应是不能避免的，无非是滞后程度的大小而已。如果一个框筒结构，虽然柱距稍大（超过4m），裙梁跨高比（宜取净跨）也较大，但抗侧刚度和强度都能满足要求，那就不一定拘泥于"柱距不大于层高和3m"。下文所举5个工程实例，其柱距都等于或大于4m，可为例证。

至于外墙面开洞率不宜大于50%的提法，也是不妥的，因为这种提法，容易形成误导，以为外墙洞口面积越小越好。如果片面追求减小外墙开洞率，将使裙梁的跨高比太小，柱子实际形成墙垛，使外框筒实际成为开口剪力墙。这些，对于抗震都是不利的。

下面举几个国内外钢筋混凝土（钢骨混凝土）的工程实例。

1. 海口金融大厦（见图2.8-1）。52层，筒中筒结构，设防烈度8度。外框筒柱子中距4m，柱截面1×1m（SRC），内外筒之间的距离为12m，裙梁高度1m，层高3.3m。

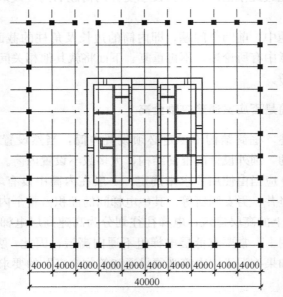

4000 4000 4000 4000 4000 4000 4000 4000 4000 4000

40000

图2.8-1 海口金融大厦

楼面结构为中距4m的焊接工字钢梁，其上为100mm厚钢筋混凝土现浇板，考虑板与钢梁的共同作用。

2. 南京新街口百货商场（见图2.8-2）。61层筒中筒结构，设防烈度7度。外框筒柱距4.8m，柱子截面1.0×1.4m至1.0×1.0m。从第8层往下，柱间距为9.6m，柱截面1.2m×1.8m（SRC），转换梁1.4m×3.4m。标准层裙梁高度0.7m，层高3.3m。内外筒之间的距离为9m。

以上两个工程，皆由北京市建筑设计研究院设计。

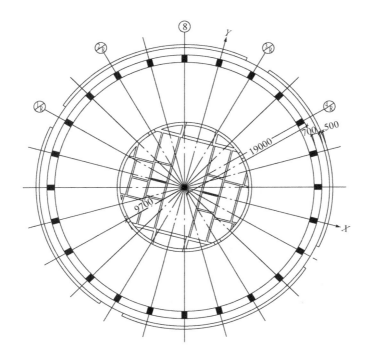

图 2.8-2 南京新街口百货商场主楼标准层平面

3. 厦门电信大厦（见图 2.8-3）。66 层，筒中筒结构（外筒外径 43.3m，内筒外径 16.7m，内筒相对较小，筒壁也较薄）。高防烈度为 7 度。外框筒柱子中距 4.85m，柱截面由 1.5m×1.5m 至 1.0m×1.0m。裙梁高度 1.2m～1.1m。层高 3.6m。

本工程为美国 SOM 公司与上海建筑设计研究院设计。

4. 马尼拉 Lopez 大厦（见图 2.8-4）。60 层，高 250m，框筒结构。按美国地震分区法为 4 区，约相当于我国 9 度。外筒柱子中距 4.24m，无内筒。外柱为钢筋混凝土，内柱为钢柱，全部侧力都由外框筒承担。裙梁高度 0.825m，层高 4m。

本工程由美国 SOM 公司设计。

5. 香港中环大厦（见图 2.8-5）。78 层框筒结构，不考虑地震，但风荷载很大。外筒柱子中距 4.60m，柱截面最大 1.5m×1.5m，往上逐步减小至 1.5m×0.7m。裙梁高度 1.1m，层高 3.6m。虽设有内筒，但在转换层以上，内筒只承担风荷载产生剪力的 10%。

在三层的顶部设有转换层，转换大梁 2.8m×5.5m，大梁底部有 1m 厚的板以便将外筒的风载剪力（外筒承担 90%）传递至内筒。大梁以下之柱距为 9.2m，三层高的独立柱，高 25m，直径 2.6m。

本工程结构设计由英国 Ove Arup 公司承担。

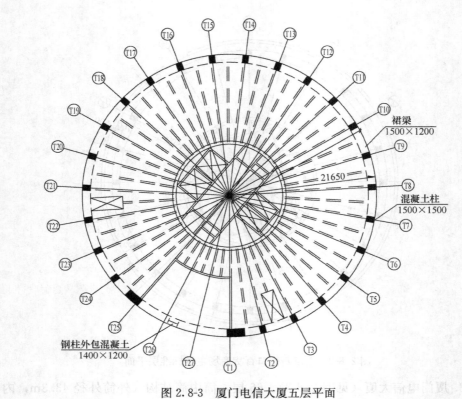

图 2.8-3　厦门电信大厦五层平面

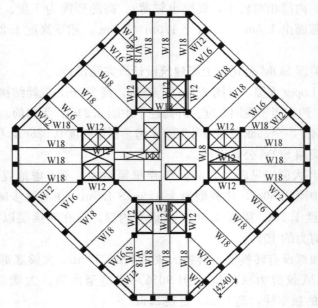

图 2.8-4　马尼拉 Lopez 大厦

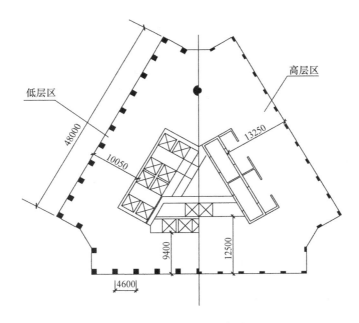

图 2.8-5　香港中环大厦

　　从以上 5 个例子可以看出，除海口金融大厦柱距为 4m 外，其余每个工程的柱距都超过 4m。这些工程，有风载很大者（其基底剪力超过我国 8 度设防时的基底剪力），有 7 度、8 度、甚至 9 度设防者。因此，作者认为，框筒结构柱距的大小，不能以一个固定数来限制，也不能规定宜小于层高。至于外墙开洞率，前述新街口百货与 Lopez 大厦，都超过 60%。

三、"矩形平面的框筒结构，长宽比不宜大于 2，……。"

　　框筒结构的平面形状，当然以正方形、圆形为好，如为矩形平面，当其长度比较大时，在长边中间的若干根柱子，由于剪力滞后的原因，起的作用可能不太大。但由于建筑立面以及竖向荷载等要求，中间柱子的截面，常不能减小，由此可能造成材料上的一些浪费，但这绝不意味着，长宽比大于 2 的框筒结构，就不允许设计。图 2.8-6 是一个平面长宽比大于 2 的框筒结构，当侧力作用方向如图中剪头所示时，长边的中间 5 根柱子，由于剪力滞后的效应，所起作用较小。如果我们在图 6 的平面中，假设长边中间 5 根柱子不存在，转化成图 2.8-7 所示，成为两个抵抗侧力的槽形平面的框架，如果这两个槽形平面所形成的框架，在刚度和强度上都能满足要求，则这种结构也是可行的。

　　有时建筑师愿意将框筒结构的柱距有所变化，也并非不可。上一节所介绍的马尼拉 Lopez 大厦，柱距就不相等。又如图 2.8-6 所示，如果将长边上有×符号的柱子取消，对受力并无多大影响，也是可行的。

因此，不能一概而论，认为矩形平面的框筒，其平面长宽比就不能大于 2；也不能说，框筒结构的柱距，必须相等。至于说，平面长宽比如果大于 2，就必须采取如何如何的措施，也不能一概而论，要视具体情况而定。

图 2.8-6　平面长宽比大于 2 的矩形平面　　　　图 2.8-7　将矩形平面简化的结果
　　　框架（箭头表示侧力方向）

四、关于内外筒之间的距离

内外筒之间的距离大小，对于筒中筒结构的受力性能，影响不大。一般宜由建筑师按业主要求，在其方案中确定。当然，还应考虑内外筒之间的距离较大时，所选用的楼层构件的高度对于建筑层高的影响，等等。但是，不宜由结构规定一个固定数字，不能超过。这样容易影响使用的合理性。美国在建造高层办公楼时，其内外柱之间的距离，常为 40ft（约 12m），并无抗震非抗震之区分。我们在设计海口 52 层办公楼时（8 度设防），内外筒的距离为 12m，超过了规定。

五、关于顶部环梁和加强层

有的资料认为，筒体结构应在顶部设置刚度很大的环梁，以加强结构空间受力，减少结构侧移，提高抗震能力。这种说法，不一定正确。

众所周知，框筒结构承受侧力时，其翼缘框架都会出现"剪力滞后"现象。其滞后程度，与柱子间距、截面、裙梁截面等都有关。如果滞后程度较大，且由此导致总体抗侧力刚度不能满足要求，则适当设置刚度较大的环梁，可能有所帮助。反之，如果抗侧刚度已能满足要求，则环梁就不必设置。总之，顶部环梁不是必需的。

为减少高层结构的侧移，常采用的更有效的方法，是在结构的顶部或中部（可利用避难层、设备层）设置刚度较大的交叉梁或交叉桁梁，以减少结构的侧移，详见文献（3）。著名的马来西亚吉隆坡双塔结构（Petronas Twin Towers），塔尖高度 450m，共有 88 个使用层，在其第 38 层的设备层（层高为标准层的二倍）中，由内筒伸出四道伸臂梁（outrigger beams）与外圈柱子相连，用以增加抗侧能力。请注意该工程只设置了一道加强结构。

在我院设计的南京新百工程（61 层）中，我们进行了反复试算，认为不设置加强层也能满足侧移的限值，因此整个结构并未设加强层。

所以，第一，加强层（即纵横方向的交叉刚性梁或桁梁）可以设置，但并非每个工程都必须设置；第二，加强层的部位可以在顶部或中间，不一定必须在顶部；第三，环形大梁对于加强整体刚度，减少侧移的效果，不如交叉伸臂梁；第四，加强层将导致该层的刚度突变，并影响到其相邻上下若干层，对此应做细致分析，并加强构造措施。

六、框筒结构的周边柱子，可部分取消

有时，为了使用上或立面变化上的种种原因，需要将框筒结构的周边柱子，局部抹掉一二根，甚至去掉一部分，这在采取适当措施后，也是可行的。下面举两个例子：

1. 厦门电信大厦。该工程由于建筑师想在立面上形成螺旋式的"空中花园"，因此在每隔三层的不同部位，去掉两根柱子（见图 2.8-8、图 2.8-9、图 2.8-10）。结构采取的措施是：加强去掉柱这部分的两侧，以补偿去掉的柱子；在中间加一根钢骨混凝土斜柱。这样立面上既丰富，又不致影响结构的强度与刚度。

2. 德克萨斯商业大厦（Texas Commerce Tower in Houston）

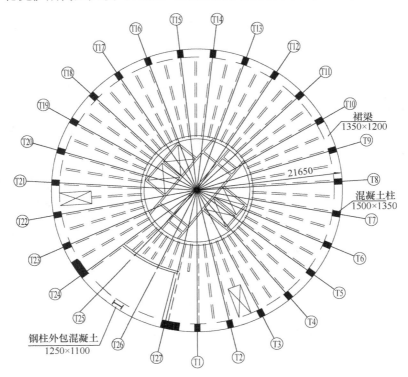

图 2.8-8　厦门电信大厦八层平面

197

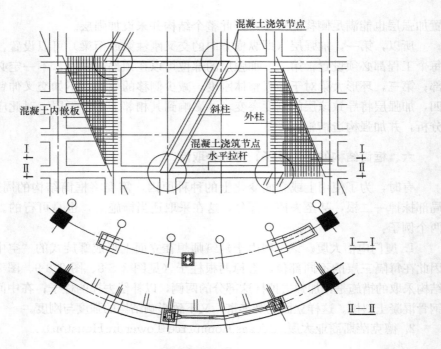

图 2.8-9　标准的外墙开孔处布置展开图

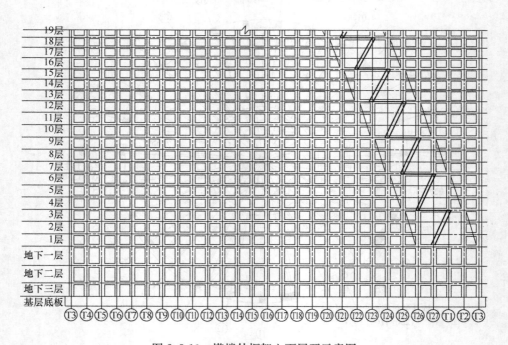

图 2.8-10　塔楼外框架立面展开示意图

75层的德州商业大厦位于休斯敦市中心区。该工程为框筒结构，层高4m，周边柱子中距10ft（3.05m）裙梁高5ft（1.5m）。由于建筑要求，在原有正方形轮廓上切去一个角（见图2.8-11、图2.8-12），切角后该处净跨长为26m。为弥补切角处的刚度削弱，设计者利用该处之电梯井墙，形成一个浅槽形截面的钢骨-钢筋混凝土剪力墙，厚600mm。外墙开口的两侧为巨大的三角形钢筋混凝土墩子，每层有刚度很大的拉结梁（组合钢梁）将侧力传至剪力墙。

外墙框筒柱为组合柱，每柱内设一根 A36 宽翼缘工字钢，楼层为工字钢梁上浇轻混凝土板，施工速度很快，标准层 3 天 1 层。

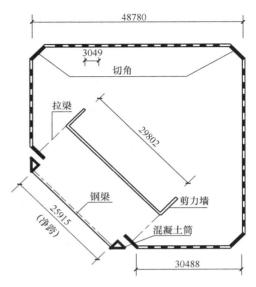

图 2.8-11　图示"开口筒"拉梁、剪力墙尺寸

休斯敦为非地震区，但常受飓风袭击，风荷很大。此例可以说明，框筒结构的周边柱子，在采取适当措施后，可局部取消。

七、关于建筑物的限制高度

由于框筒结构主要适用于高层结构，因此本文顺便提一下关于建筑物的限制高度问题。

在我国现行规范中，有一个"适用的房屋最大高度"，如抗规的表 6.1.1，高规的表 4.2.2. 有些人把"适用的最大高度"理解为"限制高度"，例如在 8 度区，框-剪结构的适用高度，上述二个表中为 100m，因此就以为，这就意味着在 8 度区的框-剪结构的高度不能超过 100m。这是误解。

所谓适用高度，意思是该规范、规程中的各项规定内容，只适用于表中所规定高度以下的房屋。如果所设计的房屋高度超过了表中规定的高度，则规范、规程的内容，不一定完全适用，要由设计人自行揣酌考虑采取何种加强措施，以保安全。

编制规范的根据之一，是工程实践经验。我国现行规范，是在 20 世纪 80 年代初期开始编制，至 20 世纪 80 年代中期基本完成。当时我国已建和在建的混凝土高层建筑不是很多，高度一般不太高，总高度超过 100m 的很少。由于实践经验不够多以及其他原因，当时规范规定的适用高度就较低。近年来我国建设事业一日千里，高层建筑数量既多，高度也日益加高，这样，原规范所规定的"适用高度"就显得不够用了。但并不存在规范有限高的规定。

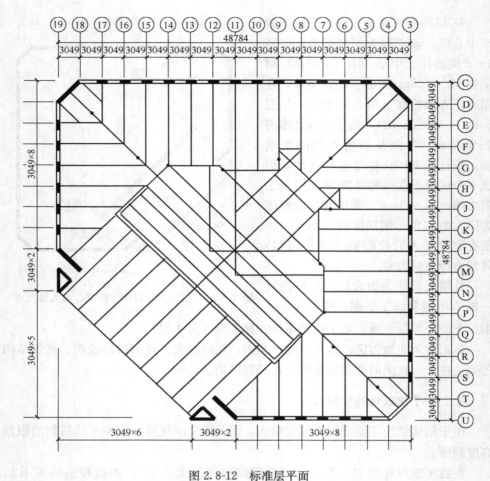

图 2.8-12　标准层平面

目前我国各种主要规范，都在着手修订，估计在适用高度方面，会比现行规范有所提高。但即使是按现行规范设计，也不存在一个"限制高度"的规定。

参考文献

[1] Besjak, Charles M. and Zils, John J.：Chanllenges For High-Rise Building Design：A Case Study of Rockwell Center ，Manila，Philippines，1997.

[2] 程懋堃：关于高层建筑结构设计的一些建议，建筑结构学报，1997 年第 2 期。

[3] 程懋堃：对于"高层钢筋混凝土建筑结构抗震设计的一些建议"一文的商榷，建筑结构，1994 年第 12 期。

[4] Hamdan Mohamad，Stephen Tong：The Petronas Twin Towers，Malaysia，Structural Engineering International，August 1997.

2.9 关于板柱结构的适用高度

（原文刊于《建筑结构学报》2003 年第 2 期）

程懋堃

摘要：在美国及其他一些国家，板柱结构是最常被采用的结构形式之一。它的使用灵活，建筑净空较高，易于施工。但它的抗震性能究竟如何，令人怀疑，而震害又屡有发生，板柱节点的脆性破坏，如何防止？

本文介绍了国外一些板柱结构的震害情况以及其原因的分析，并介绍国外规范对板柱结构的要求，结合新的抗震规范，作者提出一些设计建议供参考，使板柱-抗震墙结构可以建造得较高，以满足使用上的要求。

关键词：板柱结构；板柱节点；震害；冲切破坏

中图分类号：TU398　　文献标识码：A

Suitable height of flat plate-shear wall structure in seismic zone

CHENG Maokun

(Beijing Institute of Architectural Design and
Research，Beijing 100045，China)

Abstract：In USA and other countries，one of the most common floor systems is the flat plate，It provides architectural flexibility，more clear space，less building height，easier formwork and consequently shorter construction time. A serious problem that can arise in flat plate is brittle punching failure due to transfer of shearing forces during strong earthquake. Some effective design suggestions are given in this paper as a reference to the structural engineer so that he can design a higher building other than those specified in the "Code for Seismic Design of Buildings（GB 50011—2001）".

Keywords：flat plate column structure; plate-column connection; earthquake damage; punching shear failure

一、板柱结构的适用高度

板柱结构是一种经常被采用的结构体系，它具有不少优点，如施工支模及绑扎钢筋较为简单；结构本身的高度较小，便于管道的布置；可以减少建筑物的层高，从而降低建筑物的造价等等。但由于这种结构在遭受较强地震作用时，其板柱节点的抗震性能不如有梁的梁柱节点。此外，地震作用产生的不平衡弯矩要由板柱节点传递，它在柱周边将产生较大的附加剪应力，当剪应力很大而又缺乏有效的抗剪措施时，有可能发生冲切破坏，甚至导致结构连续破坏。

因此，新的《建筑抗震设计规范》CB 50011—2001[1] 中，对于板柱-抗震墙结构的适用高度，作了较严格的规定。但是，在实际工程中，对于采用这种结构还是有大量需求的。本文的目的是想提供一些措施，使板柱-抗震墙结构可以建造得更高一些，以满足实际需求。

1. 板柱结构震害实例

（1）美国阿拉斯加州于 1964 年发生一次强震，造成该州首府安克雷季市及其他地方的许多破坏。其中，有一个倒塌房屋的例子：一栋六层公寓楼，是框架-核心筒结构，名曰"四季公寓"，核心筒为钢筋混凝土，框架为宽翼缘工字钢柱及无梁平板组成。该工程刚建成尚未投入使用，即遭到地震，全楼倒坍，幸好未伤人。

美国政府在事后委托著名的林同炎（LIN T. Y.）设计事务所研究其破坏原因。经过详细分析及现场调查，认为倒坍原因主要是核心筒的基础伸上来的钢筋长度不够，与上部筒体钢筋的搭接长度太短，最短者仅 $10d$，因而在地震反复荷载作用中，搭接失效，导致筒体倾覆，连带使钢柱构成的板柱框架倒坍。

（2）阿尔及利亚 1980 年地震时，一座巨大的商场公寓楼（Ain Nasser Market）倒坍，使三千人被困其中，最后死亡数百人。该建筑为三层双向密肋平板结构（无梁平板的一种），首层为超市，层高较高，使柱子显得细长，二三层为公寓，地震后完全破坏倒坍。板柱节点抗弯承载力较小，是破坏的主要原因。

（3）1985 年墨西哥地震，不少板柱结构破坏严重，有许多情况是板柱节点处柱子挠曲及剪切破坏。也有不少情况是板柱节点处板的冲切破坏。许多文章都已详细介绍，这里不再重复。

2. 关于板柱结构高度的有关规定

由于板柱结构（无抗震墙者）抗震性能较差，北京市建筑设计院 1992 年出版的《结构专业技术措施》中规定，在抗震设防烈度为 6 度的地区，层数不能超过四层，房屋总高不能超过 16m，7 度区为三层及 12m，8 度区为二层及 8m（以上指未设置抗震墙的板柱结构）。

《建筑抗震设计规范》GB 50011—2001 对于板柱结构作了比较严格的规定。

例如，对于适用最大高度，板柱-抗震墙结构在 6、7、8 度区，分别为 40、35、30m；抗震墙应能承担全部地震作用，板柱部分应能额外承担全部地震作用的 20％；沿两个主轴方向通过柱截面的板底连续钢筋，有数量上的要求（按抗震规范 6.6.9 式计算）等等。

在抗震规范的表 6.1.1"现浇钢筋混凝土房屋适用之最大高度"中，有框架及框架-抗震墙结构，也有板柱-抗震墙结构，但是没有不设抗震墙的板柱结构。它的意思，是不推荐采用不设抗震墙的板柱结构。

此外，目前有一种说法：抗震规范对于各种结构体系的房屋，都有一个"限制高度"，这是一个误解。的确，包括过去的 GBJ 11—89 以及新出版的 GB 50011—2001 的第 6 章的表 6.1.1，都提出了"适用的最大高度"，但这并不是"限制高度"。它的含意是，在使用该规范进行设计，并遵守规范规定的计算、构造等一系列要求，各种结构体系在各设防烈度时，该规范的适用范围是多少高度。例如，在 8 度区，框架-抗震墙按该规范设计时，适用到 100m 高度。如果建筑物高度需要高于 100m 时，就需要采取比规范内容更严格的措施（包括计算与构造），并经过规定的审查，只要符合要求，是可以超过抗震规范表 6.1.1 中的高度的。

新编制的《高层建筑混凝土结构技术规程》JGJ 3—2002 中，有两种"最大适用高度"，A 级和 B 级，其中 A 级的适用高度，与抗震规范完全相同，B 级则普遍比 A 级提高不少，其依据就是在计算和构造的要求方面，比抗震规范所规定者，又进一步严格，因此，在"适用高度"方面可以进一步放宽。总之，并无"限高"的说法。如果限制高度，只许建多少米，岂不是限制了科技的进步？

新的抗震规范 GB 50011—2001 中，对于板柱-抗震墙结构的适用高度，规定得较低，6、7、8 度区，分别为 40、35、30m，这对于一般高度建筑，例如办公楼，是远远不够用的，在 8 度区，30m 只能建 8 层。

是否可以建得更高一些？可以先从震害分析着手。

美国阿拉斯加四季公寓的倒坍，往往被认为是板柱-抗震墙结构抗震性能不好的一个例证。但从林同炎事务所的分析报告看，该工程的设计按 100％地震力由核心筒承担，在承载能力方面是足够的，只是因施工单位在钢筋接头上未按规定施工，而且搭接在同一截面，搭接长度比规定少了许多。如果构造正确合理，其破坏不至于如此严重。

阿尔及利亚的倒坍事故，是由于该工程为纯板柱结构（楼板为双向密肋，无梁），无抗震墙，层高较高，跨度比较大。这种结构不能抵抗地震是不足为奇的。作者也不提倡这类结构。

1985 年墨西哥地震，板柱结构遭受破坏，其原因如前所述，如果按我们新的抗震规范的要求去设计，再在抗冲切方法上作改进，并加强抗震墙的设置，相信这类破坏是可以避免的。

3. 板柱结构的震害分析

综上所述，根据震害的分析，板柱结构的破坏，主要是：

（1）未布置一定数量的抗震墙，因而地震作用全由板柱框架承受。由于未布置抗震墙，这种结构的节点刚度又相对较弱，因此侧向位移常较大，由于它的延性差，抗弯及耗能能力很弱，再加上 P-Δ 效应，在强震时造成严重破坏甚至倒坍是很可能的。

（2）板柱节点处，楼板的抗冲切能力差，在柱子周边的板内，未设置抗冲切钢筋，或设置得不恰当；节点处不平衡弯矩对楼板造成的附加剪应力未适当考虑；柱周边板的厚度不够，使抗剪箍筋不易充分发挥作用、或柱子纵筋在节点处产生滑移。

由于这些原因，在强震时使楼板产生冲切破坏，随之楼板坠落，造成巨大损失。

明白了板柱结构破坏的主要原因，采取相应、有效的措施之后，板柱-抗震墙结构的抗震性能，将能有较大的提高，其设计高度也将可以提高。《建筑抗震设计规范》GB 50011—2001 的编制说明中的 6.1.1 条说道："框架-核心筒结构中，带有一部分仅承受竖向荷载的无梁楼盖时，不作为板柱-抗震墙结构"。本文图 2.9-1 所示的平面即是一例，这种结构，可按框架-核心筒考虑，但应考虑本文"设计建议"中的各条要求。

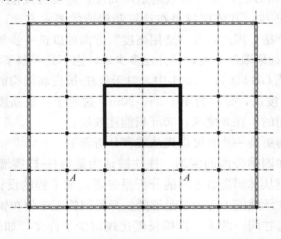

图 2.9-1　周边设置框架梁的板柱-框架-抗震墙结构

Fig. 2.9-1　Flat plate-shear wall structure with
frame beams at its perimeter

二、板柱-抗震墙结构的设计建议

1. 结构布置

（1）应布置足够数量之抗震墙（包括核心筒），墙的位置宜避免偏心。

（2）在房屋的周边，应布置边梁，以形成周边框架，见图 1。如在周边布置确有困难，则应在其他部位布置一定数量的框架梁。使结构形成板柱-框架-抗震墙之综合体系。这种布置，不属于抗震规范中的板柱-抗震墙结构。

（3）抗震墙的厚度不应小于 180mm 且不应小于层高的 1/20；底部加强部位的抗震墙厚度不应小于 200mm，且不应小于层高的 1/16（可取层高及无支长度二者中的较小值计算）。

（4）单片抗震墙的两端应设置端柱，楼层处应设置暗梁。筒体墙的端部应设置端柱或暗柱，楼层处应设置暗梁。

2. 设计计算

（1）抗震墙（核心筒）应承担结构的全部地震作用，各层梁柱框架应能承担不少于各层全部地震作用的 20％。也即，墙与框架承担的地震作用总和为 120％的全部地震作用。板柱框架不考虑承受地震作用（如图 2.9-1 中的 A 柱），但仍应按抗震构造。

（2）当房屋高度超过抗震规范表 6.1.1 的规定值时，其楼层的最大弹性层间位移角限值 $[\theta_e]$，应取为 1/1000。

（3）楼板在柱周边临界截面的冲切应力，宜控制在较低水平，一般不宜超过允许值 $0.7f_t$ 的 80％。如超过此值，即应配置抗冲切钢筋。

（4）当地震作用能导致柱上板带之支座弯矩反号时，应验算如图 2.9-2 所示虚线截面的冲切承载力。

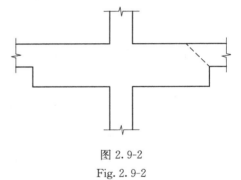

图 2.9-2
Fig. 2.9-2

（5）板柱结构在地震作用下按等代框架分析时，其等代梁的宽度宜采用下列二者中的较小值：

①等代框架方向跨度的 3/4。

②垂直于等代框架方向柱距的 1/2。

（6）沿两个主轴方向通过柱截面的板底连续钢筋的总截面面积，应符合下式要求

$$A_s \geqslant N_G/f_y$$

式中　A_s——板底连续钢筋总截面面积，可按每方向 $A_s/2$ 配置，此钢筋应位于柱截面范围内；

　　　N_G——各层楼板传至柱子的轴压力，取设计值；

　　　f_y——该连续钢筋的抗拉强度设计值。

（7）应考虑由于板柱节点处之不平衡弯矩引起的附加剪应力。

3. 构造

（1）8 度时宜采用有托板的板柱节点，托板根部的厚度（包括板厚）不宜小于柱纵筋直径的 16 倍。托板的边长不宜小于 4 倍板厚及柱截面相应边长之和。7 度时也宜尽可能设置托板。

（2）宜在柱上板带中设置构造暗梁，暗梁宽度可取柱宽及柱两侧各 1.5 倍板厚之和。暗梁支座上部钢筋面积应不小于柱上板带钢筋面积的 50%（此钢筋可作为柱上板带负弯矩钢筋的一部分），暗梁下部钢筋不宜少于上部钢筋的 1/2。

暗梁箍筋的配置：当计算不需要时，箍筋直径不小于 8mm，间距 $\leqslant 3h_0/4$，肢距 $\leqslant 2h_0$；当计算需要时，箍筋直径按计算确定，但不小于 10mm，间距 $\leqslant h_0/2$，肢距 $\leqslant 1.5h_0$，h_0 为板截面有效高度（不包括托板厚度）。但在计算负弯矩钢筋面积时，h_0 应包括托板厚度。

（3）柱上板带支座处暗梁的上部钢筋，至少 1/4 应在跨度方向通长。

（4）尽可能采用高效能的"抗剪栓钉"（Shear Studs），以提高板柱结构的抗冲切性能。抗剪栓钉的概况，参见本文附录。

4. 适用高度

当设计及构造采取上述全部建议后，作者认为，这类结构的适用高度，可按《建筑抗震设计规范》GB 50011—2001 表 6.1.1 中的框架-抗震墙结构取用。

附录　关于板柱结构的抗冲切钢筋

在设计无梁平板（包括有托板者）的抗冲切承载力时，当冲切应力 $> 0.7f_t$ 时，常使用箍筋以承担剪力。跨越裂缝的竖向钢筋（箍筋的竖向肢）能阻止裂缝开展[3]，但是，当竖向筋有滑动时，效果会降低。一般的箍筋，由于竖肢的上下端皆为圆弧（图 2.9-3），在竖肢受力较大接近屈服时，都有滑动发生，此点在国外的试验中已得到证实[4]。因而，用箍筋抵抗冲剪的效果不是很好。

在一般的板柱结构中，如不设托板，柱周围的板厚不大，再加上双向纵筋使 h_0 减小，箍筋的竖肢常较短，因此，少量滑动也能使应变减少较多，所以箍筋竖肢的应力将不能达到屈服强度。由于这个理由，加拿大规范（CSA—A23.3—94）[4]规定，只有当板厚（包括托板厚度）不小于 300mm 时，才允许使用箍筋。美国 ACI 规范要求在箍筋转角处配置较粗的水平筋以协助固定箍筋竖肢。

美国近年大量采用的"抗剪栓钉"（Shear Studs）[2]，能避免上述箍筋的缺点，

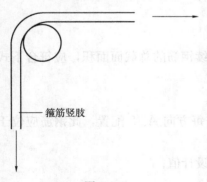

箍筋竖肢

图 2.9-3

Fig. 2.9-3

而且施工方便。如图 2.9-4 所示，柱左侧的抗剪钢筋的竖向长度较长，能较好地跨越斜裂缝，这是抗剪栓钉的优点，右侧的竖向长度较短，不能跨越斜裂缝，效果差，这是一般箍筋的情况。图 2.9-5 为一抗剪栓钉大样。

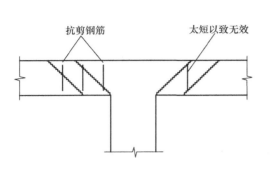

图 2.9-4　竖向钢筋与裂缝的交会

Fig. 2.9-4　Intersecting points of vertical

reinforcement and crack

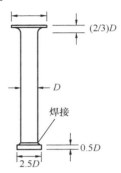

图 2.9-5　抗剪栓钉大样

Fig. 2.9-5　Shear stud

detail drawing

由图 2.9-6 可见，抗剪栓钉的竖向长度可以达到最大值，因而也最有效[5]。图 2.9-7 为某品牌抗剪栓钉示意图。

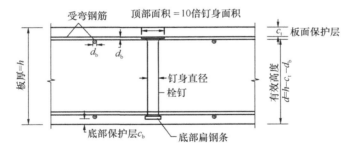

图 2.9-6　与栓钉条垂直之剖面

Fig. 2.9-6　Section in slab perpendicular to stud strip

图 2.9-8 所示为 150mm 厚的三块平板的荷载-变形曲线，其区别在于①无箍筋，②常规箍筋，③抗剪栓钉。可以看出，在这种较薄的板中，常规箍筋的作用是有限的。

《混凝土结构设计规范》GB 50010—2002 中，对于抗冲切的规定为

$$F_l \leqslant 0.7 f_t u_m h_0$$

式中略去混凝土截面高度的影响 β_h，因一般楼板厚度不致大于 800mm，以下皆同。

PSP Stud Specifications

Stud Diameter Head Diameter Head Thicknese

D	H	T
3/8″(9.5mm)	1.19″	0.21″
1/2″(12.7mm)	1.58″	0.28″
5/8″(15.9mm)	1.98″	0.35″
3/4″(19.1mm)	2.37″	0.42″

Materials: ASTM A-108 Grade 1015
Properties: Yield 51,000 psi
            Tensile 65,000 psi
            Elongation 20% min
            Rest of Area 50% min

Nelson Studs comply with the requirements of:
• AWE D1.1-2000 Structural Weliding Code-Steel
• CSA/CWB59-89 Welded Steel Construction
• ISO-13918 Welding-Studs and Ceramic Ferruies
   for Arc Stud Welding

Head Area10×Shank Area

图 2.9-7 某品牌之抗剪栓钉示意

Fig. 2.9-7　Specifications of a certain brand of shear studs

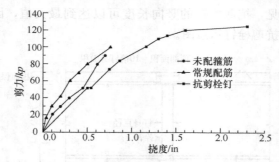

图 2.9-8　配有不同抗剪钢筋的板柱节点荷载-挠度曲线

Fig. 2.9-8　Load-deflection curves of slab-column connections with different types of shear reinforcement

当配置有抗冲切箍筋时

$$F_1 \leqslant 0.35 f_t u_m h_0 + 0.8 f_{yv} A_{suv}$$

同时 $F_1 \leqslant 1.05 f_t u_m h_0$。

也即，当配置抗冲切钢筋时，其承载力最多可提高 50%。这方面与美国规范类似。

美国规范规定，单向抗剪时，允许应力为 $\sqrt{f_c'}/6$，双向抗冲切时，允许应力为 $\sqrt{f_c'}/3$，配有抗剪箍筋时（此处 $\sqrt{f_c'}/6$ 及 $\sqrt{f_c'}/3$ 均为公制）：$v_n = v_c + v_s \leqslant \sqrt{f_c'}/2$；$v_c = \sqrt{f_c'}/6$；$v_s = A_v f_{yv}/b_0 s$，即箍筋承担者。此时，由 $\sqrt{f_c'}/3$ 提高为 $\sqrt{f_c'}/2$，也是 50%。

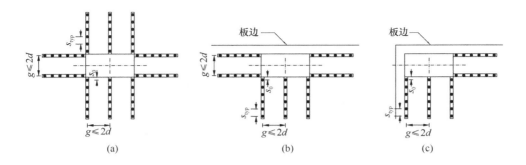

图 2.9-9　矩形柱抗剪柱钉排列（d 相当于我国的 h_0）

（a）内柱；（b）边柱；（c）角柱

Fig. 2.9-9　Arrangement of shear studs around rectangular columns

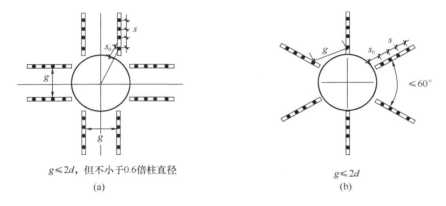

图 2.9-10　圆柱周边抗剪栓钉排列（俯视图）

Fig. 2.9-10　Arrangement of shear studs around circular columns

但是，由于抗剪栓钉的性能优越[6,7]，因此对于采用它的平板，其应力可由 $\sqrt{f'_c}/2$ 提高至 $2\sqrt{f'_c}/3$，也即 100%。这样就可在同样条件下，选用较薄的板。此外，如图 2.9-9、图 2.9-10 所示，当距柱边 $h_0/2$ 处之剪应力 $\leqslant \sqrt{f'_c}/2$ 时，采用栓钉，可使

$$s_0 \leqslant h_0/2, \ s \leqslant 3h_0/4$$

当剪应力 $> \sqrt{f'_c}/2$ 时

$$s_0 \leqslant 0.35h_0, s \leqslant h_0/2$$

综上所述，抗剪栓钉既有很好的抗冲切性能，又能节约钢材（可省去箍筋的水平段，仅在有暗梁时配置构造箍筋即可）。在制造方面，可以参照钢结构的栓钉做法，按设计规定的直径及间距，将栓钉用自动焊接法焊在钢板上。

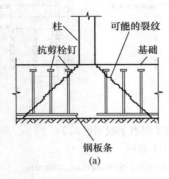
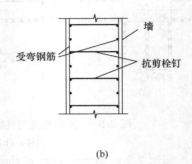

图 2.9-11　筏板基础及墙内抗剪栓钉的排列

（a）筏板基础剖面；（b）墙剖面

Fig. 2.9-11　Arrangement of shear studs in raft foundation and wall

参考文献

[1]　GB 50011—2001 建筑抗震设计规范[S].

[2]　ACI 318—99 Building code requirements for structural Concrete[S]. 1999.

[3]　ACI 421. 1R—92 Shear reinforcement for slabs[S]. 1993.

[4]　CSA—A23. 3—94 Design of concrete structures [S]. Canadian Standards Association, 1999.

[5]　ACI SP—183 The design of two-way slabs[S]. 1999.

[6]　EIGABRY A A, GHALI A. Tests on concrete slab-column connections with stud shear reinforcement subjected to shear-moment transfer[J]. ACI Structural Journal, Sept. —Oct., 1987.

[7]　MOKHTAR A S, GHALI A, DILGER W H. Stud shear reinforcement for flat concrete plates[J]. ACI Structural Journal, Sept. -Oct., 1985.

2.10 对于"高层钢筋混凝土建筑结构抗震设计的一些建议"一文的商榷

（原文刊于《建筑结构》1994 年第 12 期）

程懋堃

《建筑结构》1994 年第 4 期刊登了赵西安同志所作"高层钢筋混凝土建筑结构抗震设计的一些建议"一文，读后颇有启发。现将几点看法提出来，请读者们指正。以下提及赵西安同志原文时，简称"建议"。

一、竖向悬臂结构的使用

"建议"中提到同济大学图书馆一类悬挑结构，认为缺少第二道防线，在抗震设计时应慎重考虑。实际上此类结构类似剪力墙结构，其承重筒体，乃由多道剪力墙组成。因为在竖向交通方面，除电梯以外，尚有楼梯，并有竖向管道井等，不少建筑物还将卫生间布置于中间筒体内。在这些剪力墙上都有门口洞口，洞口上的连梁，即可作为抗震时的第一道防线，起到耗能作用。墙肢本身则是第二道防线。

因此我们认为，如果建筑物不是很高，筒体中有一定数量的连梁，则经过仔细设计，此类结构在地震区还是可以采用的。当然同时应注意此类结构可能存在的高重心稳定问题。

二、楼电梯间的布置

"建议"认为："楼电梯间对楼板产生较大削弱，布置时尽量避开端角和凹角"。首先，结构专业在建筑设计行业中，属于第二位，许多方面要服从建筑功能和使用要求。建筑物的端角和凹角，是布置楼电梯间的较好选择，结构专业一般不能左右。其次，楼面由于电梯井而开洞，与一般洞口不一样，它的洞口四周有钢筋混凝土墙（框架结构无混凝土墙者除外），也能起到传递地震力的作用。同理，楼梯间四周如果围以钢筋混凝土墙，也能起传力作用。所以，"建议"中图 5 所示各例，不能一概认为由于楼电梯间开洞后，将建筑物截为两段。

三、剪力墙的数量

"建议"主张，"如果设计为框剪结构，则剪力墙必须有足够的数量，以至少承受底部剪力的 80％"。这一点可以商榷。

在规范条文的各种要求中，有些条文的要求，不一定非达到不可。例如抗震规范第 6.1.3 条规定，当框架-抗震墙结构的抗震墙数量能满足该条要求时，其框架部分的抗震等级，在一定情况下，可以比框架结构降低一级。但如不能满足，则可将框架部分之抗震等级按纯框架结构考虑。并非所有框架-抗震墙结构都必须满足 6.1.3 条的要求，也即抗震墙的数量并无最小要求（当然结构的侧移等方面应当满足要求）。这个概念应当分清。

同理，对于框架-抗震墙结构（框剪结构），不一定要求其剪力墙必须有足够数量，以至少承受底部剪力的 80％。当然，这个要求不高，但从概念上讲，如此要求不一定合适。因为在烈度较高地区，多层框架结构的柱子截面往往较大、配筋较多，其侧移值也不易满足要求。这时，只要少量加一些抗震墙，并布置合宜，柱子截面及配筋就会减小不少，侧移值也可降低。增设抗震墙的结构，还可多一道抗震防线。由于侧移值减小，非结构部件的损坏，也会减轻许多。这方面的问题，早在 20 世纪 70 年代，美国的 Mark Fintel 已有专文详细论述了。

四、高强混凝土柱子的配箍率

"建议"对于采用 C60 混凝土柱子的配箍率，提出了一个建议：

$$\rho_{v60} = \frac{f_{C60}}{f_{C40}}\rho_{v40}$$

此式计算所得配箍率，似乎偏大，而且此式来源如何，也未见论述。

按"高强混凝土结构设计建议"，$f_{C60} = 28N/mm^2$，$f_{C60}/f_{C40} = 28/19.5 = 1.436$。下面列表做比较（不带括号者为 89 规范规定值，带括号者为《建议》值）。

表 2.10-1

	轴压比		
	<0.4	0.4～0.6	>0.6
一级	0.8 (1.15)	1.2 (1.72)	1.6 (2.30)
二级	0.6～0.8 (0.86～1.15)	0.8～1.2 (1.15～1.72)	1.2～1.6 (1.72～2.30)
三级	0.4～0.6 (0.57～0.86)	0.6～0.8 (0.86～1.15)	0.8～1.2 (1.15～1.72)

由表 2.10-1 可看出，"建议"所提方法，配箍率较大。下表为"高强混凝土设计指南（HSCC93—1）"所提之配箍率：

表 2. 10-2

	轴压比				
	≤0.3	0.4	0.5	0.6	≥0.65
一级	1.0	1.2	1.4	1.7	2.0
二级	0.8	1.0	1.2	1.4	1.7
三级	0.6	0.8	1.0	1.2	1.4

表 2.10-2 所要求之配箍率，也较"建议"所提者小。如按"建议"所要求之柱子配箍率，柱子箍筋将非常多，恐连施工都较困难。

五、剪力墙配筋计算

由于目前某些计算程序的局限性，使剪力墙计算所得之配筋面积，过多地集中在墙肢交汇处，如图 2.10-1 中的 A 处（也即"建议"中的图 8）。实际上，配筋应主要集中于 A_1、A_2 及 A_3 处。"建议"提出将 A 处钢筋简单转移至 A_1、A_2 及 A_3 处，恐不一定妥当。我们在计算时曾尝试过在墙十字交叉或丁字交叉处人为设置假设的"计算梁"，如图 2.10-2，并分向计算，可以大致解决此问题。但此法在上机计算时要增加不少工作量，方法本身也有局限性，所以还希望程序编制者在这方面再做改进。

六、高层建筑设置环梁加强层

当高层建筑的层数超过 40 层时，为抵抗侧力而消耗的材料将愈来愈多。因此国外于 70 年代开始提出在高层建筑楼高的中部及顶部设置环梁加强层的方法（注意必须有井字交叉梁或交叉桁架），图 2.10-3 为平面示意图。其作用在于增强结构的侧向刚度，减少侧移，从而达到节省钢材的目的。井式大梁的作用，犹如杠杆，使外柱产生竖向拉力及压力，以抵消一部分内筒的弯矩。根据国外资料，一栋 40 层的钢结构，由外框筒及内部抗剪桁架组成抗侧力体系。如在第 20 层及顶层各设一道由井式桁架及环形桁架组成的加强层，其侧向刚度可增加约 20%～30%。美国 SOM 设计公司曾在美国密尔沃基市 42 层的第一威斯康星中心（First Wisconsin Center in Milwaukee）工程中采用此技术。

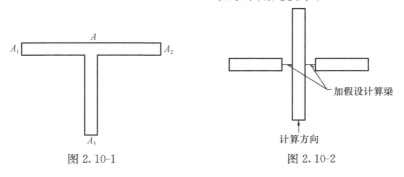

图 2.10-1   图 2.10-2

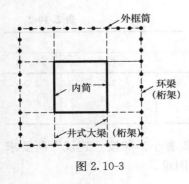

图 2.10-3

请注意,此种措施,对于结构刚度较好,侧移不大者,并非必需设置。只在某些情况下,可考虑采用:如内筒外框结构,当内筒刚度较小时,又如框筒(筒中筒)结构,当外框筒的窗裙梁刚度较弱时,采用此措施,可解决剪力滞后过分的问题等。

此外,如在楼高的中部设置加强层,会使该层的刚度远远大于相邻楼层,形成刚度突变与强梁弱柱。国外此种做法皆用于钢结构,它所用材料的延性比钢筋混凝土好得多,并且此种做法在国内外尚未经过强震的真正考验。

七、框架结构截面设计

"建议"第三节中提出,一级框架梁的实际受弯极限承载力 M 为:

$$M = M_{计算} \times 1.1 \times 1.1 \times \frac{1}{0.75} = 1.6M_{计算}$$

式中 0.75 为 γ_{RE},即梁的正截面承载力抗震调整系数。我们认为,在此种计算中,不应考虑 γ_{RE},即:

$$M = M_{计算} \times 1.1 \times 1.1 = 1.21M_{计算}$$

二者之比 1.60/1.21＝1.32,即相差 32％。以下各式之计算数值皆应相应调整。

本文曾由胡庆昌、郁彦、吴学敏三位总工审阅,谨此致谢。

214

2.11　关于梁截面高度取值的商榷

（原文刊于《建筑结构》1998年第4期）

程懋堃　盛　平

文［1］提出的有关扁梁高度、经济配筋率、连续梁刚度等问题，我们认为有值得商榷之处：

1. 梁的刚度　目前，一般建筑绝大多数为现浇结构，现浇楼板对于梁的刚度所起作用很大，绝不能忽略不计。此外，在高层建筑中，柱子的线刚度常比梁大许多，这个因素也应予考虑。而文［1］中皆未考虑，将产生很大误差。我们曾对一工程实例的梁刚度做计算（8m×8m柱网，梁截面400mm×500mm，见图2.11-1），将现浇楼板作为翼缘时之梁刚度，约为不考虑时之三倍。计算方法为：近似地以反弯点为界，从反弯点至支座处取矩形截面计算其刚度。在+M处，以T形截面计算刚度。然后用共轭梁计算挠度（当然这也是近似方法）。对于该连续梁的中跨，长期挠度$f/l=1/670$，是很小的。因此，文［1］以矩形梁来计算，误差太大。

2. 梁的受压区高度　在抗震设计中，为了使框架梁具有一定的延性，规范对于钢筋混凝土梁的受压区高度规定为：一级抗震，$x \leqslant 0.25h_0$；二、三级抗震，$x \leqslant 0.35h_0$。文［1］按$\xi=x/h_0=0.5$来推导，不符合抗震要求，且又未提及抗震规定，是不妥的。

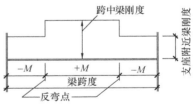

图2.11-1　连续梁中跨的刚度示意

3. 梁的经济配筋率　在实际工程中，梁高度的减小可降低建筑物层高，减少投资，也可节约经常性能源消耗，带来较好的经济效益。因此，梁的截面高度常常不是由结构工程师主观决定，所以，一般不能由构件的"经济配筋率"来确定梁的高度。一个工程设计的经济与否，不能由结构一个专业来决定，而应综合考虑。随着我国经济实力和钢产量的增长，经济配筋率的概念也应有所改变。一般0.6%的配筋率将导致梁的高度或宽度过大，总体来说不经济。

4. 扁梁的截面选择　由于有本文第二节关于受压区高度的要求，以及含钢量$\rho \leqslant 2.5\%$的规定，常使扁梁不能满足这些要求，导致梁宽过大。这方面可参见文［2］，作者提出了一些解决途径，可供参考，此处不再重复。

5. 关于扁梁的定义 文［1］将扁梁定义为 $h/b<1$，是不正确的。在实际工作中，需要压低梁高，常将 h/l 做成 1/15 左右，但没有必要因梁高较小就必须将梁宽加大到超过梁高，这是概念上的误区。

6. 结语 设计工作常是理论与经验的结合，确定梁的高度时，也是如此。梁高受到建筑的层高、机电管道所需空间以及吊顶以下室内净高要求等因素的制约。在满足这些制约后，所剩下的最大空间往往即是结构的梁高，然后按过去经验，此高度如能满足 $l/15\sim l/18$（对框架连续梁而言），对于一般建筑即可不必计算挠度、裂缝等。梁高确定后，可假设一个梁宽（可小于梁高），并验算其截面强度以及是否符合抗震要求等等。

参考文献
［1］ 李云霄等. 钢筋混凝土扁梁截面高度取值研究. 建筑结构，1997，（10）.
［2］ 程懋堃. 关于高层建筑结构设计的一些建议. 建筑结构学报，1997，（2）.

2.12　高强混凝土柱的梁柱节点处理方法

（原文刊于《建筑结构》2001 年第 5 期）

程懋堃

提要： 高强混凝土柱的梁柱节点处，以前通常采用浇注少量高强混凝土的方法，楼层梁板则仍用普通强度混凝土。此种方法对于高流动性商品混凝土是很不适宜的。参考国外多年的试验资料，并根据新的抗震规范的精神，提出梁柱节点的设计建议，可供设计人员参考。

关键词： 高强混凝土 梁柱节点 结构设计

Abstract： The method often used for placing concrete of beam-column joints of high strength columns is to cast a small amount of high strength concrete in the joint，then to cast the floor slab and beam with normal strength concrete. Now the ready mix concrete is very popular in large cities，so we must change the method mentioned above. Considering the ACI code，Canadian code and also several test results，the design recommendations are given for the cases in which the slab/beam concrete is placed through the column.

Keywords： high strength concrete；beam column joints；structure design；foreign codes

一、引言

当前，随着建筑物向高层发展，其柱子采用高强混凝土者日益增多，这就带来一个问题，梁柱节点处的混凝土强度等级是随着柱子采用高强混凝土，还是随着楼板（包括梁，以下皆同）采用较低强度的混凝土？过去采用高强混凝土时，现场搅拌的混凝土多为干硬性的，以节约水泥。当时曾采用如图 2.12-1 之做法。此法在使用过程中，发现以下问题：

（1）节点处少量混凝土，理当随搅拌随使用，但实际上工地常一次搅拌较多量的混凝土，再在各个梁柱节点逐个使用，在浇注到最后几个节点时，时间上可能已经超过混凝土的初凝时间；

（2）在梁上剪力较大部位，留下不易处理好的施工缝，可能影响梁的抗剪强度；

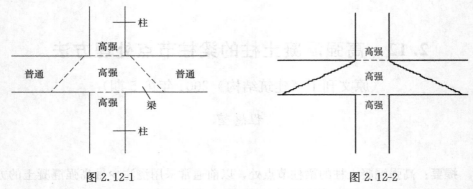

图 2.12-1   图 2.12-2

（3）需要留施工缝之处，正是梁的纵筋和箍筋密集的部位，很难支模。

目前，在各大城市及一部分中等城市中，商品混凝土的使用已很普遍。商品混凝土的坍落度皆很大，因此，在节点处再采用图 2.12-1 所示做法，先浇注节点处的高强混凝土，已很难实现。首先是模板更难支好，造成节点混凝土向外流淌很长距离，其次是节点处不敢振捣，因为越振捣，流淌越远。因此导致节点处名为高强混凝土，但由于未很好振捣而强度并不高，而且在梁端形成形状很不好的接缝，如图 2.12-2 所示。

限于我国规范的规定，有的设计柱子与梁板的强度最多差二级，在节点无法先浇注混凝土的情况下，将楼板的混凝土强度大幅度提高，使楼板与节点同时浇注。例如柱子为 C60，楼板用 C50。此种做法不仅造成浪费，而且由于高强混凝土水泥用量大，很容易造成楼板干缩开裂，影响质量。

因此，寻求一种处理高强混凝土柱的梁柱节点的合理设计与施工方法，是当前迫切需要的。最方便的方法，是将梁柱节点区与楼板（梁）同时浇捣，并研究节点区的受力性能。国外在这方面已做了大量工作。

二、国外历年试验情况简介

所见到的最早的国外试验资料是 1960 年发表在 ACI Journal 上的 Bianchini 等人的文章[3]。当时美国已开始用较高强度的混凝土柱子与较低强度的楼板（无梁或有梁），因此需要研究当梁柱节点采用与楼板相同的较低强度的混凝土时，对柱子的承载力影响如何。

该报告指出，楼板混凝土强度对于柱子承载力的影响，可能与下列因素有关：1）楼板所造成的侧向约束；2）柱与楼板二种混凝土强度的相对比例；3）楼板（梁）厚度与柱截面尺寸的比例关系；4）柱纵筋含钢量的大小；5）荷载的偏心。

该报告共试验了 54 个试件，包括中柱、边柱与角柱。边柱、中柱包括无梁与有梁两种试件，角柱则皆为无梁板。柱混凝土强度与楼板强度之比为 1.5，2.0，3.0 三种。

试验结果被美国混凝土规范采用，自 1963 年以来，在 ACl318 规范中，其计算公式基本无变化，该规范公式在下文列出。

Camble 与 Klinar 在 1991 年做了 13 个板柱试件以研究尺寸、强度与约束条件对于柱轴压强度的影响[4]。他们将试验结果与 ACI 规范进行比较，认为：当柱混凝土强度与楼板强度之比大于 1.4 时，ACI 的公式偏于不安全。

Shu 与 Hawkins 在 1992 年发表了 54 个试件的报告。这些试件柱在中部夹了一层强度较低的楼板，且周围并无楼板，用以试验楼板上、下的高强混凝土对于较低强度的楼板的影响。试验表明，h/c 的比值对柱强度有影响，h 为楼板（梁）的厚度，c 为正方形柱的单边长。

Ospina 与 Alexander 于 1997 年发表报告，共有 30 个试件，得出结果为：1）当楼板上的荷载增大时，柱的有效强度降低，设计时须考虑的因素；2）当 h/c 增大时，柱抗压强度降低；3）1995 ACI 的规范与加拿大的规范 CSAA23.3—94 的有关条文是类似的，它们对于较大的 h/c 值是不安全的，而对于 h/c 较小时，加拿大规范则过于保守[5]。该试验提出下列公式以计算中柱在梁柱节点处的混凝土折算强度（梁柱节点之混凝土强度与楼板相同）

$$f'_{ce} = \left(1.4 - \frac{0.35}{h/c}\right)f'_{cs} + \left(\frac{0.25}{h/c}\right)f'_{cc} \leqslant f'_{cc} \qquad (2.12.1)$$

式中：f'_{ce} 为梁柱节点处的折算强度；f'_{cs} 为楼板（梁）的混凝土强度；f'_{cc} 为柱混凝土强度。

P. J. McHarg 等人于 2000 年发表了试验报告，他们共进行了 12 个柱子试验，其中 6 个是先做完板的抗冲剪能力试验后，再做柱承载力试验，另 6 个是独立柱，周围并无楼板（但有强度较低之楼板夹层）[6]。试验结果如下：

（1）当试件柱子周围有楼板时，板的约束作用使柱的轴压强度及延性增加，其增加幅度为 29% 至 43%，板内钢筋集中布置在柱附近者，较板内均匀分布配筋者，增加幅度较大；

（2）加拿大规范 CSA Standard 的公式较为安全，美国规范 ACI Code 的公式，当柱的混凝土强度与楼板的强度之比大于 1.4 时，可能给出偏于不安全的结果；

（3）Ospina 与 Alexander 所给出的公式（即本文式（1））所得出之结果与试验最吻合。

三、北京市建筑设计研究院的试验

1999 年做了 2 个试件。柱截面皆为 350mm×350mm，纵筋 4Φ18＋2Φ14，箍筋Φ6.5@60。梁截面为 175mm×350mm，纵筋上下各 6Φ16，箍筋Φ6.5@80。柱

混凝土强度 63.3N/mm²，梁为 38.6N/mm²，二者比例为 1.64。试验原拟做成柱子 C60、梁 C30，但制作时梁的混凝土强度超过较多。

试验结果是：梁柱节点核心区的开裂及箍筋屈服均在梁纵筋屈服以后。试件均为梁出现塑性铰的破坏状态，延性比皆大于 5。

此外，还进行了节点的有限元弹性分析。节点核心区的应力分布，在竖向荷载作用下，荷载在楼盖中的扩散角接近 45°。此角度与节点及梁板的几何尺寸无关，也未发现材料强度及弹性模量对扩散角的影响。

四、国外规范的规定

1. 美国 ACl 318—99 的规定：

如果柱混凝土强度为楼板的 1.4 倍以上（即高 40% 以上），则应采取下列措施之一：

(1) 先浇注节点混凝土，强度与柱相同，其部位要求见图 2.12-3。必须在节点混凝土初凝之前，浇注楼板混凝土。

(2) 节点处采用与楼层相同强度的混凝土（即节点与楼板同时浇注），如节点处强度不够，可用插短筋加配螺旋箍的方法补足，见图 2.12-4。

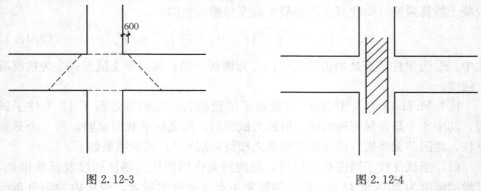

图 2.12-3　　　　　　　　　　　　　　　　图 2.12-4

(3) 当柱子四边皆有高度近似相等之梁，且柱混凝土强度大于 1.4 倍的楼板（梁）混凝土强度时，可将节点处混凝土与楼层梁板同时浇注，并可按下式计算节点处混凝土的折算强度。

$$f'_{ce} = 0.75 f'_{cc} + 0.35 f'_{cs} \leqslant f'_{cc} \tag{2.12.2}$$

例如：柱为 C60，楼层梁板为 C30，节点也为 C30，则节点的混凝土折算强度为：

$$f'_{ce} = 0.75 \times 60 + 0.35 \times 30 = 55.5 \text{MPa}$$

即可用 C55 来验算节点的承载能力。

以上的做法，第（1）条在我国当前的施工水平下无法做到；第（2）条在实施中很难做到，因为节点处两个方向框架梁上部纵筋常很密集，再要插入纵筋并加箍筋，非常困难；只能按该规范第（3）种做法，算出节点混凝土的折算强度，然后再验算其承载能力，此种方法较为可行。

2. 加拿大规范 CSA A23.3—94 也有类似规定，其计算公式为：

$$f'_{ce} = 0.25f'_{cc} + 1.05f'_{cs} \leqslant f'_{cc} \qquad (2.12.3)$$

如按上例的同样条件：

$$f'_{ce} = 0.25 \times 60 + 1.05 \times 30 = 46.5\text{MPa}$$

其结果比美国规范小。

本文所列出的国外历年试验报告中，多数认为加拿大规范的公式较为合适。

五、我国规范的规定

我国的 89 规范规定，柱的混凝土强度与楼板相差不应超过二级。如柱为 C60，楼板不能低于 C50。这种规定，使得设计人员不得不采取本文第一节的做法，而这种做法实际是行不通的。

现在各本结构规范都在修改，《建筑抗震设计规范》GB 50011 的送审稿中，对这个问题有所放松。该稿规定，在一定条件下，框架节点核心区的混凝土强度等级不宜低于柱混凝土强度等级的 70%，且应进行核心区承载力验算。所谓一定条件，是指框架的中柱，柱四边皆有梁，其宽度不小于柱宽的 1/2 且无偏心。

这个修改比 89 规范前进了一大步。如柱混凝土为 C60，节点区可以为 C42，近似为 C40。但 C40 仍嫌太高，因楼板混凝土强度无需如此高，而且强度愈高，水泥用量愈大，越容易使楼板发生裂缝。因此，新规范虽有较大松动，但尚未完全满足工程实际要求，为此，作者提出以下设计建议，供各界考虑。

六、设计建议

为稳妥起见，本建议只适用于柱混凝土强度不超过 C60 的情况。以后如有较多的试验及实践经验，再做改进。

1. 当柱混凝土强度为 C60 而楼板不超过 C30，或柱为 C50 而楼板不超过 C25 时，梁柱节点核心区的混凝土皆可随楼板同时浇捣。

2. 采用本法，施工前对节点核心区的承载力，包括抗剪及抗压（轴压及偏压）皆应仔细验算，并应满足设计要求。轴压比无需验算。

3. 对于中柱，可按本文式（1），（3），求出节点混凝土折算强度 f'_{ce}，为偏于安全，可取 2 个公式计算结果中的较小值，然后根据 f'_{ce} 验算节点核心区的承载力。轴压比无需验算。

此时应注意节点四周的约束程度。如为无梁楼板则无问题，如为梁板结构，若梁宽小于柱宽的 1/2，做法则可如图 2.12-5 所示，在节点周围做水平加腋，以加强对梁柱核心区的约束。加腋高度同梁高，并配置适量的构造钢筋。如节点核心区的抗剪承载力不足，可以在图 2.12-5（a）的虚线部位加配箍筋。但如柱与楼板（梁）的混凝土强度相差不很大时，例如柱 C50，楼板（梁）C30，即使梁宽小于柱宽的 1/2，也不一定设置加腋。

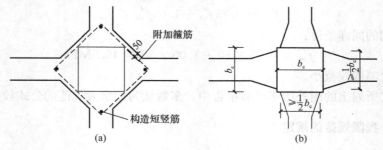

图 2.12-5

4. 对于边柱及角柱一般有两种情况，即不带悬挑楼板（图 2.12-6）及带悬挑楼板（图 2.12-7）两种。如图 2.12-6 之边、角柱，可按美国有关试验得出的公式进行计算。

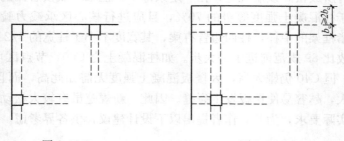

图 2.12-6　　　　　　　　　　图 2.12-7

对于边柱：

无梁楼板

$$f'_{ce} = 0.45f'_{cc} + 0.68f'_{cs} \tag{2.12.4}$$

有梁楼板

$$f'_{ce} = 0.05f'_{cc} + 1.32f'_{cs} \tag{2.12.5}$$

从式（2.12.4），（2.12.5）可以看出，无梁楼板对于柱节点核心区的约束能力，好于有梁者。仍以柱 C60，楼板 C30 为例，按式（2.12.4）得出 $f'_{ce} = 47.4\mathrm{MPa}$，按式（2.12.5）为 $42.6\mathrm{MPa}$。

对于角柱（不分有、无梁）

$$f'_{ce} = 0.38f'_{cc} + 0.66f'_{cs} \tag{2.12.6}$$

从以上三个公式的计算结果可以看出，边、角柱的提高率一般超过 40%，这与美国规范规定的边、角柱的混凝土强度可以比楼板提高 40% 是一致的。而

222

这与我国新抗震规范规定的，中柱节点混凝土强度不宜低于柱强度的 70%，也是类似的（$1/1.4 \approx 0.7$）。只是美国规范可将 1.4 用于边、角柱，中柱在一定条件下，还可以提高。

至于图 2.12-7 所示之边、角柱，只要悬挑长度大于 $2b_c$（b_c 为柱截面尺寸），也可按中柱对待，按中柱公式计算其 f'_{ce}。

按以上各种情况，以计算所得之 f'_{ce}，即梁柱节点核心区之混凝土折算强度，核算其承载力（剪切，轴压，偏压）。根据我们对多栋工程的计算，一般皆能满足要求。个别情况不能满足者，对于中柱，可按图 2.12-5（a）所示方法，加大核心区面积，并配置附近箍筋。对于边柱及角柱，可按图 2.12-8 及图 2.12-9 之方法，加大柱核心区面积，并配置附加箍筋。

图 2.12-8   图 2.12-9

边、角柱的荷载常小于中柱，如果边、角柱的截面与中柱相同，由于设计时一般不能使边、角柱的混凝土强度与中柱不同（否则易出错误），因此其承载力将富余较多，即使不考虑楼板的约束作用，验算结果也会无问题。此时，楼板对于柱子的约束将无关紧要，在柱边不做水平加腋也是可以的。但如边、角柱荷载较大，或边、角柱截面小于中柱，其承载力不富余，则为稳妥起见，以按图 2.12-8，2.12-9 做加腋较好。

参考文献

［1］ ACI Committee 318. Building code requirements for structural concrete(ACI 318—99).

［2］ Canadian Standards Association. CSA A23. 3—94.

［3］ Bianchini A C，Woods R E，Kesler C E. Effect of floor concrete Strength on column strength. ACI Journal，1960，31(11).

［4］ Camble W L，Klinar J D. Test of high-strength concrete columns with intervening floor slabs. Journal of Structural Engineering，ASCE，1991，117(5).

［5］ Ospina C E，Alexander S D B. Transmission of high strength concrete column loads through concrete slabs. Engineering Report，No. 214，University of Alberta，1997.

［6］ Mc Harg P J，Cook W E，Mitchell D et al. Improved transmission of high-strength concrete column loads through normal strength concrete slabs. ACI Structural Journal，2000，97(1).

［7］《建筑抗震设计规范》送审稿.

2.13 对于"混凝土结构设计规范若干问题的讨论"一文的讨论

（原文刊于《建筑结构》2005 年第 10 期）

程懋堃　周　笋

[提要] 本刊 2005 年第 4 期刊登了周献祥、徐俊广二位对于混凝土规范若干内容的观点。本文作者认为周、徐二位的观点，有一些可以商榷之处，现选择原文第一、四、五、六等节提出我们的看法，供大家参考。

[关键词] 设计规范　腰筋　拉筋　混凝土保护层　锚固长度

A Commentary on "Discussion on Some Provisions of Code for Design of Concrete Structures (GB 50010—2002)"

Abstract： The article mentioned was published in No. 4，Vol. 35 of this journal. We think some view of the authors can be discussed，including four parts of the article. It will provide a reference to the readers.

Keywords： design code; web steel; ties; concrete cover; anchorage length.

一、关于钢筋混凝土双向板弯矩调幅法

《混凝土结构设计规范》GB 50010－2002［1］（以下简称《规范》）第 5.3.1 条对于双向板提出了两种分析方法：弹性分析法和塑性分析法。为了使弹性法用钢量减少，还提出了可以对支座弯矩进行调幅。

原文作者认为《规范》中，没有必要再引入弯矩调幅法，有些偏颇。一种分析法，难免有不全面之处，因此，《规范》列出两种分析法供设计人员选用。至于塑性分析法，确如原文所述，能节约钢材，我院自 20 世纪 50 年代初至今，绝大多数双向板（包括一些基础筏板）的计算均使用此种方法。但是它也有局限性，例如处于侵蚀环境等情况下，就不宜采用。所以《规范》提出两种计算分析法，是必要的。

国际上一些重要的混凝土规范，如美国 ACI、欧洲规范、英国 BS 等，对于双向板的分析计算，都是只提弹性分析法。他们的一些教科书、设计手册等，倒是都讲到塑性铰线理论，但在实际工程中，几乎都是按弹性方法设计。

我国的《规范》中同时列出弹性、塑性两种方法，比较全面。而且为了节约钢材，提出在采用弹性方法时，可以对支座弯矩进行调幅，这样做是合理的，也是常见的做法。

二、原文第三节：梁侧面腰筋的设置问题

原文在第三节第一段中，提出设置梁侧腰筋的腹板高度 h_w 的限值问题。假设 $h_w=445m$，可不设置腰筋，而 $h_w=455mm$，相差仅 10mm，却需设置腰筋，以此来证明《规范》的规定有问题。这种说法不妥。任何规定，都需一个数字界限，以混凝土结构的抗震等级为例，8 度区的剪力墙结构的房屋高度 $h=80m$ 时，为二级，当 $h=80.2m$ 时，超过 80m 就应为一级抗震，高度相差仅 0.2m，抗震等级就提升为一级，这也是"跳跃太大"？

我们认为，一般规范所定的数字界限，其含意常为最小值。在这个界限附近的情况，应由设计人员斟酌情况，实事求是地确定设计标准。以上述抗震等级为例，当 $h=80m$ 时，已接近二级的上限，设计人就宜适当提高标准，按高于二级，接近一级的标准进行设计。同理，对于梁侧腰筋，当 $h_w<450mm$ 但又很接近 450mm 时，设计人也宜根据具体情况，考虑适当布置梁侧腰筋。

梁侧纵向构造钢筋，即腰筋的设置，主要是为了应对混凝土的收缩和温度变化。此种钢筋，称为构造钢筋，说明它不是用于抵抗扭矩的。如果要考虑抵抗扭转，其配筋应当通过计算确定，仅依据规范第 10.2.16 条配置腰筋是不够的。

混凝土的开裂与体积量有关。体积大者，开裂的可能性较大，因此，原文"宽 200 梁的腰筋设置应大于宽 300 的梁"的说法不妥。

三、原文第四节：柱拉筋勾住封闭箍筋的问题

原文第四节第一段提到，柱的拉筋勾住箍筋后，其端部保护层将不足 15mm。这其实不应算是问题。

《规范》表 9.2.1 中，关于保护层厚度的规定，写的是最小厚度，不是只能按表中数字去设计。柱保护层的最小厚度是 30mm，如设计人发现某种构造作法，导致某处保护层厚度不够，完全可以将 30mm 加大，改为 35 或 40mm。国外规范对于混凝土构件保护层最小厚度的规定，一般都大于我国规范。例如美国混凝土规范规定：柱纵筋保护层最小厚度为 1.5 英寸（38mm）。

目前地震区柱截面常由轴压比控制，柱保护层加大后，其截面有效高度 h_0 虽会减少一些，但对配筋量基本上没有影响。

至于拉筋勾住箍筋的做法，在施工时应当没有什么困难，因为拉筋和箍筋的直径不会太大，弯 135° 勾是可行的。这也是国外通行的一种做法，见图 2.13-1。

该图刊于新西兰著名抗震专家 T. Pauly 的著作中 [2]。

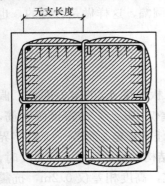

图 2.13-1

拉筋勾住箍筋的主要目的，是减少外围箍筋的"无支长度"，如图 2.13-1 所示，箍筋的无支长度减少了一半，对柱的约束能力大大提高。

在抗震结构中，柱的纵筋与箍筋共同形成一个钢筋笼子，对柱身混凝土加以约束。由于强震时，混凝土将由于巨大的应力而导致很大的应变，此阶段混凝土保护层会剥落，上述的钢筋笼子必须对柱核芯（柱身钢筋笼子以内的混凝土）起约束作用。由于箍筋的直径通常不大（10 至 16mm），在受弯时极易弯曲（如图 2.13-1），因此，减少箍筋的无支长度就极为重要。

所以，要求拉筋仅仅勾住纵筋，是不妥的。

四、原文第六节："……板筋在端部的锚固长度问题"

此问题可分两方面讨论：

1. 板的下部钢筋：应按照《规范》10.1.5 条之规定，"简支板或连续板下部纵向受力钢筋伸入支座的锚固长度不应小于 $5d$。"对于 $5d$ 之要求，一般情况下皆容易满足。

2. 板的上部钢筋，有两种情况：

① 如图 2.13-2 所示，在板的尽端，一般可按简支考虑，所以上部结构可按构造处理，不需采用锚固长度 l_a。将上筋伸至尽端，做一个向下直勾即可。此种做法，我院已用了五十多年，尚未发现因锚固而出问题的情况。

至于《规范》第 10.1.7 条 "…上部构造钢筋应按受拉钢筋锚固在梁内、墙内"，确属过严，这一点我们和原文作者的看法一致。

② 如图 2.13-3 所示，在板的连续端，由于上部受力钢筋可以伸至邻跨，锚固于邻跨的受压区。这种情况，不存在锚固长度 l_a 的问题。此类做法，也已应用

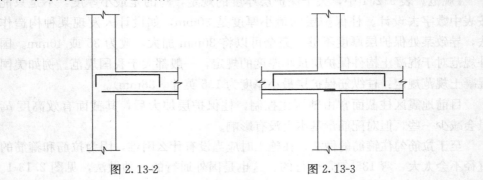

图 2.13-2   图 2.13-3

226

多年。国外连续现浇板，也多采用此种做法。

参考文献

［1］ 《混凝土结构设计规范》GB 50010－2002.

［2］ T. Pauly. Seismic Design of Reinforced Concrete Structures.

2.14 关于规程中对扭转不规则控制方法的讨论

（原文刊于《建筑结构》2005 年第 11 期）

方鄂华 程懋堃

（清华大学土木系 北京 100084）（北京市建设设计研究院 100045）

[提要] 加强结构抗扭性能以减少地震时扭转造成的危害是结构设计的重要概念，《建筑抗震设计规范》GB 50011—2001 和《高层建筑混凝土结构技术规程》JGJ 3—2002 中对结构扭转规则性作了定量的规定，针对结构工程师在执行过程中出现的一些困难和疑惑，从概念上剖析了规范和规程的有关规定的意义和产生疑惑的原因，并提出了处理方法和建议。

[关键词] 扭转 震害 抗扭能力 位移比 周期比 附加偏心距

Discussion of Torsion Resistance Control Method for Structures in Current Design Code

Fang Ehua[1], Cheng Maokun[2]

(1 Deptartment of Civil Engineering, Tsinghua University, Beijing 100084, China; 2 Beijing Architectural Design and Research Institution, Beijing 100045, China)

Abstract: To enhance the torsion resistance ability of a structure and then to reduce the disaster under earthquake is a significant concept in structure design. There are some relevant articles in Code for Seimic Design of Buildings (GB 50011—2001) and Technical Specification for Concrete Structure of Tall Buildings (JGJ3—2002). However, some difficulties and uncertainties are there when engineers conduct those articles in their design works. Discussion and proposals are given.

Keywords: seismic design; torsion; resistance; displacement; period; eccentricity

一、概述

由于扭转作用造成的结构震害很多，地震扭转振动尚不能定量，因而也无法计算和预见，然而结构的扭转性能和抗扭转能力应该是可以预见并通过结构设计调整和增强的。

美国 OliveView 医疗中心的精神病诊疗所为两层建筑，在 1971 年圣非南多地震中，该建筑的层 2 整体塌落在层 1 的废墟上，震后测出层 2 结构整体向南移动 5ft，并逆时针转动了 2°，一方面可说明该结构的层 1 薄弱，另一方面说明地震扭转的巨大作用[1]。著名的马那瓜中央银行在 1972 年的尼加拉瓜大地震中严重破坏的原因是结构布置不合理，结构是单跨框架，横向刚度较弱，刚性构件的布置又极不对称，地震时产生了较大扭转[1]。另一幢位于美国帝国峡谷的 Imperial County Services Building（简称 ICSB 办公楼）在 1979 年 10 月 15 日地震时遭受严重破坏，也是因为结构布置和构件配筋构造有很多不合理的地方[1]，其结构布置纵向没有剪力墙，横向剪力墙布置不对称，且上下不连续，地震时产生了较大的纵向变形和扭转变形。震后用 ETABS 程序进行分析，前 3 阶弹性自振频率和振型与地震前进行的脉动实测频率接近，见图 2.14-1，其中第一振型为纵向振动，第二振型为扭转振动，第三振型为横向与扭转耦联的振动。分析说明，剪力墙单向布置且底层不对称造成东端变形过大，该结构的纵向刚度太弱，而且抗扭能力（刚度及承载力）不足。

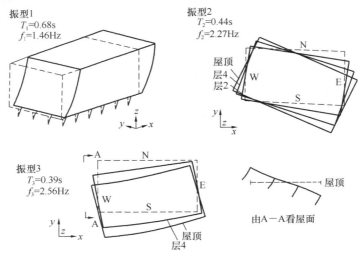

图 2.14-1 1CSB 办公楼的周期和振型

地震区的建筑，一方面要求结构布置规则、对称，关键是要求平面布置刚度均匀，以减少扭转，另一方面要求加强结构的抗扭刚度和抗扭承载力，这两方面已经成为结构工程师普遍认识的设计要求，成为重要的概念设计内容。为了更加明确这个设计概念，在新修订的《建筑抗震设计规范》GB 50011—2001 和《高层建筑混凝土结构技术规程》JGJ 3—2002（简称抗震规范和高规）中，给出了一些有关结构抵抗扭转的量化指标，其主要目的就是减少结构的扭转变形、并提高结构的抗扭能力，但是在工程设计中执行这些条文时，有时出现矛盾和困难，有时也有一些误解，下面将对抗震规范和高规的有关扭转规则性规定的具体执行方法进行一些探讨并提出建议。

二、抗震规范和高规的规定

对结构扭转，规范和规程主要有两方面规定。

1. 周期比要求

地震作用对结构的损害与扭转反应的大小有直接关系，扭转反应的大小又与地震的频率、地震扭转振动分量以及结构自身性能等有关。结构自振周期表示结构自身的性能，其中扭转周期的相对大小反映了结构抗扭刚度的大小。抗扭刚度较小的结构，其扭转周期必然较长，甚至长于结构平移周期。地震时，这样的结构扭转反应一般会较大，不利于抗震。因此高规要求将结构扭转周期与平移周期的比值进行限制，即周期比要求。在空间振型中扭转应当是第 3 振型，且要求 $T_{扭}/T_1 \leqslant 0.9$（A 级高度的高层建筑），$T_{扭}/T_1 \leqslant 0.85$（B 级高度的高层建筑），这也是概念设计中加强抗扭刚度的基本要求，高规把它量化了。

2. 位移比要求

结构是否规则、对称，平面中刚度分布是否均匀是结构本身的性能，可以用结构的刚心与质心的相对位置表示，二者相距较远的结构在地震作用下扭转可能较大，见图 2.14-2（a）。由于刚心与质心位置都无法直接定量计算，抗震规范和高规都采用了校核结构最大水平位移与平均水平位移比值的方法，即位移比要求。在楼板平面无限刚性的假定下，由结构某一条边缘的最大和最小位移变形平均后得到平均位移。由图 2.14-2 可见，最大位移与平均位移的比值可以概念性地表示结构平面扭转角大小。抗震规范和高规都规定了位移比超过 1.2 为不规则

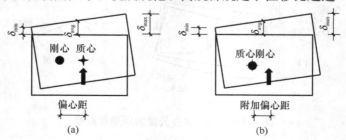

图 2.14-2　扭转角与位移比

（a）质心与刚心不重合；（b）质心刚心重合，有附加偏心距

结构、超过 1.5 为严重不规则结构，高规还明确要求在增加附加偏心距（5%L，L 为边长）的情况下计算校核位移比。虽然这个规定只是宏观的控制，但是它比老规程有所进步，便于设计操作，在许多情况下这种控制是必要的，主要校核最大层间位移所在层即可。

三、几点讨论

在执行抗震规范和高规规定的过程中，作者认为需要明确一些概念、以便使设计合理地满足规范及高规的要求。

1. 位移比与结构规则性的关系

表 2.14-1[2] 给出了一个规则结构在结构布置不同时计算所得的周期比和位移比，各方案的第一周期扭转系数均为 0。表内所有方案中，剪力墙都是对称布置的，最大层间位移都满足规范要求，如果不加附加偏心距进行计算，位移比都是 1。从剪力墙布置上看，结构都是规则的，平面布置的刚度也是均匀的，然而方案 1 周期比不符合要求，而且附加了偏心距以后，位移比也不满足要求，方案 3 的周期比满足要求了，可是附加了偏心距以后位移比仍然超过规定值，方案 4 和方案 5 并没有增加剪力墙，只是结构长度缩短，两项指标都满足要求。从这个典型结构的比较可以看出：1）规则且平面刚度布置均匀的结构也可能不满足位移比要求，主要是因为计算时增加了附加偏心距，此时规则结构也会表现出扭转变形，见图 2.14-2（b）；2）长条形建筑结构的位移比很容易超过规定限值，因为边长愈长的结构，其 5%L 的附加偏心距也愈大，扭转也愈大；3）周期比对位移比也有影响，方案 2 和方案 3 相比，剪力墙数量相同，但方案 2 剪力墙布置在边缘，其扭转周期较短，位移比就满足了要求，而方案 3 的扭转周期较长，位移比就超过了限制值范围。

某规则结构的周期比和位移比　　　　　　　　　表 2.14-1

方案	结构布置	周期比	平均水平位移	最大水平位移	最大层间位移角	位移比	备注
1	⟵ 72m ⟶	$\frac{1.33}{1.41}=0.94$	1.30 (1.29)	30 (1.63)	$\frac{1}{2776}$ $\left(\frac{1}{2202}\right)$	1.0 (1.33)	扭转在第二振型
2	⟵ 72m ⟶	$\frac{1.02}{1.42}=0.72$	1.19 (1.19)	1.19 (1.43)	$\frac{1}{3022}$ $\left(\frac{1}{2542}\right)$	1.0 (1.20)	扭转在第三振型
3	⟵ 72m ⟶	$\frac{1.09}{1.42}=0.77$	1.22 (1.22)	1.22 (1.47)	$\frac{1}{2960}$ $\left(\frac{1}{2455}\right)$	1.0 (1.21)	扭转在第三振型

方案	结构布置	周期比	平均水平位移	最大水平位移	最大层间位移角	位移比	备注
4	 ├56m┤	$\dfrac{1.06}{1.31}=0.80$	1.19 (1.19)	1.19 (1.41)	$\dfrac{1}{3030}$ $\left(\dfrac{1}{2560}\right)$	1.0 (1.18)	扭转在第三振型
5	 ├40m┤	$\dfrac{0.79}{1.21}=0.66$	1.08 (1.08)	1.08 (1.19)	$\dfrac{1}{3337}$ $\left(\dfrac{1}{3033}\right)$	1.0 (1.10)	扭转在第三振型

注：括号中的值是考虑附加偏心距以后计算的结果。

地震作用本身就有扭转分量，但是迄今为止，尚无法定量。高规中采用5％L 的附加偏心距是对地震扭转的一种近似估计，"5％"并不见得准确，但它是国内外通用的数据，是加强结构对地震扭转作用抵抗能力的一种方法，是保证结构设计安全所普遍认可的数值。

问题是附加了偏心距以后，计算所得的扭转角已经不能反映结构本身的性能了。正如例题可见，完全对称的结构在增加5％L 的附加偏心距以后，似乎变成"不对称"的了，而且边长愈长，结构愈"不对称"，这是一种误解，实际上，附加偏心距以后计算得到的位移比不能反映结构布置是否合理。因此，仅仅从规程要求的位移比是否超限来定义结构"扭转规则"或"扭转不规则"，严格说是不合理的（表 2.14-1 中的结构凭观察能知道它是规则、对称的结构，而大多数实际结构并不能凭观察确定其平面布置刚度是否均匀）。如果误以为凡是位移比超限的结构刚度布置都不对称或不均匀，单纯为了满足位移比数值要求而去调整剪力墙布置，不但解决不了问题，有时候可能造成另外一些不合理，例如可能形成刚度过大、或者本来对称的结构会变成不对称等等，边长愈长的结构愈是如此。

作者认为，要检查和确定所设计的结构刚心与质心是否相距过大，是否需要调整剪力墙的布置，应当在不附加偏心距的状态下进行计算。其次，可以看到周期比和位移比是相互有关的，增加抗扭刚度，能够在一定程度上减少位移比，而刚性构件在结构中的布置对结构抗扭刚度有较大的影响，提高抗扭刚度是概念设计中改进结构抗震性能的重要措施之一。

2. 如何满足周期比的要求

周期是结构自身的特性，周期比的要求也是对结构性能的要求，加大结构抗扭刚度是抗震结构的概念设计要求，此外，周期比符合要求的结构容易满足位移比要求。周期比的限制，对于大多数结构都容易实现，但是对某些不利布置的结构，例如风车形布置的结构或较长的结构，它们的扭转周期可能较长，按规范要求调整时有两种方法：1）降低平移刚度，使平移周期加长；2）提高抗扭刚度

（例如在周边加剪力墙等）。如果原来的结构刚度很大，层间侧移远小于限制值，则方法1可行，结构的抗侧刚度太大并不可取，但是还要进一步分析结构的扭转性能是否需要改善；方法2可以改善结构抗扭性能，是解决结构抗扭薄弱的根本办法。

在结构变柔后，扭转角较大会对抗震不利，因此最好是在尽量提高抗扭性能的基础上，减小平移刚度，刚性构件设置愈靠建筑边缘，抗扭刚度改善愈多，但是，将周边剪力墙的连梁加高，虽利于增加抗扭刚度，但造成剪力墙延性减小，不利于抗震。也就是说要在概念设计的指导下解决问题，不能单纯认为数值满足了就好。

3. 位移比要求可以灵活

高规中要求在单向地震作用并附加5%L的附加偏心距情况下进行结构计算，满足最大层间位移比1.2和1.5的限制条件，这是比较严格的要求，也是提高结构抵抗地震扭转作用能力的一种措施，但是该规定也有不足的一面。位移比是一个相对值，在相同的位移比下，当结构刚度较小、平均侧向位移较大时，扭转产生的最大位移也大，可能它对结构的危害也较大；相反，如果是同样的位移比，当结构侧向位移较小时，结构最大位移也相对较小。而规范中没有区分不同情况，采用了统一的位移比限制，对于刚度较大的结构（层数不多、高度不大或剪力墙较多的住宅结构）或高层建筑底部有偏置裙房，而裙房高度并不大时，要求似乎有些限制过严了。此时可以将位移比与位移最大值进行综合考虑，在刚度较大、位移较小且扭转周期符合要求的结构中，适当放宽位移比限制值，同时要求采取提高抗扭承载力或其他有效的抗扭措施，确保结构安全，文［4］对此有一些更进一步的细则规定。

4. 附加偏心距是提高结构抗扭承载力的有效方法

为了弥补单向地震作用计算的不足，需要增强结构在抵抗地震可能产生扭转的情况下的抗扭承载能力，附加偏心距对提高抗扭承载力起作用，这也是抗震概念设计的重要措施之一。在这一点上，高规与抗震规范的目的相同，但是具体的要求和做法却有些不同。抗震规范要求"将两端边榀结构地震内力乘以增大系数以考虑偶然偏心影响"，这是一种近似的用增大边榀结构承载力的方法增大结构抗扭能力的做法，对于多层结构是可行的；高规则要求在地震作用下采用附加偏心距计算得到的内力参与内力组合，这样做的结果是使所有构件都增大了内力，距"刚心"愈远的构件内力增加愈多，承载力也就提高得多，这种方法使增加内力的部位和大小都估计得更加仔细了。对于高层建筑结构，增大所有构件的承载力对于提高地震作用下结构的抗扭能力是必要而且可能的。

5. 提高扭转不规则结构抗扭承载力的重要措施

规范和规程规定，符合位移比和周期比的结构属于规则结构，反之，属于不规则结构，如果位移比超过 1.5，则属于严重不规则结构，后者是我国规程所不允许采用的结构。但是，前面已经分析，在具体工程中，有时结构并不是"不规则"，而是有一些其他原因，使对结构布置的调整十分困难，那么，在这种情况下是否有可能采取其他有效对策和措施，值得研究。

美国 IBC 规范对结构扭转问题的要求和处理方法大部分与我国规程相同，也是要求在附加 5%L 偏心距的地震作用下检查和限制位移比。但是有一点不同，在超过位移比限制后，除了要求采用更加精细和有效的方法计算以外（例如动力计算、线性和非线性时程分析），美国 IBC 规范的 1617.4.4.5 条[3]给出了一个增大计算扭矩的放大系数公式，可以将地震扭矩 M_t（质心、刚心不重合时产生）和附加扭矩 M_{ta}（附加偏心距产生）都乘以放大系数。当位移比小于和等于 1.2时，放大系数 A_x 等于 1；当位移比超过 1.2 时，放大系数 A_x 就大于 1，但不要超过 3。扭矩增大公式为：

$$\Delta M_t^c = A_x(M_t + M_{ta}) \tag{2.14.1}$$

其中放大系数为

$$A_x = \left(\frac{\delta_{max}}{1.2\delta_{avg}}\right)^2 \leqslant 3 \tag{2.14.2}$$

将附加扭矩加大，就相当于增大附加偏心距，增大扭矩的计算结果就是增大构件设计内力，提高结构的抗扭承载力。对于不规则结构，可以用增大承载力的对策加强薄弱部位，那么，增大抗扭承载力也是加强结构对扭转抵抗能力的对策之一。因此，对于位移比超过规定限值的"不规则结构"，可以将结构计算偏心距进一步加大，使各构件的内力和配筋进一步提高，以增强其抵抗偶然偏心的能力。

四、结论与建议

（1）应当在不附加偏心距的状态下进行计算并检查结构位移比，检查刚心与质心是否相距过大。根据偏心情况调整剪力墙的布置，尽量做到结构平面刚度分布均匀，同时在此状态下检查周期比是否符合要求。

（2）如果周期比不满足要求，首先宜尽可能增大抗扭刚度，如果侧向平移刚度确实较大，可适当减小抗侧刚度。

（3）如果在附加 5%L 的偏心距以后，位移比超过高规限制，宜分析造成超限的原因，并选择加大抗扭刚度、调整刚心位置或其他有效方法改进，切忌为满足要求而盲目凑数。提高抗扭刚度是概念设计中改进结构抗震性能的重要而且根本的措施之一，即使周期比满足要求，再采取增加抗扭刚度的措施，还能够在一定程度上对减小位移比有利。此外，还应当注意，要在符合概念设计的要求下增大抗扭刚度。

（4）建议将位移比与位移最大值进行综合考虑，在扭转周期符合要求的前提下，对于刚度较大、位移较小的结构（层数不多、高度不大或剪力墙较多的住宅结构），或偏置裙房而裙房高度不大的结构，可适当放宽位移比限制值，例如最大层间位移小于高规规定值的 50% 时，位移比限值可放松 10%，当最大层间位移的值更小时，放松的幅度还可加大，但放松不宜超过 20%[4]。

（5）用具有附加偏心距的地震作用计算的内力参加内力组合，是提高结构抗扭承载力的重要措施。当位移比超过限值，调整确实有困难时，可适当加大附加偏心距数值，再计算地震作用的内力，以加大结构抗扭承载力（此时不必再按规范要求限制位移比）。表 2.14-2 给出了式（2.14.2）与附加偏心距的近似关系作为参考，应用时宜根据我国的实际情况加以适当减小，不宜直接套用。

式（2.14.2）与附加偏心距的近似关系　　　　　　表 2.14-2

位移比	1.2	1.5	1.7
增大系数 A_x	1	1.56	2
附加偏心距（%）	5	7.5	10

参考文献

[1] 方鄂华．钢筋混凝土高层建筑结构概念设计．机械出版社，2004.

[2] 甄星灿．关于"扭转不规则"判别的思考．深圳土木与建筑，2005，(1).

[3] International Building Code 2000. International Code Council. U. S. A，March 2000.

[4] 北京市建筑设计技术细则——结构专业．北京市建筑设计标准化办公室．2004.

2.15　结构混凝土的可持续发展以及结构设计的节约

（原文刊于《建筑结构》2006 年第 6 期）

程懋堃

[提要]　简要介绍了国外在发展混凝土材料方面的新动向，以及城市化给混凝土工业带来的巨大压力。建设节约型社会，发展"绿色"混凝土工业，需要大幅度提高混凝土的耐久性，应用高性能混凝土，工程设计要做到科学合理，努力降低结构工程材料的用量。

[关键词]　混凝土　可持续发展　耐久性　高性能混凝土　HPHV

Sustainable Development of Structure Concrete and Economy of Structure Design

Cheng Maokun

(Beijing Institute of Architectural Design, Beijing　100045, China)

Abstract：The new trend of concrete material development aboard and the huge pressure on the concrete industry brought by the urbanization are briefly introduced. In order to establish the economic society and develop the green concrete industry, the durability of concrete should be increased greatly, the high performance concrete should be used widely, and the engineering design should be scientific and rational to save the usage of materials.

Keywords：concrete; sustainable development; durability; high performance concrete; HPHV

一、引言

结构混凝土是一种对环境无害的材料，构成了世界上大量的基础设施—水坝、道路、桥梁以及高层建筑。在正常情况下，建成后这些建筑几乎不用维护（钢结构则需经常油漆等等）。但是，混凝土的主要材料—硅酸盐水泥，却是对环境有害的。每生产 1t 水泥熟料，将释放出 1t 二氧化碳。全世界水泥年产量约为

14 亿 t，它所产生的二氧化碳约占全球温室气体的 7%。在制出混凝土时，还需要大量的粗、细骨料和水。上海市的骨料已经需要用船从远处运来，费用高昂。欧洲有不少国家，砂石骨料也已很缺乏。水资源的缺乏，也是混凝土工业发展的一个问题。鉴于以上所说种种问题，对于如何使水泥混凝土能更少地影响环境，在设计与施工方面应用可持续发展的混凝土材料，已在不少国家引起重视。

美国混凝土学会（ACI）在 2000 年组成了一个团队（Task Group），专门研究关于减少环境污染，可持续发展的混凝土材料、设计与施工等各方面的问题。他们正在进行的工作，包括研究减少水泥用量的替代物，如粉煤灰、稻壳灰，研究重复利用的骨料，高效减水剂（超级塑化剂）等等。采用这些措施后，将使所谓"绿色混凝土"和"绿色建筑物"得以发展和实现。一栋真正的绿色建筑必须是节能的；采用最少量的水泥和大量的水泥替代物，以及用粉煤灰生产的轻骨料。最近见到美国 2005 年资料，不用水泥，全用粉煤灰，混凝土强度可达到 C25。

英国也已成立了几个可持续发展研究中心，其研究题目较多，例如：1）将旧混凝土作为骨料；2）水泥的代替品和掺和料，如粉煤灰、硅粉、磨细矿渣等；3）碎玻璃作为骨料。

联合国在 2001 年公布的资料表明，到了 20 世纪末，全世界人口已达 60 亿，呈爆炸性增长，其中人口的一半居住在城市及其郊区。2001 年，全世界有 19 个人口超过 1 千万的巨型城市，22 个人口为 5 百万至 1 千万的城市，370 个人口为 1 百万至 5 百万的城市，430 个人口为 50 万至 1 百万的城市。城市的发展必须正视大量使用混凝土所带来的问题，如何使混凝土工业更加"绿色化"？

二、提高混凝土的耐久性

如果混凝土结构的使用年限，能从 50 年提高到 250 年，整个混凝土工业的效率将可提高几倍。影响混凝土耐久性的一个重要因素是裂缝。由于片面追求建设速度，近年来，水泥中 C_3S 的含量提高很多，水泥的磨细度也大为提高，这使得混凝土获得早强，但它的干缩和温度变形也大为增加。所以，现在的混凝土比以前的更易开裂，从而影响耐久性。

三、提倡使用高性能高粉煤灰混凝土

对高性能高粉煤灰混凝土（High-Performance High-Volume Fly Ash Concrete）介绍如下：1）胶结材料中，粉煤灰（FA）占 50%～60%；2）水泥用量 $<200kg/m^3$。混凝土用量 $150kg/m^3$，比通常混凝土用量 $300kg/m^3$ 以上少很多；3）用水量少，约 $130kg/m^3$，适当加入塑化剂，可得到 150～200mm 的坍落度，减少用水量可在同样胶结料用量的情况下，得到较高的强度；4）要求粉煤灰的质量不能有碳微粒（由于煤燃烧不完全而产生），细度高；5）加强养护；

6）HPHVFA混凝土可防止碱骨料反应引起的膨胀；7）由于 HPHVFA 中的水泥用量少，可降低造价，因此可用于高速公路的建造，代替沥青，并可降低公路维修费用；8）粉煤灰可制出轻骨料，配成质量密度 2080kg/m³ 的轻混凝土，其造价便宜（因 FA 是发电厂的废料）。

据美国估计，2000 年中国年产粉煤灰 4 亿 t，2010 年将达 6 亿 t。因为我国发电主要用煤，所以粉煤灰产量极大，如不充分利用，还需有堆放废料（FA）的场地。美国的 1 个 HPHVFA 混凝土的工程实例：两个平行的基础板，36m×17m×0.62m，采用强度为 20MPa 的 HVFA 素混凝土，水泥用量 106kg/m³，FA 为 142kg/m³。建成 2 年后，经检查，一条裂缝都没有。

目前我国每年大约要建成 20 亿 m² 的建筑物，这样巨大的数字，是以前任何国家没有的。要发展节约型社会，做到可持续性发展，就必须在节省材料消耗方面着手。从结构设计方面看，节约的潜力还是很大的。我国现在高层钢筋混凝土结构单位建筑面积的用钢量已经比国外同等情况的钢结构的钢材用量还要多。如果每平方米建筑面积节约 10kg 钢筋，0.03m³ 混凝土，每年就可节约 2 千万 t 钢筋，6 千万 m³ 混凝土，而这是比较容易做到的。

下面举几个国外高层钢结构用钢量的例子。韩国汉城 SK 总部大楼，160m 高，36 层的钢结构，钢支撑加外框筒，用钢量 123kg/m²（见图 2.15-1）。纽约时代广场办公楼，48 层，221.5m 高，面积 111500m²，用钢量 117kg/m²（见图 2.15-2）。上述两个工程，都位于台风和飓风区，其所受的水平力，决不亚于我们 8 度地震区的地震作用。洛杉矶 Figueroa at Wilshire 大楼地上 53 层，地下 4 层，高 218m。洛杉矶地震设防，约相当于我国 9 度。设计地面加速度 0.4g。用钢量 110kg/m²（见图 2.15-3）。

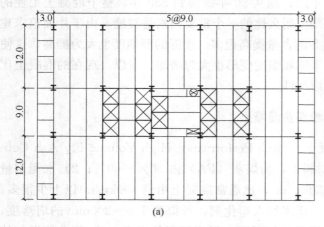 

图 2.15-1　汉城 SK 总部大楼

（a）标准层平面（m）；（b）立面

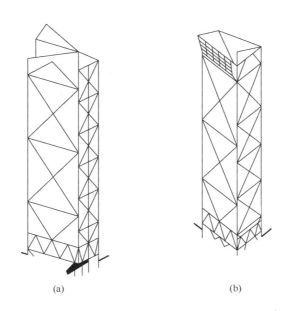

(a)　　　　　　　　　　　　(b)

图 2.15-2　纽约时代广场办楼立面支撑图
(a) 东北方向之支撑；(b) 西南方向之支撑

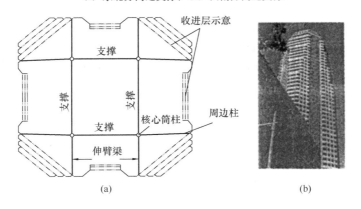

(a)　　　　　　　　　　　　(b)

图 2.15-3　洛杉矶 Figueroaat Wilshire 大楼
(a) 结构平面；(b) 立面

四、节约材料的潜力

在新的形势和新的条件下，我国在发展绿色混凝土节约建筑工程材料方面有着很大的潜力。

1. 材料用量方面

大量采用 FA，以减少水泥用量，在目前是较易做到的。但是，粉煤灰用量较多之后，混凝土强度增长较慢，所以，设计时应取用其后期强度。高层建筑的基础构件，截面较大，而达到满负荷的时间又较长。因此，基础构件采用 FA 掺量较高的混凝土，可不取其 28d 强度，而是取 60d 至 90d 强度。我国在 20 世纪 80 年代已有"粉煤灰应用规程"，规定基础混凝土可取用 60d 强度。我国已有不少工程，尤其是基础，在掺用粉煤灰后，取其后期强度。因为基础在达到满负荷时，需要较长时间，所以采用 60~90d 强度，是完全可行的。如上海金茂大厦，88 层，基础板厚 4m，C40，取用 90d 强度。采用后期强度，不仅可以减少水泥用量，达到节约目的，还可因为减少水泥用量而减少开裂的可能。

2. 设计方面

自从改用 02 规范代替 89 规范以来，据统计，民用建筑结构的用钢量每平方米约上升了 15%~20%。用钢量的增加，有些是必要的，有些却有些过分了。

例如，新规范规定 8 度地震区，高度≤80m 的剪力墙结构和高度≤30m 的框架结构，抗震等级皆为二级。这就有一个问题，难道二、三层的小楼，其剪力墙或框架也必须是二级？因此，我们在编制北京地区的《技术细则》时，把层数不多的框架结构和剪力墙结构的抗震等级，都降低为三级。其他例子不一一列举。

愿我们大家共同努力，为建设一个节约型的社会而共同努力。

参考文献

[1] Structural Engineering International. SK Headquarters Building. 2001，11(1)
[2] Structural Engineering International. Time Square Building. 2005，15(1).
[3] Concrete International. Sustainable Development and Technology. 2002，24(7).

2.16 对现行规范的几点思考之一

——关于混凝土结构房屋的适用高度

（原文刊于《建筑结构》2006 年第 6 期）

程懋堃　于东晖

摘要：本文介绍了近四十年来各类结构形式（框架结构、框剪结构、板柱结构、板柱剪力墙结构）的房屋在地震中的表现（好的或坏的），并分析了其原因，从而指出现行国家规范中对框架结构、板柱剪力墙结构最大适用高度的规定的不妥之处，并提出了修改建议。同时对规范中某些易被工程师忽略、误解的规定进行了强调和说明。

关键词：框架结构；框剪结构；板柱剪力墙结构；倒塌；损坏；延性框架；脆性破坏；冲切破坏

Some Thoughts about Existing Code-The Maximum Suitable Height of Concrete Structural Building

Cheng Maokun, Yu Donghui

(Beijing Institute of Architectural Design，Beijing 100045，China)

Abstract：The performance of many kinds of structural system is introduced in earthquakes during the past 40 years ，some good and some bad，and the reasons are analyzed. It is pointed out that the maximum suitable height of frame structure and flat-plate shearwall structure is not proper on Chinese existing code. Then the suggestions and the modifications are given. Some regulations that are capably overlooked or misunderstood by engineers on code are emphasized and explained.

Keywords：frame structure，frame-shearwall structure，flat-plate shearwall structure，failure，damage，ductile moment-resistant frame，brittle damage，punching shear failure

一、引言

首先必须明确一个概念，规范规定的最大适用高度不是限高，作为设计人不能盲目按照最大适用高度来确定建筑高度的允许取值，更不能因为有"限高"而不作适当的高度突破。这里面包括两个方面的定义：第一，规范规定的是最大适用高度有某些不妥当之处，例如框架结构过高而板柱—剪力墙结构又偏低；第二，在《混凝土结构设计规范》GB 50010—2002、《建筑抗震设计规范》GB 50011—2001、《高层建筑混凝土结构技术规程》JGJ 3—2002 等规范的相应条文及条文说明中均有明确规定，通过专门研究，采取有效措施，并按有关规定上报审批后，房屋的高度可以超过规范中规定的房屋最大适用高度。换句话说，规范中规定的最大适用高度，指的是按照本规范各项措施进行设计时的最大适用高度，如采用更合理的结构布置，更可靠的节点构造，更科学的分析手段等一系列严于规范中基本要求的措施时，房屋的高度可以设计得更高。

二、框架结构房屋的合理高度

下面先看一看近四十年的相关震害实例。

1. 委内瑞拉加拉加斯 6.4 级地震（1967.7）震害

加拉斯加唯一的剪力墙结构的房屋——17 层的（Plaza One Building）在这次地震中未受任何破坏，而在其周围的几栋框架结构建筑或倒塌或遭受严重破坏，其中倒塌的房屋其隔墙多采用实心砖，而遭严重破坏未倒塌的房屋其隔墙多采用空心砖。

2. 美国旧金山 6.6 级地震（1971.2）震害

6 层的框剪结构房屋 Indian Hill Medical Center 震后经中等维修即可使用，而与其相邻的 8 层高的框架结构房屋 Holy Cross Hospital 却受到严重破坏，不得不在震后拆除。

3. 尼加拉瓜马拉瓜 6.3 级地震（1971.11）震害

虽然马拉瓜地震震级并不很高，但却造成了万余人员死亡、整个城市毁坏严重。其中由林同炎事务所设计的 18 层的美洲银行大厦（Banco De America）成为少有的震害很小的高层建筑，还有 16 层的世纪银行大厦（Banco Centry）也有不错的表现。这两个建筑的共同特点是采用了框架剪力墙结构体系。特别是美

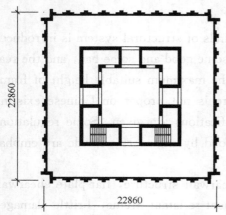

图 2.16-1　美洲银行大厦标准层平面

242

洲银行大厦（图 2.16-1）中央筒体由四个剪力墙角筒经刚度适中的大连梁连接而成，形成了多道防线，大连梁→四个角筒剪力墙→外围框架。经地震，仅在大连梁出现了剪切破坏，墙体基本完好。

与此同时大量的框架结构的房屋发生了倒塌或严重破坏。其中有距美洲银行大厦很近的中央银行大厦（Banco Central）（图 2.16-2）。另两栋相邻且同为 5 层的保险大厦（Insurance Building）和恩那夫大厦（Enaluf Building）也有完全不同的表现，框架结构的保险大厦严重破坏，而框剪结构的恩那夫大厦仅发生了较轻的破坏。

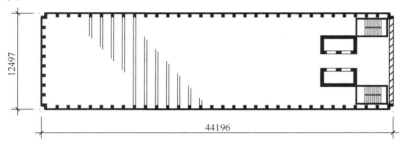

图 2.16-2　中央银行大厦标准层平面

当然在这次地震中也有一些表现不错的框架结构建筑，验证了延性设计理论的正确性。这些建筑的结构构件几乎没有破坏，但非结构构件破坏严重。包括同为 8 层的高等法院大厦（Supreme Justice Building）、社会保险大厦（Social Security Building）和通讯大厦（Telecommunications Building）。

4. 唐山 7.8 级地震（1976.7）震害

在唐山地震中天津友谊宾馆 8 层的纯框架结构楼房破坏严重，震后经大修方才继续使用；但与之相邻的 11 层框剪结构楼房却震害很轻。在北京，北京饭店西楼为 8 层纯框架结构，震后 7、8 层的空心砖隔墙发生了严重的剪切破坏，8 层南侧一根外立面装饰柱出现长 10m、宽 20cm 的裂缝，且整个柱子向南侧斜；而 18 层的框剪结构的东楼却完好无损。

5. 罗马尼亚布加勒斯特 6.9 级地震（1977.3）震害

这次地震造成了 35 座高层建筑倒塌，但同时成百上千座包含双向剪力墙的高层住宅却安然屹立，有些几乎未发生破坏。

6. 墨西哥城 8.1 级地震（1985.10）震害

有大约 280 座 6 至 15 层的框架结构房屋倒塌。在中南美洲国家框架结构是多高层建筑的主要结构形式。

7. 智利瓦尔帕莱索 7.8 级地震（1985）震害

同样在 1985 年的地震，墨西哥地震比智利地震给人们的印象要深刻得多，其原因是在智利 7.8 级地震中几乎没有楼房倒塌。获得如此出人意料的表现最重要的原因可能就是这里的楼房中均布置了剪力墙。

8. 前苏联亚美尼亚 7.1 级地震（1988.12）震害

框架结构房屋总共有 72 座倒塌，149 座严重破坏，而仅有的 21 座剪力墙结构房屋却全部经受住了地震的考验。特别是在斯比塔克（Spitak）除了一座 5 层的剪力墙结构的板楼未受破坏，几乎全部夷为平地。

9. 我国云南澜沧、耿马 7.6 级地震（1988.11）震害

多座层数为 3～4 层的框架结构的新建筑发生了倒塌。当时的抗震设计还不完善，而且施工质量也不是很有保证，所以虽然这些建筑在设计时已考虑了抗震因素，但震害还是比较严重。

10. 我国台湾海峡 7.3 级地震（1994.9）震害

此次地震在广东部分地区的烈度为 6 度，却造成许多框架结构房屋的破坏，主要形式为填充墙的损坏。

11. 日本关西地区阪神 7.2 级地震（1995.1）震害

发生破坏的钢筋混凝土结构建筑中框架结构数量最多，且破坏严重，统计的 7840 栋破坏率为 62.3%，而板式结构破坏相对较少，统计的 3382 栋破坏率为 26.9%。

值得注意的是框架结构出现多起中间层完全崩坏的破坏形态。板式结构产生严重破坏的多为老旧的多层壁式预制钢筋混凝土结构，而较新的中高层 HFW 结构房屋（图 2.16-3）破坏较少。所谓 HFW 结构基本上是由横向（短轴）带壁柱的剪力墙，纵向（长轴）则为壁柱和梁形成的纯框架组成的。在激震区的 5 栋 HFW 结构房屋仅有 1 栋发生了严重破坏，而其恰恰发生在纵向的框架方向上。表现在许多层的梁端和 1 层的壁柱根部弯曲屈服破坏。要额外说明的是这 5 栋房屋处在半径 2km 范围内，有 3 栋的长轴沿东西向，有 2 栋长轴沿南北向，发生严重震害的是长轴沿南北向中的 1 栋。激震区框架剪力墙结构房屋并不很多，仅有一栋 8 层的神户市海上防灾中心办公楼连梁严重破坏，框架结构主体基本完好。其他框剪结构房屋的破坏大部是由于地基土液化造成的。

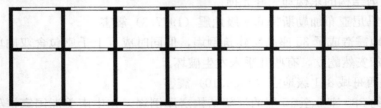

图 2.16-3　日本 HFW 结构标准层平面示意

12. 我国台湾省集集（南投）7.3 级地震（1999.9）震害

据统计有 8773 栋房屋遭受破坏，钢筋混凝土结构的占 52.5%，其中占主要

部分的为框架结构或框支结构。特别是某些单跨框架结构底层个别柱子折断导致整体结构倒塌的震害较典型。

从以上的实例中我们应该能够得到一个简单的结论，从抗震减灾的角度讲，采用含剪力墙的结构是一个更好的选择。

对任何事物的认识都是有一个过程的，对于抗震结构的选择问题也不例外。在20世纪五六十年代，大多的研究方向强调减小地震反应，框架作为一种偏于柔性的结构形式正符合这一要求，与此相反认为剪力墙结构由于刚度过大，使地震反应偏大，从而不利于抗震。同时框架结构可以通过延性设计使其在遭受大震时，按设计人设想的顺序先后在不同的部分出现塑性铰，从而达到吸收能量、减小刚度、减小地震力、坏而不倒的目的。而剪力墙结构在大震中很难不出现脆性破坏。基于以上两点，20世纪中期以后很多国家的规范中支持在地震区采用延性框架结构，而不考虑使用剪力墙。应该说这种想法是有其合理性的，但同时亦有其局限性，其一，抗震设计并不是比地震反应，不是地震反应越小就越好，而是地震反应与结构抵抗能力的比值越小越好；其二，剪力墙结构的延性设计不应因为有难度而选择逃避；其三，设计中采用的地震加速度值往往大大低于实际大震，这就要求抗震设计应有多道防线和余量，框架结构在此点的能力较为有限。正是这种片面的指导思想导致了大量地震区的人们生活在危险之中，从前面的震害中我们已经看到了严重后果。

在事实面前人们的认识在进步，剪力墙作为更加经济有效的抗震手段，现在已得到了广泛的应用。但我国现行规范似乎对纯框架结构某些方面的要求太宽松。

我们认为纯框架结构的缺点主要体现在以下几个方面：

（1）侧移过大。作为偏于柔性的结构，多高层的框架结构侧移较大，较难满足规范的限值（虽然此限值已比框剪结构放宽很多）。如要满足规范限值，则必然造成肥梁胖柱，且配筋量（特别是柱子的配筋量）要增加很多，从而大大增加了结构自身的造价，但并没有带来更大的安全度。

在当前的设计中有这样一种常用作法，建筑设计过分强调灵活的分隔和大空间，使得剪力墙的布置非常受限制，少量的剪力墙承担了大量的地震荷载，承载能力无法满足要求，所以最后干脆设计成纯框架结构。这样做是非常不利的，首先要明确含剪力墙的框架结构未必一定要满足规范中框剪结构对于剪力墙承担地震作用百分比的要求，但只要剪力墙的布置合理、选型适当、设计得当，同样可以起到好的抗震作用，此时要注意框架的抗震等级要按框架结构确定。

（2）要满足小、中、大震三阶段设计原则的要求，特别是"大震不倒"难度较大。因为大震时实际地震力要大大高于计算值，缺少多道防线的框架结构对此非常不利。前面大量的震害也已充分说明了这一点，特别是马拉瓜地震中美洲银行大厦与中央银行大厦的对比，以及同在 1985 年发生的大地震，墨西哥地震与智利地震后果的对比。

（3）围护结构、机电设施等损坏严重。许多震害实践表明，抗侧刚度大的结构，在地震中常比偏柔性者好，框架结构即使主体不坏，围护结构、机电设施等的损失也能造成大量人员伤亡和房屋无法使用，而且震后修复投资巨大。虽然填充墙属于非结构构件，但结构工程师对其应同样重视。设计时要注意《高层建筑混凝土结构技术规程》JGJ 3—2002 第 6.1.4 条、第 6.1.5 条的规定。

在马拉瓜地震中作为表现良好的框架结构的房屋其填充墙亦遭到严重破坏，同样的情况在台湾海峡地震中也大量的出现。

另外填充墙的布置还会影响到整个结构质量和刚度的分布。结构工程师对填充墙的布置往往关注不够，而且其又常有变化不易控制。阪神地震中某些中间楼层完全崩坏和底层完全倒塌，就是因为底层是商铺，有些中间层是图书馆而缺少隔墙造成刚度突变的后果。

（4）P-Δ 效应显著。过大的侧移除了会导致填充墙的破坏，还会引起较大的 P-Δ 效应而影响结构的安全性。

综上所述，从经济性、安全度等方面考虑，我们认为相关规范规定的框架结构适用高度偏高较多，建议在 8 度区，将框架结构的最大适用高度降为 5 层 20m。

三、板柱剪力墙结构房屋的合理高度

板柱结构体系有不少优点，主要体现在结构本身高度小，能够减小层高，节约高度成本，另外普通板柱结构支模方便，利于施工，减少工期，节约时间成本。但其亦有缺点，如普通板柱结构自重偏大，钢筋、混凝土每平方米使用量偏多，还有其抗震性能不如框架结构。对板柱结构最大适用高度如何取值，同样先看看震害实例。

1. 美国阿拉斯加安克雷奇 8.5 级地震（1964.3）震害

此次地震虽然剧烈，但房屋倒塌的情况却很少，可是一栋名叫"四季公寓"的 6 层板柱－核心筒结构的房屋刚建成未投入使用，却完全倒塌了。经震后调查分析得到的结论是，筒体底部钢筋搭接长度过小，在地震中搭接失效，导致筒体倾覆。应该说倒塌的原因在构造缺陷，并不在于结构体系。

2. 阿尔及利亚 7.7 级地震（1980）震害

一栋 3 层双向密肋板柱结构商场公寓（AinNasser Market）倒塌，导致数百人死亡。此楼倒塌的原因是结构体系的缺陷造成的，其缺陷在于此房屋为纯板柱结构，缺少剪力墙。板柱结构是比框架结构更加"柔软"的结构，其抗侧移能力非常有限，我们不主张框架结构设计得过高，在地震区我们同样不主张设计无剪力墙的纯板柱结构。

3. 墨西哥城 8.1 级地震（1985）震害

有不少板柱结构的房屋发生了严重破坏。主要破坏形态为板柱节点的剪切和冲切破坏。

从上面的震害，我们可以看到板柱结构体系的主要问题在两方面，其一，是不设剪力墙的纯板柱结构对于抗震是不利的；其二，是板柱节点是薄弱环节，设计时应特别注意，采取合理的措施。

其实针对以上两方面的问题我国现行规范中已有了明确、严格的规定：1) 要求房屋周边和楼电梯洞边采用有梁框架，实际上形成了板柱－框架－剪力墙体系；2) 要求剪力墙承担 100% 的地震作用，板柱部分还要另承担 20% 地震作用；3) 为保证楼板在开裂后不脱落，要求穿过柱截面的板底筋能够承担全部的竖向荷载。

除了规范的要求，在参考文献 [4] 中还提供了更多有效的设计建议，例如很重要一项是采用抗冲切栓钉。如果措施得当，再加上精心的设计，我们认为板柱剪力墙结构（实际上是板柱－框架－剪力墙结构）的最大适用高度应能提高。

在设计中如何确定板柱－剪力墙结构的适宜高度，要根据具体情况具体分析，不宜盲目套用概念。特别是对于框架－核芯筒结构当内部带有部分仅承受竖向荷载的柱与无梁楼板时，不属于板柱－剪力墙结构（图 2.16-4）。这一点在《高规》的条文说明第 4.2.2 条已有明确解释。

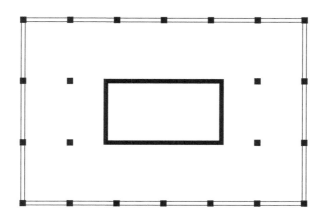

图 2.16-4　含局部板柱的框架－核芯筒结构平面示意

由于板柱的抗震性能逊于框架，板柱－剪力墙结构在按《抗震规范》及参考文献 [4] 中的要求进行设计时，其最大适用高度可参照框架剪力墙结构的最大适用高度并适当降低，建议可取规范规定值的 80%，例如 8 度区可取 80m。

参考文献

[1] 建筑抗震设计规范 GB 50011—2001[S].

[2] 混凝土结构设计规范 GB 50010—2002[S].

[3] 高层建筑混凝土结构技术规程 JGJ 3—2002[S].

[4] 程懋堃. 关于板柱结构的适用高度[J]. 建筑结构学报，2003，24(1).

[5] 宋天齐. 框架结构最大高度的讨论[J]. 建筑结构，1999，29(6).

[6] 胡庆昌. 1995 年 1 月 17 日日本阪神大地震中神户市房屋结构震害简介[J]. 建筑结构学报，1995，16(3).

[7] 黄南翼，张锡云，姜萝香. 日本阪神大地震建筑震害分析与加固技术[J]. 地震出版社，2000.

[8] 王亚勇，白雪霜. 台湾 921 地震中钢筋混凝土结构震害特征[J]. 工程抗震，2001，(1).

[9] 尹永年. 台湾海峡 7.3 级地震建筑物震害分析与损失评估[J]. 华南地震，1996，16(3).

[10] Mark Fintel. Ductile Shear Walls in Eearthquake Resistant Multistory Buildings[J]. ACI Journal，1974，71(6).

[11] Mark Fintel. Shearwalls-An Answer for Seismic Resistance[J]. Concrete International. 1991，13(7).

2.17 对于"楼板开大洞框支剪力墙结构动力特性研究"一文中有关"开洞率"的看法

（原文刊于《建筑结构》2007 年第 3 期）

程懋堃

《建筑结构》2006 年第 12 期登载的文章"楼板开大洞框支剪力墙结构动力特性研究"（简称该文）中，有一个明显的问题。

该文所述工程为一栋高层住宅，地上共 33 层，由于通风、采光的要求，在层 4～33 的标准层平面中，有四处较深的凹进。为了拉结平面中凸出部分，设置了拉梁，见该文图 1（b）中的 LLn17，LLnl9 等。该文作者将拉梁与剪力墙之间形成的空间，视为楼板开洞，这是对规范的误解。

《高层建筑混凝土结构技术规程》JCJ 3—2002（简称《高规》）的第 4.3.6 条规定："楼板开洞总面积不宜超过楼面面积的 30%。"此条文明确规定，是"楼板开洞"，不是室外的缺口。而该文图 1（b）中所指的"洞口"，并非是楼板开洞，而是拉梁与建筑物外墙之间形成的空间。此种建筑形式在高层塔式住宅中较为多见。但是，不能将建筑物外墙以外的空间视作楼板的开洞，并以此推定，楼板的开洞率超过 40%，然后以此作为不符合规程要求的一项。

我们在设计时，应以规范要求作为指针。但对于规范条文的理解与应用，要力求准确。《高规》的第 4.3.6 条所用词为"宜"，是可以有所松动的，而且工程界对于 30% 这个界限，也有一些不同的看法。

对于"楼板的开洞率"，有时有一些误解，个别审图单位甚至将楼层中电梯井所开洞口也作为楼板开洞，这是错误的。

2.18　一些结构设计概念的建议

（原文刊于《建筑结构》2008 年第 1 期）

程懋堃

[摘要]　就结构设计中的一些概念问题进行了讨论，内容包括：基础持力层为基岩时抗震要求可适当放松，结构抗侧刚度应适当增加，强风低烈度的区域应加强抗风设计并适当放松抗震要求，框剪结构的柱底弯矩可不放大，框支结构的一些问题、不应以已建成结构作为设计成功的范例，柱轴压比的限值是否过于严格，以及应当抵制一些不合理的构造要求。这些讨论可作为结构设计人员参考。

[关键词]　结构设计　概念　抗震　抗风　构造

Some Suggestion of Conception of Structure Design

Cheng Maokun

Abstract：The concept topics about structure design is discussed which are described as follow. Seismic design level can be decreased when the foundation is rock. It's better that the structure is stiffer. The wind-resist design is more important than seismic design in regions where wind is intense but earthquake is not intense. The bottom end moment of column of shear-wall-frame structure can not be increased. Something about frame supporting structure should be made more clear. Something which has been used in practice may not be correct sometimes. Pressure ratio of column may be too strict in Chinese regulations. Some details which are not reasonable should be resisted. These discussions may be references to structure designers.

Keywords：structure design；conception；seismic；wind；construction

一、基础持力层为基岩时，抗震要求应适当放松

1976 年唐山发生大地震，市中心区建筑物几乎全部倒坍，一片瓦砾，惨不忍睹。在唐山市北郊，由于基岩露头，建筑物的基础都落在基岩上，在烈度 10

～11 度的强地震作用下，建筑物除了开裂和局部坍落以外，大多数未倒坍。而那些未倒塌的建筑物，都是未按抗震要求设防的。

由此可见，我国现行抗震规范，对于坐落在基岩上建筑物的抗震要求，似乎过严。例如，在抗规表 6.1.2 中，Ⅰ类场地时，"除 6 度外可按表内降低一度所对应的抗震等级采取抗震构造措施，但相应的计算要求不应降低"。这个要求，与上述唐山地震时，在基岩上未设防的建筑物在地震烈度 10～11 度的强震下大都未倒塌的事实来对比，明显是太严了一些。

目前，抗震规范正在进行修改，建议在表 4.1.3 的土类型划分中，稳定岩石与密实的碎石土区分开。给予前者以更多的"放松"，使设计能在保证安全的前提下做得更经济。

二、适当增加结构抗侧刚度

有人以为，结构的抗侧刚度如果较大，会使地震作用偏大，不经济。因此认为，结构只要满足规范对侧移的要求，刚度不必太大。这种意见不完全正确，现讨论于下。

地震对于影剧院、音乐厅一类上部结构空旷的建筑，由于其各部位的抗侧刚度相差悬殊，在受到侧向力作用时，各部位的侧移也因之而相差较多，将因此而造成附加震害。如果将其各部位的抗侧刚度加大（例如设置较多抗震墙），使其受地震作用时侧移的绝对值很小，即使各部位的侧移仍有差别，但因绝对值小，地震的影响就会减少。图 2.18-1 是中美洲国家尼加拉瓜首都马拿瓜的国家剧院，在 1972 年的强震中，许多房屋倒塌，而该剧院并无损坏，连外墙贴面石材都没有裂缝。

图 2.18-2 表示该市的美洲银行大厦。工程的抗侧刚度很大，核心筒的高宽比达 5.5，外墙周边是抗侧刚度巨大的密排柱。该工程在设计时并未按筒中筒设计，因为在 60 年代初，还没有密排柱形成的框筒结构的概念与设计方法。在 1972 年强震中，与它相邻的中央银行（15 层），受到巨大破坏，最后不得不拆除重建。而此工程更高（18 层），却基本上没有损坏，仅在剪力墙连梁上的通风洞口四角有些斜裂缝，简单修补即可继续使用。

由此可见，对于此类建筑物，当抗侧刚度较大时，抵抗强震的能力，比刚度偏柔的建筑好。

此外，《抗震规范》表 6.1.1 中，对于框架结构的最大适用高度，7 度为 55m，8 度为 45m 这个高度，只适用于石油化工一类的厂房，其层高很高，常达十几米，所以 45m 只有三层。这个规定不适用于一般民用建筑。

美国抗震专家 Mark Fintel 对于框架结构研究多年，写过几篇经典式的论文，其结论是，纯框架结构遇到强震时，即使框架结构本身未破坏，由于框架结构的抗侧刚度相对较弱，地震时侧移较大，但其围护墙、填充墙、机电管道设备等，

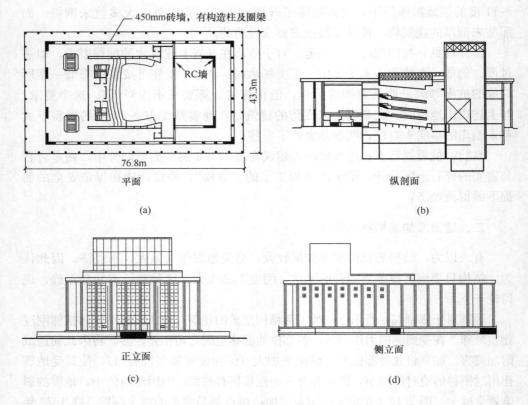

图 2.18-1 马拿瓜的国家剧院

将有较大损坏，损失也是很大的。因此，他建议在地震区少设计不带抗震墙的框架结构。

三、我国东南沿海 6 度区，应加强抗风设计，并适当放松抗震要求

我国东南沿海，有许多 6 度区。因地处海边，夏秋之季常有飓风袭击，风力较大，所以，高层建筑一般为风力控制。但有些同志在设计中，过分注意抗震验算及构造措施。对于抗风验算以及必要的加强措施等，却注意不够。这与我国规范中对于抗风的要求不够全面也有关系。

近年来，我国某些沿海地区曾经记录到超强飓风，这些超强飓风，会不会在其他地区出现，并没有引起足够的注意。对于体型不规整的超高层建筑，如何取设计风荷载，如何适当加强其抗风承载力；对于高层建筑屋顶部位的巨型广告牌（或类似构筑物），以及超长悬挑结构在强风作用下的危险性认识不足，等等。例如，高层建筑屋面的广告牌，不应设计成悬挑结构，应有斜向支撑支在屋面上。超长悬挑结构的负风压有时会比规范规定值大很多。这些都需要特别注意。

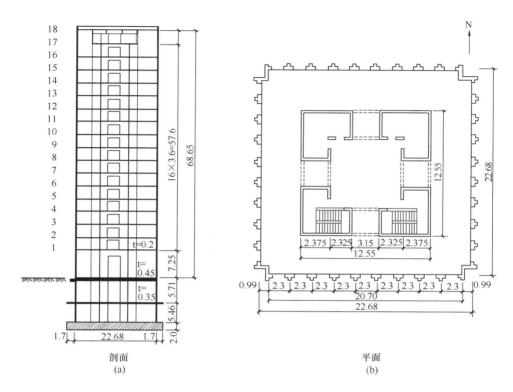

图 2.18-2　美洲银行大厦

当然，在加强抗风设计的同时，也应注意适当节约。广东省在设计高层建筑时，在风载的验算方面，强度按百年一遇的风载，位移则按 50 年一遇的要求。这种分别处理的方法是合理的。

四、框架结构底层柱底弯矩的增大不适用于框剪结构

《高层建筑混凝土结构技术规程》6.2.2 条规定，抗震设计时，一、二、三级框架结构的底层柱底截面的弯矩设计值，应分别采用考虑地震作用组合的弯矩值与增大系数 1.5、1.25 和 1.15 的乘积。

这条要求的理由是：研究证明，在强震时，框架结构的底层柱底不能避免出现塑性铰。柱子出现塑性铰，对柱子的竖向荷载的承载力将有较大削弱，但又无法避免。因此《高规》6.2.2 条中规定，将框架结构底层柱底的弯矩设计值乘以增大系数，以推迟其出现塑性铰，增加安全度。

但是，对于框剪结构，其框架部分的底层柱底，并不需要一律乘以放大系数。因为框剪结构有剪力墙作为第一道防线，如果墙的布置恰当，并有足够的数量，则框架的底层柱柱底可不出现塑性铰。所以，框剪结构的框架部分，不必引用 6.2.2 条。

五、关于框支结构的一些问题

由于框支结构在抗震方面的弱点，各本规范、规程都对此做了一些规定和限制，例如框支层的部位，框支梁柱的构造，等等。但是，有人却对什么是框支结构不清楚，任意扩大框支结构的范围，对于本来不属于框支者，施加种种限制，这就不妥当了。

剪力墙结构的底部，由于使用要求，取消一部分墙（即部分墙不落地）时，不落地墙由框架梁、柱来支托，即形成框支结构。最重要的一点，是结构的抗侧刚度有突变，尤其突变位于底部，对抗震不利。所以，规范中有各种限制和计算、构造上的要求。这些要求，大部分是合理的，但有一些也是可以商榷的。

《高规》10.2.9条之第2款规定，抗震设计时，框支梁截面高度不应小于计算跨度的1/6。对于梁高做硬性规定，是不恰当的。当梁上荷载不大，例如10层房屋，底部5层为框支，梁上支承5层荷载，跨度为8m。按《高规》要求，梁高应为1350mm，而按强度计算，不一定需如此大的梁高。而且梁高度较大时，不易形成"强柱弱梁"，对使用的空间上，也会有影响。所以，不区别框支梁承受荷载的大小，一律规定梁高不"应"小于跨度的1/6，是不恰当的。

《高规》10.2.2条规定，框支结构地上大空间的层数，8度时不宜超过3层，7度时不宜超过5层。其用词为"宜"，本来应有一定灵活余地。但目前各地审查单位，一遇超过3层（5层），即作为"超限"，要严格审查，这也是不妥当的。

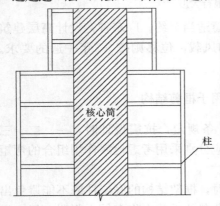

图2.18-3 框架核心筒结构上部剖面图

根据北京、广东等地的试验结果看，仅转换层的上、下各2层受刚度变化的影响。所以转换层不一定在低层部位就安全，在高层部位就不安全。

还有一些结构，虽然有梁托柱等情况，但不属于框支。如图2.18-3所示，为一栋框架—核心筒结构的上部剖面，在顶部由于建筑立面的要求，平面向内收进，形成如图所示的梁托柱情况。由于框架—核心筒的抗侧刚度主要由核心筒提供，顶部柱的移位，并未引起抗侧刚度突变，所以不应认为是"高位转换"。当然，梁托柱时，由于梁上荷载较大，应仔细验算，注意柱梁交接处内力的传递，并宜考虑中震时柱底弯矩的放大。

又如，当剪力墙结构有较多剪力墙，其中仅少量墙不落地，此时抗侧刚度变化不大，也不应视为框支结构。对于"少量"的掌握分寸，可取10%左右为界。

此时，结构设防烈度的高低，房屋总高度，房屋体型是否规整，墙体分布及底部不落地墙的分布是否均匀，地基条件是否良好，等等条件都应综合考虑。各项条件都良好者，上述10％还可放宽。

总之，实际工程情况，千变万化。设计时不应执着于某些规范条文的文字，而应透彻了解该条文的用意、背景情况等，用概念设计的方法来应对各种复杂情况，才能做好设计。

六、已建成的工程，不一定是成功的范例

常听到有一种说法：在某某工程中，我已经这么做了。言外之意，这种做法，既已经在工程中实施了，就意味着成功。在某些情况下，这种看法可能是正确的。例如，某种工程桩，经过科学分析、试验，在现场压桩检验，最后用在工程上，经沉降观测，直至基本稳定，一切情况正常。这样，这种工程桩在实际工程中经受了荷载试验，可以认为是成功的。

至于在地震区，按抗震设计的工程，以及在飓风区，按抗风设计的工程，虽然已经建成，如果没有真正经过强震或强风的考验，那么，这些工程不一定可以称为设计成功。尤其是在地震区，规范的要求是"大震不倒"，设计计算、构造做法等，都应围绕这个目标进行。设计应以规范为指南，并参照国内外震害实例，国外规范及抗震构造。尤其应注意吸取经过地震考验的成功或失败的经验教训，以提高设计水平。

除了抗震设计计算外，结构的节点构造，常是工程抗震成败的一个关键。现在有个别超越常理的构造做法，仅凭少量的试验，就认为能够起到抗震作用，而且还宣传说：已在某某工程中采用，并已建成，足以证明是成功的。事实是该工程仅承受了竖向静载，并未经受地震考验，是否能认为成功仍值得怀疑。如果试验室的试验能解决所有抗震问题，那么为什么世界上每次在城市地区发生强震后，有如此多的地震专家去考察并发表研究成果，而且发生地震的国家常因此而修改抗震规范呢？

七、柱轴压比的要求是否过严

轴压试验的柱模型，由于受试验室加压能力所限，对于C60混凝土柱，其截面常为200mm×200mm至250mm×250mm，以这样小截面的柱，去模拟高层建筑中1m多见方的柱，其可比性会差一些。此外，试验室中的柱截面是固定的，其转动能力与轴压力大小成反比，也即轴压力较大（就是轴压比越大），其转动能力越低。而实际工程中的柱截面不是固定的，可以随设计人的要求而变化。如果规定的轴压比越小，柱截面即越大，其转动能力就越低；如果允许轴压比加大，柱截面即越小，其转动能力就越好。这个结果与试验室的试验结果正相反。

当然，这只是影响柱延性好坏的一个方面，但由此可见，如果单凭试验室的试验数据来确定柱子轴压比的要求是否正确，值得讨论。目前，我们高层建筑的柱截面尺寸，常由轴压比而非由强度控制。这种现象恐非正常。希望规范修订，能在这方面作些讨论。

八、对于不合理的构造要求，应当抵制

1. 有些书上规定，梁上开洞口的高度，不能超过梁高的 1/3，这是没有道理的。从受力原理上看，梁上开洞高度超过梁高的 1/3 以后，只要按内力分析，开洞截面处的承载力能满足要求，就不应当有所限制。而且同样的洞口，开在梁支座附近与开在跨中，其要求应当不同；开圆洞比矩形洞受力有利，要求也应当不同。所以，一律以梁高的 1/3 为界限，是不合理的。

以梁高 800mm 为例，如果在跨中开一个 300mm×300mm 的洞，高度超过了梁高的 1/3，但经过计算，在洞口四周适当加设构造钢筋，是完全可以满足承载力要求的。

如果洞口高度有硬性规定，那么，空腹桁架就不能设计了。它全跨都有洞口，而且洞高超过梁高的 1/3！

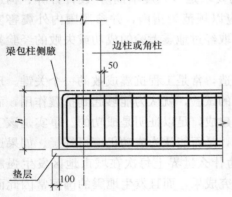

图 2.18-4　图集 04G101-3 页 29 之（一）

2. 对一些标准图中的要求，不能盲目服从。例如，标准图集 04G101-3 要求基础主梁端部的纵筋，在底部与顶部成对连通设置（可采用通长钢筋，或将底部与顶部钢筋对排连接后弯折成形），并向跨内延伸……（见图 2.18-4）。这个要求是没有根据的。基础梁的刚度常比其所支托的柱大很多，所以梁端常按铰接计算，支座底部仅配置构造钢筋即可，没有必要要求"底部与顶部钢筋成对设置"（重点是本文作者所加），更无必要将上下筋焊接。该本标准图对于厚板筏基的端部做法，其板边缘侧面封边构造，要求底部与顶部纵筋弯钩交错等等，也是没有必要的。

参考文献

［1］ FINTEL M. Ductile shear walls in earthquake resistant multistory buildings[J]. ACI Journal, 1974(6).

［2］ FINTEL M. Shearwalls——an answer for seismic resistance[J]. Concrete International (ACI), 1999(2).

2.19 对框架柱构造做法有关问题的建议

（原文刊于《建筑结构》2009 年第 2 期）

程懋堃　周　笋

[提要]　针对目前框架柱设计中的有关问题提出一些建议，供大家参考。

[关键词]　柱　箍筋　间距　肢距

Suggestions on the Design Problems of Frame Columns

Cheng Maokun　Zhou Sun

Abstract：Aiming at the design problems of the frame columns，we give some suggestions.

Keywords：column；stirrup；spacing；spacing of transverse reinforcement.

一、柱箍筋加密区箍筋间距和肢距

1. 我国规范对于柱箍筋加密区箍筋间距和肢距的限制

《建筑抗震设计规范》GB 50011—2001（简称抗规）第 6.3.8.2 条规定了各种抗震等级情况下，箍筋加密区的最大间距：一级为 6d 和 100 的较小值，二级为 8d 和 100 的较小值，三、四级为 8d 和 150（柱根 100）的较小值。二级框架柱的箍筋直径不小于 10mm 且箍筋肢距不大于 200mm 时，除柱根外最大间距应允许采用 150mm；三级框架柱的截面尺寸不大于 400mm 时，箍筋最小直径应允许采用 6mm；四级框架柱剪跨比不大于 2 时，箍筋直径不应小于 8mm。框支柱和剪跨比不大于 2 的柱，箍筋间距不应大于 100mm。《抗规》第 6.3.11 条规定：箍筋加密区的箍筋肢距，一级不宜大于 200mm，二、三级不宜大于 250mm 和 20 倍直径的较大值，四级不宜大于 300。

《高层建筑混凝土结构技术规程》JGJ 3—2002（简称《高规》）第 6.4.3.2 条、第 6.4.8.2 条也对箍筋的间距和肢距做了规定，要求和《抗规》基本一致。

2. 国外混凝土规范对于柱箍筋加密区箍筋间距和肢距的要求

美国混凝土规范 ACI318-08[1] 抗震章节中有：

$$S_x = 100 + \left(\frac{350 - h_x}{3} \right) \qquad (1)$$

S_x 为箍筋间距（mm）。

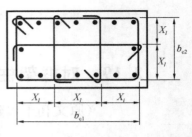

肢距 h_x（图 2.19-1）不大于纵筋最小直径的 6 倍及柱宽度 b 的 1/4。当肢距 h_x 为 200 时，$S_x = 150$，也即：肢距 h_x 小时，间距 S_x 可适当放大，反之，肢距较大时，间距 S_x 宜适当减小。

X_i 不超过 350mm，公式（1）中的 h_x 取 X_i 中的最大值

图 2.19-1　美国混凝土规范
有关肢距的规定

新西兰规范[2] 规定：肢距可取 200mm 及柱宽度 b 的 1/4 中的较大者。如柱 $b = 1000$mm，则肢距可以放到 250。

3. 柱箍筋加密区箍筋间距和肢距的合理要求

以上两本国外规范的规定是根据柱子在震害中的表现与试验结果而定的。众所周知，在强震时，柱子塑性铰区的混凝土保护层会剥落，在剥落时要将柱核心部分的混凝土连带剥落一部分，如图 2.19-2 中虚线所示。剥落的程度与箍筋的肢距、间距、箍筋的直径等等都有关系。同时，剥落所造成截面的损减对柱子承载力的影响的大小，与柱子截面大小有关。从图中可以看出，箍筋的肢距、间距越小，则剥落部分占柱全截面的比例就愈少。所以，减少混凝土剥落对柱承载力的影响是柱箍筋的间距和肢距不能太大的重要原因。但这种剥落，当柱截面较大时，对其承载力的影响较小，因此，柱截面较大者，应当可以容许箍筋肢距较大。

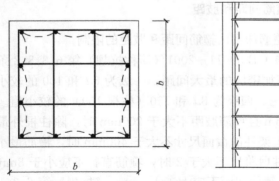
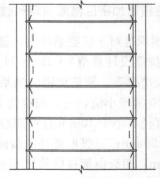

图 2.19-2　混凝土剥落示意

此外，箍筋的直径大小与肢距也有关，柱子承受地震作用时，箍筋承受由于混凝土膨胀引起的向外的挤压力。直径较大时，可承受压力较大，有的规范规定肢距为纵筋直径的倍数就是这个道理。纵筋直径与箍筋间距也有关，纵筋越粗，箍筋间距也可较大，因为它不易压屈。（图 2.19-3）

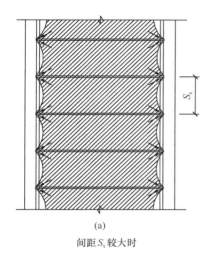

(a)

间距 S_x 较大时

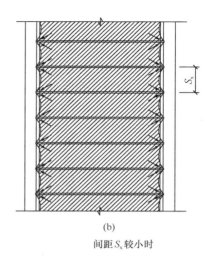

(b)

间距 S_x 较小时

图 2.19-3

美国洛杉矶 7 层框架，经过 1994 年地震考验，配筋如图 2.19-4。

我国规范对于柱箍筋加密区箍筋间距和肢距的限制过严，例如：按规范一级框架柱箍筋间距不大于 100，肢距不大于 200，这样不是辩证地看问题，而是硬性规定，不尽合理，造成设计中箍筋间距、肢距过密，给施工带来很大困难，无法保证施工质量。

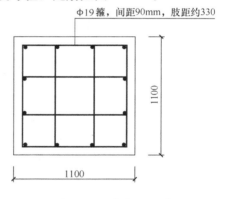

Φ19箍，间距90mm，肢距约330

1100

1100

图 2.19-4　框架柱配筋

二、柱箍筋的配置

现在很多工程，柱箍筋都做成纵横小于 200mm 方格，如图 2.19-5（a），这样对于浇注混凝土是极为不利的。一般柱子浇注时，应使用导管将混凝土直接送至柱底，然后逐渐上提。决不能由柱顶部直接向下倾倒混凝土，混凝土与箍筋撞击，

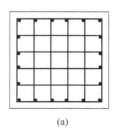

(a)

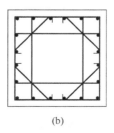

(b)

图 2.19-5　柱箍筋的配筋形式

将使石子与水泥砂浆分离。如果箍筋形成 200mm 左右的网格，导管下插困难，混凝土工必然会将箍筋弄弯，形成大洞，以便插管，这样箍筋的作用就会减少。

国外的作法常如图 2.19-5（b）所示。另外可参考马来西亚 77 层 Plaza Pakyat 的柱子大样，如图 2.19-6，图中 2 个圆孔是下管的位置（方柱一般一个孔，但大于 2m 应考虑 2 个孔）。

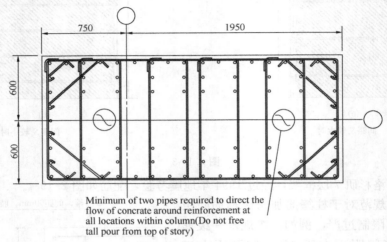

Minimum of two pipes required to direct the flow of concrate around reinforcement at all locations within column(Do not free tall pour from top of story)

图 2.19-6　马来西亚 Plaza Pakyat 大厦的柱大样

三、柱拉筋勾住封闭箍筋的问题

抗规第 6.3.11 要求：采用拉筋复合箍时，拉筋宜紧靠纵向钢筋并钩住封闭箍筋。目前施工单位技术人员及监理常错误理解为钩住纵向钢筋并钩住箍筋。有的工地向设计人员反映施工困难，抱怨因此导致端部保护层不满足 15mm。还有的工地直接将拉筋钩住纵筋，根本不钩住箍筋。实际上拉筋仅仅勾住纵筋，是不妥的，拉筋同时钩住纵向钢筋并钩住箍筋也无必要，最重要的是要保证拉筋钩住箍筋。拉筋勾住箍筋的主要目的，是减少外围箍筋的"无支长度"[3]。

拉筋勾住箍筋的做法，不仅合理而且大大方便了施工。

剪力墙中的拉筋要求与此条相同。

设计人员在设计说明及施工交底中应对此问题进行明确，以避免施工错误。

四、设计建议

1）抗规中，虽已按照箍筋直径及柱截面大小，对箍筋配置要求稍有松动，但似还不够。

2）建议柱箍筋加密区的肢距可按新西兰规范，取 200mm 及柱宽度 b 的 1/4 中的较大者；间距则按美国规范（式（1））确定。

参考文献

［1］ （ACI318)08 美国混凝土结构规范 Building Code Requirements for Structural Concrete［S］.

［2］ DZ3101 新西兰混凝土结构规范 Concrete Structures Standard［J］.

［3］ 对于"混凝土结构设计规范若干问题的讨论"一文的讨论［J］，建筑结构，2005，35(10).

2.20 关于规范修订的几点建议

(原文刊于《建筑结构》2009 年第 12 期)

程懋堃

[摘要] 对于《混凝土结构设计规范》GB 50010—2002 中的斜截面抗剪安全度、冲切承载力、受弯构件裂缝宽度、配筋构造等条文中存在的问题进行了分析探讨，并给出了相关建议。另外对《建筑抗震设计规范》、《建筑地基基础设计规范》以及《高层建筑混凝土结构技术规程》中存在的一些问题，提出自己的看法，供目前修订规范时的参考。

[关键词] 规范；抗冲切；板柱

Suggestions on the revision of Chinese design codes

Cheng Maokun

Abstract: The comments on several design codes, which include Code for design of concrete structures, Code for seismic design of buildings, Code for design of concrete building foundation and Technical specification for concrete structures of tall building, now under revision. It contents the suggestion on the design methods of shear strength of flexural members , punching shear strength of slabs, and the crack width of flexural members and some other topics.

Keywords: code; punching shear; slab-column

一、关于《混凝土结构设计规范》

1. 受弯构件斜截面承载力计算

自 20 世纪 50 年代以来，我国所用的混凝土规范中，对于受弯构件斜截面承载力的计算，有了不少变化。从 1955 年采用前苏联规范，以后有：TJ 10—74、GBJ 10—89、GB5 0010—2002 版规范。每次规范的修订，都要提高安全度，增加用钢量。但是，至今尚未见到按规范设计、正常施工的梁，由于抗剪承载力不够而造成工程事故的报告。

（1）20 世纪 50 年代，我国采用前苏联的混凝土规范 НИТУ123-55。当时，为了节约钢材，还考虑了梁底部纵筋对于斜截面抗剪的有利作用。方法是将梁端剪力的 10%由梁底纵筋承担，其余 90%则由混凝土及箍筋、弯起钢筋共同承担。50 年代我们采用苏联规范建设了许多工程，都是用这个方法设计的，至今未发现问题。近来美国的试验资料还证明，板柱节点中的抗弯钢筋，对于提高板的抗冲切能力起作用。

（2）1974 年版《钢筋混凝土结构设计规范》TJ 10—74 的第 50 条规定，对于矩形、T 形和工字形截面的受弯构件，当仅配有箍筋时，其斜截面抗剪强度为：

$$KQ \leqslant Q_{kh}$$

$$Q_{kh} = 0.07 R_a b h_0 + \alpha_{kh} R_g \frac{A_k}{S} h_0$$

式中 α_{kh} 之值，当 $\frac{KQ}{bh_0} \leqslant 0.2 R_a$ 时，$\alpha_{kh} = 2.0$；当 $\frac{KQ}{bh_0} = 0.3 R_a$ 时，$\alpha_{kh} = 1.5$；α_{kh} 值一般为 1.8 左右。

1989 年版的《混凝土结构设计规范》GBJ 10—89 规定受弯构件斜截面抗剪强度为

$$V_{cs} = 0.07 f_c b h_0 + 1.5 f_{yv} \frac{A_{sv}}{S} h_0$$

式中箍筋承载力一项，减少了 17% $\left(\frac{1.5}{1.8} = 0.83\right)$。

2002 年版的《混凝土结构设计规范》GB 50010—2002 中规定受弯构件斜截面抗剪强度为

$$V_{cs} = 0.7 f_t b h_0 + 1.25 f_{yv} \frac{A_{sv}}{S} h_0$$

箍筋承载力又减少了 17%！

规范 TJ 10—74 是安全系数法，从规范 GBJ 10—89 规范开始，用的是多系数极限状态法。但二者的抗弯和抗剪的安全度是基本持平的。现在以 2 根梁的实例来验算。

例 1 甲梁截面 250×500（$h_0 = 460$），C30（300♯）箍筋 Φ 8@100，$f_y = 210$MPa。按规范 TJ 10—74：$Q_{kh} = 0.07 × 15 × 250 × 460 + 1.8 × （100.5/100）× 210 × 460 = 295.5$kN；按规范 GBJ 10—89：$V_{cs} = 266.4$kN；按规范 GBJ 50010—2002：$V_{cs} = 236.5$kN。也即，按规范 GBJ 50010—2002 比按规范 TJ 10—74 承载力减少达 20%。

例 2 乙梁截面 350×600，C30，箍筋 Φ 10@100（四肢箍），$f_y = 335$ MPa。按规范 TJ 10—74：$Q_{kh} = 1266$kN；按规范 GBJ 10—89：$V_{cs} = 1089$kN；按规范 GBJ 50010—2002：$V_{cs} = 933$kN。也即，按规范 GBJ 50010—2002 比按规范 TJ

10—74 承载力减少达 27%。

自 20 世纪 50 年代以来，我国进行了大规模建设，其规模之大，世界第一。可是尚未见到由于设计公式有问题而导致梁的抗剪承载力造成工程事故的报告。而我们的混凝土规范，却是每修订一次，就将抗剪安全度加大一次，不知根据是什么？

（3）近来有一种看法，说是我国的规范，安全度太低，要向美、欧等发达国家规范看齐，也即各公式计算结果，要与他们接近。这是非常错误的论断。

美国的混凝土规范，水平较高，许多方面值得我们借鉴。但是，一个国家规范的安全度除技术要求外，其依据应当主要是其经济实力，由其经济发展水平来决定其设计的安全度。我国的人均国民生产总值，还不到美国的 1/10，即使在我国东部发达地区，与美国的差距还是很大的。因此，在编制规范、制定政策时，决不可盲目高攀，形成穷人与富人相比。

有人说，我国现在是比不上，但几十年后，我国经济实力大幅提高之后，对于目前低水平的安全度，就会感觉不够了。对于这种想法，可以举目前正在使用的一些 20 世纪 50 年代建成的工程为例。如北京王府井百货大楼，是 1955 年完工的 4～6 层框架结构。在 20 世纪 90 年代曾进行抗震加固，为此进行了一些检测。当时测到，不少梁底部的碳化深度已达到或超过钢筋保护层厚度，但并未发现梁有开裂现象，梁底部纵筋也未发现锈蚀现象。从加固后，正常使用至今，也未见到有不安全的报告。当时的混凝土强度很低，为 110～140♯，均低于目前的 C15，施工时没有振捣器，全凭人工钎插。当时所用钢筋约相当于现在的 HPB235。这样的低标准结构，使用至今已 55 年。而我们现在所建造的高层钢筋混凝土结构，其用钢量可能已超过美国同条件的钢结构！还要再提高其安全度[1]，是完全没有必要的。

最近，《混凝土结构设计规范》正在修订，我见到的 2008 年 12 月的征求意见稿（初稿），将受弯构件斜截面受剪承载力的计算公式，修改为：

$$V = \frac{1.75}{\lambda + 1} f_t b h_0 + f_{yv} \frac{A_{sv}}{S} h_0$$

式中 $\lambda = \frac{M}{Vh_0}$，对于一般受弯构件，λ 取为 1.5，$\frac{1.75}{1.5+1} = 0.7$，也即：

$$V = 0.7 f_t b h_0 + f_{yv} \frac{A_{sv}}{S} h_0$$

以此式与 2002 年的混凝土规范相比，承载力又减少了一大块。仍以前面所举两根梁为例，甲梁 $V_{cs} = 212$kN，比规范 GBJ 50010—2002 的减少约 10%，比按规范 GBJ 10—89 的减少约 20%。

规范公式可能有不尽完善之处，这是难免的。例如：文 [2] 指出混凝土规范受剪承载力的计算公式，对于均布荷载和集中荷载两种情况，有不连续现象，出现了均布荷载减少而所需箍筋反而增加的不合理情况。如前所述，在历次规范修改中，当不能证明原有设计公式存在安全问题的情况下，已经将承载力降低约30％。现在因为公式不连续，又要"涨价"！为什么只能做"加法"，不能做"减法"呢？

2. 关于板受冲切承载力计算

规范 GBJ 50010—2002 中式（7.7.1-1，1-2，1-3）分别为：

$$F_l \leqslant (0.7\beta_h f_t + 0.15\sigma_{pc,m})\eta u_m h_0$$

$$\eta_1 = 0.4 + \frac{1.2}{\beta_s}$$

$$\eta_2 = 0.5 + \frac{a_s h_0}{4u_m}$$

后面2个公式，是从美国规范 ACI 318 引用来的。ACI 中式（11-31，11-32）为：

$$V_C = \left(2 + \frac{4}{\beta}\right)\lambda\sqrt{f'_c}b_0 d$$

$$V_C = \left(\frac{a_s d}{b_0} + 2\right)\lambda\sqrt{f'_c}b_0 d$$

美国规范采用英制，所以形式与我国规范不同，但含义是相同的。规范 GBJ 50010—2002 中式 7.7.1-2 相当于 ACI 式 11-31，式 7.7.1-3 相当于式 11-32。两个公式的用意，都是在特定条件下，对受冲切承载力加以折减。但是，美国规范对于单向受力构件的抗剪切，允许应力是 $2\sqrt{f'_c}$，对于双向受力构件的抗冲切，允许应力是 $4\sqrt{f'_c}$，加了一倍。在加倍的基础上，再对不利情况进行折减。而我国却是不论剪切或冲切，一律只允许 $0.7f_t$。在冲切允许应力不增加的情况下，去盲目引进美国规范折减做法，使安全度不必要的增加，造成了许多浪费。

如上所述，不恰当地引入了在计算受冲切承载力中的 2 个折减公式，导致《建筑地基基础设计规范》中出现了 8.4.8 式：

$$F_l/u_m h_0 \leqslant 0.7\beta_{hp} f_t/\eta$$

式中的 η 是核心筒冲切临界截面周长影响系数，取 1.25。这个 1.25，就是从混凝土结构设计规范式 7.7.1-3 简化而得的。由于式 8.4.8，使设计框架—核心筒结构（包括筒中筒结构）的平板式筏基时，其厚度要凭空增加 25％！这是多大的浪费！在这版《建筑地基基础设计规范》未颁布之前，全国做了许多平板筏基，都没有发现问题，为什么现在要忽然"涨价"呢？

当板柱节点的抗冲切承载力不满足时，可以设置抗冲切钢筋。GB 50010—2002 中式 7.7.3-1 规定：

$$F_l \leqslant 1.05f_t\eta u_m h_0$$

也即，即使配置了抗冲切钢筋后的限值为 $1.05f_t$，其承载力只能比不配钢筋时增加不超过 50％（不配钢筋时 $F_l \leqslant 0.7f_t\eta u_m h_0$）。增加值如此之小，使我们在做设计时，常感到"不解渴"，加抗冲切钢筋解决不了大问题，常常不得不增加板厚（包括加托板）。

如果与美国规范对比，就可看出我国规范的问题所在。

美国规范规定，配置抗冲切钢筋后，允许应力可增加到 $6\sqrt{f_c}$，是单向抗剪切值 $2\sqrt{f_c}$ 的 3 倍，见表 2.20-1。

中、美两国冲切承载力限值   表 2.20-1

国别	单向抗剪	抗冲切	配筋后的限值
中国	$0.7f_t$	$0.7f_t$	$1.05f_t$
美国	$2\sqrt{f_c}$	$4\sqrt{f_c}$	$6\sqrt{f_c}$（$8\sqrt{f_c}$）

从表 2.20-1 可看出，中、美两国规范的配筋后的限值，虽然都是按抗冲切应力增加 50%，但美国的值，是将单向允许应力加一倍，由 $2\sqrt{f_c}$ 加至 $4\sqrt{f_c}$ 之后，再增加 50%。而我们是抗冲切值与抗剪切值相同，并不提高，然后再来一个只许增加 50%，显然就是比较保守。近来美国发展了"抗剪栓钉"，是一种很好的抗冲切配筋，并已列入 2008 年规范。用此种栓钉，应力限值并可提高到 $8\sqrt{f_c}$。

希望此次规范修订，能研究一下这个问题。

3. 关于受弯构件的裂缝宽度。

规范 GB 50010—2002 中式 8.1.2 是从简支受弯构件的试验研究成果得出的。它不适用于连续梁，更不适用于双向受弯和偏心受压构件。但是，我们的规范中没有表示。只在规范条文说明中提到："对沿截面上下或周边均匀配置纵向钢筋的构件裂缝宽度计算，研究尚不充分，本规范未作明确规定……"。

目前，施工图审查单位常要求设计单位对各种构件都要提供裂缝宽度，而软件编制单位，也都能提供各类构件的裂缝宽度。但这种数据的可靠性是值得怀疑的。我们常因为计算得出的裂缝过宽，而不得不多配钢筋，造成浪费！问题是，增加了许多钢筋，还不能保证不出裂缝。

我国有三本主要的混凝土规范：住建部、水利部、交通部。水利和交通部门的许多混凝土构件，所处工作环境比我们房屋建筑差很多，但是我们规范算得的裂缝宽度，比他们的大很多。（比交通部规范大 20%～80%，比 EN1992 大 1 倍以上，比 ACI 大 70%）

实际上，混凝土构件的裂缝宽度大小，与构件的耐久性，并无一定的关联，这已是国际上公认的事实。欧盟规范 EN1992-1.1 认为"只要裂缝不削弱结构功能，可以不对其加以任何控制"，"对于干燥或永久潮湿环境…若无外观要求，0.4mm 的限值可以放宽"。

因此，建议在这次规范修订工作中，对这个问题加以研究。如果修改公式尚有困难，至少要对 8.1.2 公式的应用范围，加以限制，以避免由此而大量增加配筋。配筋过多，使混凝土不易振捣，影响混凝土密实度，反而不耐久。

过度的控制裂缝，除了增加配筋外，还会阻碍高强钢筋在我国的推广。美国混凝土用钢筋，已推广了 80 级，即 80 000 磅/平方吋，约合 560N/mm²，而我们在采用 400 级钢筋时，就会为裂缝宽度超规范而苦恼！

4.《混凝土结构设计规范》（GB 50010—2002）第 10 章

该章内容应该是针对非抗震设计的构件，但其中不少内容要求过严。

（1）规范图 10.4.2 给出了节点直线锚固和弯折锚固的构造要求（图 2.20-1）。当非抗震设计时，连续梁支座下部为受压区，不存在"充分利用钢筋抗拉强度"的情况，规范中列出此二图，徒然增加钢筋的构造长度，使施工不便。

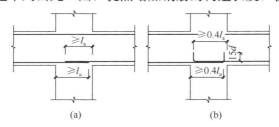

图 2.20-1　梁下部纵向钢筋在中间节点或中间支座范围的锚固与搭接
（a）节点中的直线锚固；（b）节点中的弯折锚固

（2）有些要求，比抗震设计更严，如规范中式 10.4.5（框架顶层端节点处梁上部纵向钢筋 A_s）

$$A_s \leqslant 0.35\beta_c f_c b_b h_0 / f_y$$

若忽略 β_c，则 $A_s/b_b h_0 \leqslant 0.35 f_c / f_y$，对于 C30，Ⅱ 级钢，此时的配筋限值为 $0.35 \times 14.3/300 = 0.017$，而抗震设计并无此要求，仅规定"梁端纵向受拉钢筋的配筋率不应大于 0.025" 比 0.017 还大 50%！

5. 规范 GB 50010—2002 第 11.3.1 条 $\rho \leqslant 2.5\%$，是否太严？

现在不少工程的梁端配筋率常超过 2.5%，不得不为此加大梁截面。规范中，$x/h_0 \leqslant 0.25$ 或 0.35 的要求，在计算时可以计入纵向受压钢筋。为什么对于 ρ 的要求不能计入受压钢筋？

美国的试验结果表明，当受拉钢筋的配筋率较高时，配置受压钢筋 ρ'，且 $\rho' \geqslant 0.5\rho$ 时，延性可大为增加，见图 2.20-2。

二、关于《建筑抗震设计规范》GB 50010—2001

1. 板柱—抗震墙

最大适用高度定得似乎过低，7 度 35m，8 度 30m，以致有些地区的冷藏库都无法建得较高，因为冷库的最佳结构类型就是无梁楼板。

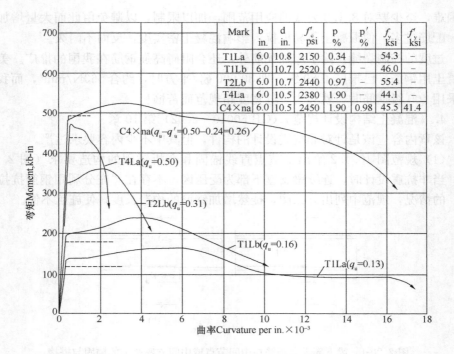

Mark	b in.	d in.	f'_c psi	p %	p' %	f_y ksi	f'_y ksi
T1La	6.0	10.8	2150	0.34	—	54.3	—
T1Lb	6.0	10.7	2520	0.62	—	46.0	—
T2Lb	6.0	10.7	2440	0.97	—	55.4	—
T4La	6.0	10.5	2380	1.90	—	44.1	—
C4×na	6.0	10.5	2450	1.90	0.98	45.5	41.4

图 2.20-2　受拉钢筋曲率—弯矩曲线图

美国加州是强震区，但他们无梁楼板（板柱结构）建的不少。最近见到一个资料，一栋 7 层板柱结构（无抗震墙），经历 9 度地震而不倒塌。所以，如果适当设置抗震墙，精心设计，采用新式抗剪栓钉等措施，应当可以建得较高。

2. 抗震墙的约束边缘构件

配筋太多，有的情况，不要说混凝土灌不进去，连钢筋都插不进去了。如果钢筋过于密集，与混凝土的结合不好，就不能很好地起到钢筋混凝土的作用。

钢筋为什么如此密？与我们的构造要求过严有关。例如对于箍筋的肢距与间距，美国规定柱箍筋肢距≤350mm，新西兰是 200mm 与柱截面的 1/4，取其大者，而我们固定为 200mm。又如箍筋竖向间距 S，美国是 $s = 4 + \dfrac{14 - h_x}{3}$，式中单位为 in，$h_x$ 是肢距，如 $h_x = 8$in（200mm）则 $S = 6$in（150mm）；新西兰则规定 S 不大于：1）柱截面尺寸的 1/4；2）纵筋直径的 6 倍，如柱纵筋 25，S 可为 150mm。如果我们能将箍筋的肢距与间距适当放松，可使施工方便许多，也可节约钢材。

最近看到美国一个试验资料，两片钢筋网之间用拉筋（图 2.20-3），没有箍筋，效果也很好。我们的墙内是否也可以少用一些箍筋呢？

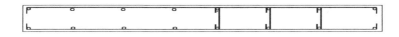

图 2.20-3　两片钢筋网间设拉筋

三、关于《建筑地基基础设计规范》GB 50007—2002

1. 第 8.4.5 节梁板式筏基底板，既要求验算冲切，又要求验算剪切，是不合理的

国外规范，在这方面概念很清楚：单向受力构件，应验算剪切；双向受力构件，应验算冲切。规范 8.4.5 节中，并列列出了式 8.4.5-1 及式 8.4.5-3，显然是后者起控制作用。列出两个公式，却始终由一个控制，也是不合理的。

2. 规范 8.4.9 节中，基础板厚大于 2m 时，其中面须配置不小于 12@300 的双向钢筋网。

从板的受力状况看，在板的中面配置钢筋，对板的抗弯、抗剪等都帮助不大。至于温度伸缩方面，基础板埋置土中，基本上不受外界气温变化的影响，所以也无需为此配筋。有人以为，厚板可能分层浇捣，因此，板的中面加一层钢筋会有好处。但是，第一，在出图时并不知道施工单位的做法；第二，即使分两层浇捣，在中面加一层粗钢筋网，对于防止收缩裂缝并无好处。

举几个工程实例：南京新街口百货商场，62 层，基础厚 3m；上海金茂大厦，88 层，基础板厚 4m；台北地铁车站，基础板厚 5m。这 3 个工程的基础板的中面都未设置钢筋，建成至今皆无问题。

新的北京地基基础规范规定不设此种钢筋。

3. 基础梁不需按抗震构造

筏板基础的梁，一般截面都较大，其刚度远远大于所支承的柱，因此在地震时，塑性铰都发生在柱根部，基础梁不会产生铰。所以，基础梁的配筋构造，可以按非抗震的做法。例如：梁端箍筋间距，只需满足强度要求，不必按抗震要求加密；箍筋弯钩 90°，不必做 135°钩；梁纵筋搭接及伸入支座长度，都可按非抗震的要求。

此外，基础梁侧面的构造钢筋（腰筋），不能按《混凝土结构设计规范》GB 50010—2002 10.2.16 条的规定配置，该条要求，每侧腰筋的截面面积不应小于腹板截面面积的 0.1‰，由于地基梁截面很大，按此要求算出的钢筋截面将很大，而在梁侧面配置粗钢筋，对预防干缩裂缝，并无好处。美国规范规定，梁侧钢筋宜采用♯3～♯5，也即直径 10～16mm。

四、关于《高层建筑混凝土结构技术规程》JGJ 3—2002

高规第四章的内容，是指导结构设计的一些基本原则，有些原则不宜于用数字来硬性规定，但是为了便于设计单位执行，又不能不用一些数字来表达，这就有可能产生一些误解。

常有人来问我，建筑师要求，楼层外挑 5m，超过高规 4.4.5 的 4m 要求。这是对于规程的不够理解，如图 2.20-4 所示框架—核心筒结构，如果竖向受力构件（包括核心筒与柱）并无突然变化，也即其抗侧刚度无突变时，外挑结构对于其总体抗震性能影响不大，外挑得较多，是可以的。而且规程条文中写的是"不宜"，可有一定灵活程度。

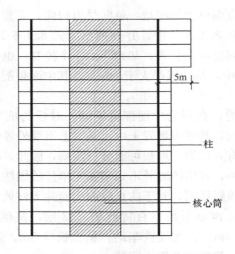

图 2.20-4　框架—核心筒楼层外挑

参考文献

［1］　程懋堃. 结构混凝土的可持续发展以及结构设计的节约[J]. 建筑结构，2006，36(6).

［2］　邵永健. 钢筋混凝土梁斜截面受剪承载力计算方法的改进[J]. 建筑结构，2003，33(8).

［3］　ACI318-08 Requirements for Structural Concrete Commentary[S].

［4］　Design of Multistory Reinforced Concrete Buildings for Earthruake Motion[S]. Blume, Newmark, Coming.

2.21 关于无梁楼板结构的抗震能力

(原文刊于《建筑结构》2011 年第 9 期)

程懋堃

[摘要] 本文介绍了无梁楼板(板柱结构)的历史沿革以及过去美国某板柱结构经受强震的情况。概括了板柱结构抗震性能的优缺点。附图讲解了《建筑抗震设计规范》公式 6.6.4 所需要的构造要求及其做法。文中提出板柱结构的设计步骤，详细介绍了设置抗震墙的要求。在计算中应由抗震墙承担全部地震作用，并注意验算柱周边板的抗冲切承载力。抗冲切宜采用栓钉，板厚小于 300mm 者不宜采用箍筋。

[关键词] 无梁楼板；抗震性能；构造建议

Seismic Capacity of Flat slab Structure

Cheng MaoKun

Abstract：The author described the application of flat slab structure in earthquake zone and introduced the performance of a flat slab building in strong earthquake in America . The merit and demerit of seismic capacity of flat slab structure is summarized. The detailing requirements of the formula (6.6.4) in Code for seismic design of buildings was explained with drawings. Design steps is summarized and the requirements of adoption of shear wall was introduced in detail. Earthquake action must be beared by shear wall totally in calculation . Some design methods and detailes were provided. The calculation of punching shear capacity of slab should be paid attention to. Shear studs have better punching shear capacity. Hoopings are not suitable in slabs of thinner than 300mm .

Keywords：flat slab structure；earthquake resistant capacity；detail design

一、综论

无梁楼板，英文名 flat slab，一般指带有柱帽（图 2.21-1），或托板（图

2.21-2）的平板结构；无梁平板，英文名 flat plate，一般指不带柱帽或托板的平板结构（图 2.21-3）。

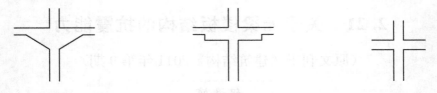

图 2.21-1　有柱帽无梁楼板　　　图 2.21-2　带托板无梁楼板　　　图 2.21-3　无梁平板

　　另外一个名词，近年用的比较多，即板柱结构，加抗震墙的称为板柱—抗震墙结构。这个名词在国外用的较少，一般用在节点上，如 slab—colomn joint。

　　无梁楼板结构，或称板柱结构，是一种比较好的楼板结构，因为这种结构具有施工简便、施工速度快、楼层净高较高（因而在同样净高的条件下，可以降低层高）、管道穿行方便等优点，所以在国外，尤其在北美洲应用很广，包括地震区和非地震区，应用都很普遍。这种结构广泛应用于住宅、办公楼、停车楼以及其他工业与民用建筑。这些国家最常用的楼板形式是"无梁平板"（flat plate），也即无柱帽也无托板的平板，整个楼板厚度是同一的。这种结构模板最简单，施工速度可以更快。

　　无梁楼板结构，1906 年第一次在美国芝加哥建成。当时并没有很科学的设计方法，是作为专利产品出售。由业主将需要的柱网尺寸（当时一般是 20ft×20ft，约相当于 6m×6m）、层高、层数、荷载大小（当时允许的活荷载一般为 100lb/ft²，约相当于 5kN/m²）等等数据，提交承包商，由他们按合约时间建造完成，然后按合约规定，在 4 个左右区格（即柱网）内，进行堆载试验，一般加载时间为 1～3d，到时候无明显下垂、开裂等现象即作为完成合约，交付使用。

　　以后，随着技术发展，有了计算方法，即现在还常用的"经验系数法"：

$$M_0 = \frac{1}{8} q l_y \left(l_x - \frac{2}{3} c \right)^2 \qquad (2.21\text{-}1)$$

　　美国规范规定，计算跨度 l_x 按净跨 l_n 计算，如中—中跨度为 l_0，假定 $l_n = 0.9 l_0$，则按净跨计算的 M_0，大约是按中—中跨度计算的 80%。

　　20 世纪 50 年代，我们在北京设计建造了一批冷藏库，都是无梁楼板建筑，有肉库、水果库、蛋库等。当时都是按苏联规范和资料进行设计，有一本从俄文翻译过来的书叫《无梁楼盖》，里面介绍说，苏联曾建造了 9 个区格的无梁楼板足尺模型进行荷载试验。楼板的配筋计算按上述的"经验系数法"，在 M_0 的计算中采用中—中跨度。从试验结果发现，配筋富余很多，因此，规定以后在设计中都应将计算所得 M_0 乘以 0.7。当时，我们设计的那批冷库都是按 M_0 乘以 0.7 设计的。从 20 世纪 50 年代至今未发现结构有问题。而我们现在的设计，都按中跨计算，M_0 未做任何折减，所以比苏联方法多用大约 40％ 的钢筋（$1.4 \times 0.7 \approx 1.0$）！比美国的按净跨计算方法也多 25％（$1.25 \times 0.8 \approx 1.0$）！所以，我们现在所设计的无梁楼板结构，从楼板本身承受竖向荷载来看，实在是富余太多了！有的书上说，设计无梁楼盖须遵守以下三条要求：1）每方向不少于 3 跨；2）各跨的跨度相差不超过 20％；3）各跨荷载基本均匀。以上三条要求都是错误的。这些要求实际上是对于经验系数法进行设计时的要求（也即近似法的要求）。如果不满足以上三条要求则不能采用经验系数法，但是可以采用其他方法，例如等代框架法等等。所以，对于无梁楼板结构不应该有这三条限制。把不应该作为限制的条文拿来作为限制，是我们现在某些作者的"常见病"。

又比如柱托板（图 2.21-4），有的书上写 c 必须 $\geqslant$ (1/6) l，l 为无梁楼板跨度。实际上这个要求是：计算板支座负弯矩配筋时，如果把图中（$h_1 + h_2$）都考虑进去，则 c 不能太短，否则可能不满足弯矩包络图的要求。如果计算负弯矩配筋时，不考虑 h_2 的有利作用，只将 h_2 作为满足抗冲切承载力要求的作用时，c 的长度就不一定非满足（1/6）l 不可了。

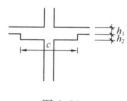

图 2.21-4

所以，我们在使用规范条文，以及在看书学习的时候，一定要认真注意规范条文要求的背景和来源，以免误用。

二、无梁楼板结构的抗震性能

关于无梁楼板的抗震性能，有一种看法认为其抗震性能不好，应在地震区限制使用，以致 2001 版《建筑抗震设计规范》[2]（以下简称《抗震规范》）所规定的板柱-抗震墙结构的适用的最大高度，7 度区只有 35m，8 度区只有 30m。全国兴建的冷藏库由于使用要求，基本都采用无梁楼板结构，其中有相当一部分是由商业部设计院设计的，结构工程师感觉抗震规范所给出的最大适用高度太低了，不适用也不经济。他们来咨询我，我的观点是规范归规范，设计归设计，有了抗震墙和良好的抗冲切措施，建得高也没有问题，实在不行就开专家论证会，做超限审查。我还专门写了一篇文章《关于板柱结构的适用高度》[1]。这次 2010 版《抗震规范》[3] 编制时由于大家的努力，终于将板柱—抗震墙结构的适用的最大高度加以放宽，7 度放宽到 70m，8 度放宽到 55m，放宽了不少。

有一个概念我想解释一下。《抗震规范》中的表 6.1-1 中的各种结构"适用的最大高度"，不是"限制高度"，它是说规范所规定的计算方法、构造措施等等，只适用到一个最大高度，例如对于 7 度区的抗震墙结构，只适用到 120m 高度，超过此高度的结构应该采用比规范规定更严格的设计、构造要求，而不是不能超越这个高度。我们现在常用的"超限审查"的规定其中之一就是当结构超过规范"适用的最大高度"之后，由国家规定的机构聘请专家，提出各种设计、构造要求。至于"超限"这个词，不太准确，因为规范中并无"限制"一说。

所以，板柱—抗震墙结构的高度，如果超过《抗震规范》表6.1-1中的适用的最大高度，可以采用进一步的加强措施，申请"超限审查"，听取专家们的意见，是可以满足增加高度的要求的。

1. 无梁楼板结构抗震性能的弱点

无梁楼板结构的抗震性能有一定的弱点，具体表现在：1）抗侧刚度较弱，地震时侧移较框架结构大；2）板柱节点的延性较梁柱节点差，耗能能力弱；3）最重要的是板柱节点抗冲切能力差，地震时可能发生破坏，导致楼板坠落破坏；且板柱节点的不平衡弯矩会对板产生附加剪切（这点在书上和规范中都提到过）。针对无梁楼板结构的这些抗震性能弱点可采用有关的加强措施：在地震区宜设置抗震墙，形成板柱—抗震墙结构，这样可以减少侧移和节点弯矩。设墙以后，减少了侧移，还可以减少非结构构件的损坏。具体措施见文［1］。

2. 板柱结构具有一定的抗震能力

板柱结构宜设置抗震墙，并非必须设置。未设置剪力墙的板柱结构在地震时也可以表现出不错的性能。1971年美国洛杉矶圣斐南多（San Fernando）发生强震，有一栋假日酒店（Holiday Inn）为板柱结构，7层，无抗震墙，虽然由于较大的侧移使非结构构件受到很多破坏，但是在板柱节点处并未发生冲切破坏。

这是一栋7层的板柱结构，横向3跨，平均柱中矩为6.25m，柱截面为450mm方柱。板的厚度二层为250mm，其余各层为216mm。建筑物周边的裙梁截面为400 mm×550mm。在建筑物的首层、四层和顶层设置了强震仪。在发生地震后的最初6s，结构的震动周期为0.7s。9s以后震动周期变成1.5s。主体结构除了柱边负弯矩区受弯开裂外，其他并无多大损坏。从此实例可以看出板柱结构还是有一定的抗震能力的。

值得一提的是该建筑物的柱和板的截面，比我们现在设计常用的截面偏小。在我国的8度区（洛杉矶实际上相当于我国9度区）设计这样一栋7层板柱结构，如果要满足位移要求柱截面要不小于650mm，板厚将为250～300mm，9度区还要大很多。因此，如果按我国规范建成的建筑，遇到同样的地震时，位移会小得多，非结构构件的损坏也将少得多。但是，这样的位移也会造成损失，应尽量减少或避免。

1976年唐山地震时，北京和天津的震害调查都表明，框架结构的震害较严重。2008年四川汶川地震的震害也表明，框架结构的震害较重，主要表现在难以实现"强柱弱梁"。为了实现"强柱弱梁"的目标，规范规定通过柱端弯矩增大系数提高柱在轴力作用下的正截面受弯承载力，2010版规范进一步提高了增大系数，但是要确定梁端实配的抗震受弯承载力仍然有两个不确定因素，一是钢筋屈服强度超强，二是楼板的有效宽度取值。这两个因素导致梁端实配的抗震受弯承载力不能确定，因此尽管提高了增大系数仍然不能确定是否能够实现"强柱弱梁"。从这个角度来看，板柱结构可以避免"强梁弱柱"，因此板柱结构的抗震性能并不一定比框架结构差，尤其是在层数不多、柱截面不大的情况下。

3. 板柱结构抗震设计的有关要求

我国的抗震规范从 2002 版开始，对板柱—抗震墙结构提出了较好的抗震设计要求。其要点综述如下：

（1）抗震墙应承担结构的全部地震作用。各层板柱和框架结构，应能承担不少于各层全部地震作用的 20%。

（2）沿两个主轴方向通过柱截面的板底连续钢筋的总截面面积应符合：

$$A_s \geqslant N_G/f_y \tag{2.21-2}$$

式中：A_s 为板底两个方向连续钢筋总截面面积；N_G 为在本层楼板重力荷载代表值作用下的柱轴压力设计值；f_y 为楼板钢筋的抗拉强度设计值。

2010 年《抗震规范》加入了一条重要的要求，就是第 6.6.4.4 条："板柱节点应根据抗冲切承载力要求，配置抗剪栓钉或抗冲切箍筋。"但最好明确一下，应优先选用抗剪栓钉，这一点在文 [1] 中已有论及。

以下为几张从国外文献中摘出的图。图 2.21-5 至图 2.21-6 表示板底钢筋的作用及其具体做法。《抗震规范》要求的板底配置连续钢筋，实际工程中没有如此长的钢筋，图 2.21-6 表示几种搭接做法，可供参考。图 2.21-7 则是板柱结构的试验结果，共 3 条曲线，曲线 1 是未配抗冲切钢筋的；曲线 2 是配置了箍筋的；曲线 3 是配置了抗剪栓钉的。可以看出配栓钉的板柱结构的效能远好于箍筋。

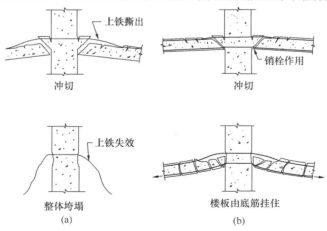

图 2.21-5　正确锚固的底筋有效防止破坏

（a）没有连续底筋；（b）有连续底筋

图 2.21-6　提供有效底筋的方法

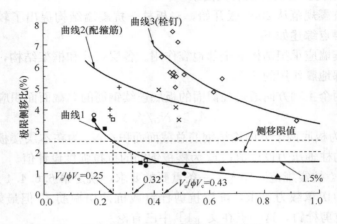

图 2.21-7　各种抗冲切钢筋的效能

《抗震规范》中有一条要求不一定正确，在2010年版的第6.6.2.3条和2002版的6.6.3条都有相同的内容："8度时宜采用有托板或柱帽的板柱节点，托板或柱帽根部的厚度（包括板厚）不宜小于柱纵筋直径的16倍……"。

这条规定从道理上来说应该是为了柱纵筋在节点处的锚固，但是否正确，值得怀疑。《抗震规范》第6.3.4.2条要求框架结构梁纵筋直径不应大于柱在该方向截面尺寸的1/20，这条规定国外规范也有，我们在试验中也验证了这个要求。这是因为在地震时梁纵筋的应力变化大，有时受拉，有时受压，容易破坏混凝土对钢筋的握裹力，产生滑移。但柱纵筋的应力因为有竖向荷载，不至于产生拉、压变化。虽然规范要求了16d，是20d的80%，有所减少，但不能简单地打个八折来规定不应有的要求。以柱纵筋直径25mm计，至少要400mm才能满足规范的要求。而且规范未明确对7度以下地区是否也有16d的要求。如果有此要求，则无梁平板（即无柱帽也无托板）结构基本上不可能存在，因为厚度400mm的平板是很不经济的。然而实际上无梁平板是很好的结构形式。

再查一下美国规范，在ACI 318—08（2008年混凝土规范）[4]中，规定板厚不能小于抗剪（冲切）钢筋直径的16倍，也就是板厚≥16倍箍筋直径，而不是柱纵筋直径。这是否是我们编制规范的同志们的笔误呢？

三、板柱结构的设计步骤

（1）确定是否设置剪力墙。一般 12m（三层）为界，超过 12m 设置剪力墙；墙的数量宜多于一般框架-剪力墙结构的墙。

（2）周边宜设置框架梁。

（3）抗震墙应承担结构的全部地震作用。各层板柱和框架结构，应能承担不少于各层全部地震作用的 20%。

（4）验算柱周边板的抗冲切承载力，注意应加上不平衡弯矩引起的附加剪应力。

（5）在不影响使用的前提下，尽量设置托板。冲切验算应验算两处截面：柱帽与柱相交处以及柱帽与板相交处。

（6）宜采用栓钉抗冲切，尤其是板厚<300mm 的情况不宜采用箍筋形式。

（7）沿两个主轴方向通过柱截面的板底连续钢筋的总截面面积应符合 $A_s \geqslant N_G/f_y$ 的要求。连续钢筋的形式可参考图 2.21-6。

参考文献

［1］ 程懋堃. 关于板柱结构的适用高度，建筑结构学报，2003(1).

［2］ GB 50010—2001 建筑抗震设计规范［S］.

［3］ GB 50010—2010 建筑抗震设计规范［S］.

［4］ ACI 318—08 Building Code Requirements for Structural Concrete.

2.22　如何正确理解和应用规范条文

（原文刊于《建筑结构》2012 年第 12 期）

程懋堃　周　笋

[摘要]　规范中有相当一部分条文（包括强制性条文）在使用时有一定的条件和范围，不是任何情况都通用和正确。因此，设计人员对于规范条文的正确理解和应用是非常重要的。通过实例说明了如何正确理解和应用规范条文，可帮助结构设计人员避免概念错误，减少设计浪费和出现安全问题。

[关键词]　规范；楼板；强制性条文

中图分类号：TU318　文献标识码：A　文章编号：1002-848X

How to understand and use building code provisions for structures correctly

Cheng Maokun　Zhou Sun

Abstract: There are confinements and ranges for some building code provisions for structures, including compeled provisions, so they can't be used without limits. Some code provisions can't be carried out properly. For all these above-mentioned questions, it is very important to understand and use building code provisions correctly. Some examples were introduced in order to illustrate how to understand and use building code provisions for structures correctly. It can help structure designers to avoid concept mistakes and safety problems.

Keywords: code; slab; compeled provisions

一、引言

设计人员经常需要查阅规范条文，以指导和协助自己的工作。对于各本规范的条文，不但对于其中重要的条款应熟记，而且对于各条文的含意应当正确理解，以便正确应用。

规范中有相当一部分条文在使用时有一定范围，不是任何情况都适用；有的规范条文内容不明确，容易产生误导；个别规范条文甚至是强制性条文，可能无法执行；还有个别条文甚至出现概念错误。因此，设计人员对于规范条文的正确理解和应用是非常重要的。如果错误地理解和应用了规范条文，轻则导致设计浪费，重则导致安全问题。

本文将分别对上述各类问题加以叙述。

二、对规范条文理解要透彻，需理解其制定目的

《高层建筑混凝土结构技术规程》JGJ 3—2010[1]（简称高规）第 3.6.2 条："房屋高度不超过 50m 时，8、9 度抗震设计时宜采用现浇楼盖结构；6、7 度抗震设计时可采用装配整体式楼盖，且应符合下列规定：…"其中第 5 款要求："楼盖每层宜设置钢筋混凝土现浇层。现浇层厚度不应小于 50mm，并应双向配置直径不小于 6mm、间距不大于 200mm 的钢筋网，钢筋应锚固在梁或剪力墙内。"高规制定本条的目的是：当地震发生时，地震产生的水平作用力要通过楼板传递并分配至各竖向构件。而预制板楼盖的整体性不如现浇楼盖，所以要在预制板上面设置厚度不小于 50mm 的钢筋混凝土现浇层。因此，对此条款的正确理解是：水平作用力需要楼盖来传递，如果不需要传递水平力，则现浇层不一定需要。

下面举个例子：北京某酒店高 20 层，其平面示意见图 2.22-1，使用多年后需要翻新改建。该酒店纵横方向均布置现浇的剪力墙，楼盖为每开间一块的预制双向预应力大板，板的尺寸为 3.6m×（5.5～7.0）m。板面在预制时做成平滑表面，安装后即直接铺设面层（地毯或瓷砖）。负责改建设计的结构工程师认为原设计板面无现浇面层，不符合规范。但是如果加现浇面层，将增加预制板以及剪力墙的荷载，出现超载。于是甲方组织召开了专家讨论会。笔者参加了此讨论会并表达了自己的

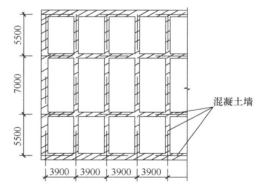

图 2.22-1　某酒店平面示意

观点：由于该工程剪力墙布置很密，每开间均有剪力墙，因此地震产生的水平力将在各开间由"当地"的剪力墙承担，也即"各自为战"，不需要传递水平力，因此可以不考虑高规第 3.6.2 条的要求，不需加设钢筋混凝土现浇层。与会各位专家也都同意笔者的意见，不需在预制板上加现浇层，改建设计的难题就此顺利解决。

三、规范条文的使用都有一定范围，不是在任何情况下都能采用

例如高规第 3.4.6 条："当楼板平面比较狭长、有较大的凹入和开洞时，应在设计中考虑其对结构产生的不利影响。有效楼板宽度不宜小于该层楼面宽度的 50%；楼板开洞总面积不宜超过楼面面积的 30%；在扣除凹入或开洞后，楼板在任一方向的最小净宽度不宜小于 5m，且开洞后每一边的楼板净宽度不应小于 2m。"

这条要求常因不同的理解和解释而困扰设计单位。有些施工图审查单位，甚至对图 2.22-2 中口字形建筑物中间的绿化面积，也视作"楼板开洞"，认为面积不能超过 30%。

图 2.22-2 口字形建筑物

国外规范对这个问题有明确规定。例如美国混凝土学会 ACI（American Concrete Institute）规范 ACI 318—2011[2] 中有一节专门说这个问题；新西兰规范 NZS3101－2006[3] 的第 13 章也是专门论述这个问题。

美国波特兰水泥协会 PCA（Portland Cement Association）是一个非盈利组织，由若干大水泥厂商资助，此协会专门研究有助于提高和推广水泥制品的技术，其中重要的一项是钢筋混凝土技术。ACI 的每版混凝土规范出版后，PCA 即出版一本应用 ACI318 规范的手册，例如 2008 版的篇幅达 900 页，它详细解说了 ACI318 规范的各个章节，并用简单的手算例题来帮助理解和正确应用规范。

ACI 318 规范将传递水平力（包括地震力和风力）的楼板（屋顶板）称为 Diaphragm（横隔板）。

PCA08 版手册中，相应解释横隔板的定义和功能如下：

在建筑工程中，横隔板属于结构构件，如楼板或屋顶板，它起着下列部分或全部功能：1）提供建筑物某些构件的支点，如墙、隔断与幕墙，并抵抗水平力，但不属于竖向抗震体系的一部分；2）传递横向力至竖向抗震体系；3）将不同的抗震体系中的各组成部分连成一体，并提供适当的强度、刚度，以使整个建筑能整体变形与转动。

新西兰规范 ZS 3101—2006[3] 有关这方面的条文内容如下：

第 13.2 条明确横隔板的定义为：相对较薄但刚度较大的水平结构构件，它传递平面内的横向力至竖向抗侧力构件。第 13.2 条的解释（即 C13.2）为：本节提供对横隔板的设计要求。其基本原则是能将建筑物中的所有抗侧力构件有效地连结在一起。横隔板的第一种作用，是将每层楼板看作一根水平深梁，将风或地震产生的力传递至各种抗侧力构件，例如框架或结构墙。其第二种作用是在某

一特定的楼层，将该楼层平面内的巨大剪力从一个竖向抗侧力构件（例如核心筒）传至另外的竖向抗侧力构件（例如周边的地下室外墙），见图 2.22-3（此图是笔者按该新西兰规范 ZS 3101—2006[3] 原意而绘制的）。

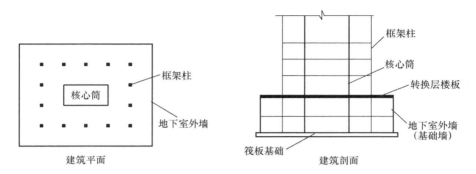

图 2.22-3　地下室顶板（转换层楼板）传递上部剪力至地下室抗侧力构件示意

美国和新西兰规范都没有楼板开洞面积百分比的限值。两本规范都规定：应该对楼板传递水平力进行分析计算；当存在大开洞时，应注意楼板在其平面内刚度无穷大的假设可能不成立。新西兰规范提出一个判断方法：当横隔板（楼板）的最大横向变形大于各楼板的平均变形的 2 倍时，即应考虑其柔性。

这两国的规范还强调：应注意隔板伸入竖向构件内的钢筋的锚固。笔者认为这一点对结构设计很重要，而我国的结构设计规范常忽略此点。

从以上介绍的美国及新西兰规范可以知道，抗震、抗风建筑的楼板（屋顶板）除了需承载竖向荷载外，还需承担将地震、风等产生的水平力，传递至竖向抗侧力体系。

再来看我国高规第 3.4.6 条，条文中写明是楼板，当然是指建筑物的室内的板，而不是指建筑物以外的部分。因此，图 2.22-2 中所示的绿化面积不是建筑物的一部分，当然不能算"楼板开洞"。

因此高规第 3.4.6 条的用意是：对于需要传递水平力的楼板（包括屋顶板），不宜在不恰当的部位开过大的洞。因此，不宜只限制开洞率的多少，而应根据开洞的部位是否阻碍了水平力的传递、开洞尺寸是否影响了水平力的传递等方面，去衡量该洞口是否可以设置。

再举个例子：图 2.22-4 所示为一栋高层住宅平面示意。为了满足建筑的使用要求，建筑的四面都有较大的突出。设计时往往在楼层四面的突出部位之间布置拉梁，以增加其整体性，但是有的人却把拉梁与外墙之间的空间

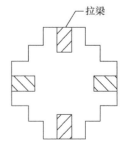

图 2.22-4　高层住宅平面示意

（图 2.22-4 中斜线填充部位）作为楼板开洞面积，这是错误的。高规中的用词很明确，是"楼板开洞"，现在如果把建筑室外部分由拉梁与外墙围成的空间也作为"楼板开洞"，这是任意扩大规范条文的限制范围，是概念错误。

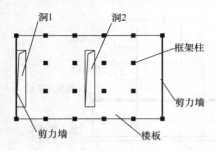

图 2.22-5　楼板开洞位置示意

笔者认为规范制定本条的目的是：如果楼板开洞面积过大，将可能影响水平力的传递。如图 2.22-5 所示，为一个工程的部分平面示意。当结构受到地震作用时，水平力将通过楼板传递到两侧的剪力墙。当在图中楼板开洞 2 时，基本不影响水平力的传递，因此洞口大小可以基本不受限制，只要不影响竖向荷载的安全即可。但如果楼板开洞 1 时，将影响水平力传递至剪力墙，因此洞口不宜太大，并宜按照"剪摩擦"（Shear friction）方法验算楼板伸入墙内的钢筋，其强度应足以承担水平力，而且钢筋伸入墙内应满足受力锚固的要求。

因此，楼板是否可以开大洞，应视具体情况而定，不能一概而论。开大洞是否对受力有影响，要看开洞的位置是否合适，而且，30％这个限值是否有充分的根据，笔者也表示怀疑。

还有的审图人员将电梯井筒内的楼板开洞，也认为是不利因素，将其开洞面积也计入。事实上，电梯井洞四周的混凝土墙，是能传递水平力的，所以电梯楼板洞口不能算不利因素。楼梯间周围如果有封闭的混凝土墙（墙上可以开洞），也应与未开洞同样对待。

高规第 3.4.7 条的条文说明："高层住宅建筑常采用艹字形、井字形平面以利于通风采光，而将楼电梯间集中配置于中央部位。楼电梯间无楼板而使楼面产生较大削弱，此时应将楼电梯间周边的剩余楼板加厚，并加强配筋。外伸部分形成的凹槽可加拉梁或拉板，拉梁宜宽扁放置并加强配筋，拉梁和拉板宜每层均匀设置。"此条文说明也有错误。实际工程中没有设计人员将楼电梯间周边的剩余楼板加厚，并加强配筋。

楼电梯间的四周如有钢筋混凝土墙时，对于力的传递，因为有墙的"补强"，应无影响，可以不必认为是开洞面积。如图 2.22-6 所示，钢梁开洞，用钢板补

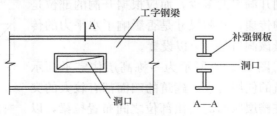

图 2.22-6　钢梁开洞补强示意

282

强，其作用与电梯洞口四周的混凝土墙类似。

四、个别规范条文，甚至是强制性条文，可能无法执行

《建筑地基基础设计规范》GB 50007—2002[4]的第 8.2.7 条第 4 款以及第 8.4.13 条及《建筑地基基础设计规范》GB 50007—2011[5]的第 8.4.18 条都提出：当底层柱的混凝土强度等级大于扩展基础及梁板式筏基的混凝土强度等级时，应验算基础顶面的局部受压承载能力。以上两条条文都是强制性条文，条文中规定应按照现行《混凝土结构设计规范》GB 50010—2010[6]验算。但是，现行《混凝土结构设计规范》GB 50010—2010[6]及上一版的《混凝土结构设计规范》GB 50010—2002[7]中的局部承压计算方法，只适用于预制构件之间的接触面的验算或后张预应力筋锚头的接触面配置间接钢筋的验算，对于现浇配筋的柱与基础之间的局部受压承载能力验算并不适用。因为柱子有很多纵筋伸入基础，传递了大量内力，所以《混凝土结构设计规范》的计算方法并不适用。但是规范中又没有这种情况的适用方法，因此究竟应如何验算，需要做大量的试验及研究工作。

综上所述，《建筑地基基础设计规范》[4,5]的某些强制性条文也是无法实施的。

五、个别规范条文，出现概念错误，应予以修正

《建筑地基基础设计规范》[4,5]中，对于筏板基础中的双向板，要求既验算冲切，又验算剪切。这是一个概念错误。

按照材料力学原理，单向受力构件需验算剪切，双向受力构件需验算冲切，没有又验算剪切又验算冲切的。而且根据《建筑地基基础设计规范》所绘的示意图（图 2.22-7），永远是里面的虚线控制。因为里边的虚线周长最短，而我国规范，抗冲切与抗剪切的允许应力都是 $0.7f_t$。因此，起控制作用的是距支座 h_0 处的底板周长，所以永远是剪切起控制作用，这是不合理的。

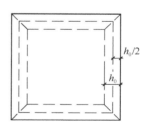

图 2.22-7　筏板基础中
双向板验算冲切和
剪切周长示意

因为，首先不应要求计算剪切；其次要求计算两种受力情况——受冲切与受剪切，结果却始终由一种情况，也即受剪切起控制作用，那么，为什么要求验算两种情况呢？

因此，在笔者主编的《北京地区地基基础设计规范》DBJ 11-501—2009[8]和《全国民用建筑工程设计技术措施结构（地基与基础分册）》[9]中就规定，对于筏板基础中的双向板，只需验算冲切，不需验算剪切。

六、有些规范条文的修改，使材料消耗大量增加，造成浪费

《混凝土结构设计规范》GB 50010—2002[7]中的受弯构件斜截面承载力的计算公式为：

$$V_{cs} = 0.7 f_t bh_0 + 1.25 f_{yv} \frac{A_{sv}}{s} h_0$$

现行《混凝土结构设计规范》GB 50010—2010[6]中将该式修改为：

$$V_{cs} = 0.7 f_t bh_0 + f_{yv} \frac{A_{sv}}{s} h_0$$

上两式相比，后者箍筋用量增加了约 20%，而在 2002 年～2010 年期间，并未出现因箍筋不足而发生安全事故，在实际震害调查中也未出现因地震作用而导致梁发生剪切破坏。这种修改，造成无谓的浪费，不知是否有充分理由。

七、关于受冲切承载力计算

我国《混凝土结构设计规范》[6,7]对于受冲切承载力的要求过于保守。抗剪切的允许应力是 $0.7 f_t$，抗冲切也是 $0.7 f_t$，二者等值。剪切是单向受力，冲切是双向受力，后者比前者有利，是不应该相等的。

美国规范 ACI 318 中，抗剪切允许公式采用 $2\sqrt{f_c'}$（f_c'是圆柱体抗压强度，类似我国的 f_c）。抗冲切允许公式采用 $4\sqrt{f_c'}$，比抗剪切允许值大了 1 倍。美国规范 ACI 318 对于不利情况下的允许值要予以折减，有如下两个公式：

$$V_c = \left(2 + \frac{4}{\beta}\right) \lambda \sqrt{f_c'} b_0 d$$

$$V_c = \left(\frac{\alpha_s d}{b_0} + 2\right) \lambda \sqrt{f_c'} b_0 d$$

式中 β 是柱子长短边的比例；系数 α_s 的取值如下：内柱 $\alpha_s = 40$，边柱 $\alpha_s = 30$，角柱 $\alpha_s = 20$。

我国《混凝土结构设计规范》GB 50010—2010[6]也引用了这个概念，有如下两个公式：

式 (6.5.1-2)：

$$\eta_1 = 0.4 + \frac{1.2}{\beta_s}$$

式 (6.5.1-3)：

$$\eta_2 = 0.5 + \frac{\alpha_s h_0}{4 u_m}$$

以上两式的含意与美国规范 ACI 318 完全相同，也是对于不利情况下的折减。但是美国规范 ACI 318 是在抗冲切应力允许值增加 1 倍的情况下加以折减，而我国的抗剪切与抗冲切应力完全相同的情况再予以折减，是太保守了的。这是

引用外国规范却未吃透其意义的一个例子。

参考文献

[1] JGJ 3—2010 高层建筑混凝土结构技术规程[S]. 北京：中国建筑工业出版社，2011.

[2] ACI 318—2011 Building code requirements for structural concrete[S]. 2011.

[3] NZS 3101—2006 Concrete structures standard[S]. 2006.

[4] GB 50007—2001 建筑地基基础设计规范[S]. 北京：中国建筑工业出版社，2001.

[5] GB 50007—2011 建筑地基基础设计规范[S]. 北京：中国建筑工业出版社，2011.

[6] GB 50010—2010 混凝土结构设计规范[S]. 北京：中国建筑工业出版社，2011.

[7] GB 50010—2002 混凝土结构设计规范[S]. 北京：中国建筑工业出版社，2002.

[8] DBJ 11-501—2009 北京地区建筑地基基础勘察设计规范[S]. 北京：中国计划出版社，2009.

[9] 全国民用建筑工程设计技术措施-结构（地基与基础）[M]. 北京：中国计划出版社，2011.

2.23 对《建筑抗震设计规范》第 6.1.14 条规定的理解和探讨

（原文刊于《建筑结构技术通讯》2007 年第 1 期）

张燕平 沈 莉 程懋堃

　　最近《建筑结构.技术通讯》上，有一些讨论是关于在抗震设计时，上部结构的嵌固部位位置的问题，对此作者也提出一些自己的看法，供读者参考。

　　在考虑建筑物承受地震作用时，是将建筑物视为一根承受侧向荷载的悬臂梁，底部为固定端。当地下室的抗侧刚度远远大于上部结构的抗侧刚度时，可近似地假定上部结构嵌固在地下室顶板，见图 2.23-1（a）。

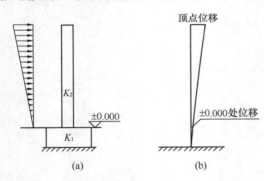

图 2.23-1　结构示意

(a) 模拟为悬臂梁；(b) 侧向位移

　　《建筑抗震设计规范》（简称抗规）的第 6.1.14 条规定：如地下室顶板作为上部结构的嵌固部位时，……，地下室结构的楼层侧向刚度不宜小于相邻上部楼层侧向刚度的 2 倍，……。如图 2.23-1，如果地下室结构的侧向刚度较大时，将形成一个变截面悬臂梁。对这种变截面悬臂梁在承受地震作用时的侧向位移作了计算，如图 2.23-1（b）所示。计算结果显示，当 $K_1 = 2K_2$ 时，地下室顶板（±0.000）处的位移，约为顶点处位移的 1/20。因此，如果将此变截面悬臂梁近似地假设嵌固在±0.000 处，误差很小，在抗震设计中可以忽略。

　　有一种观点认为，地下室周围的土壤能对建筑物所受侧力起抵抗作用。实际上，当结构的地下室施工完毕后，其周围的肥槽回填土的夯实质量，大多数得不到保证，往往是松散状态。因此，结构所受的倾覆力矩，主要由基底反力抵抗，如图 2.23-2 所示。

　　抗规 6.1.14 条要求：地下室顶板作为上部结构的嵌固部位时，应避免在地下室顶板开设大洞口，……，其楼板厚度不宜小于 180mm。该规定相应的条文说明为：地下室顶板作为上部结构的嵌固部位时，……，应能将上部结构的地震剪力传递到全部地下室结构。因此作者体会规范对楼板开洞限制的用意是，使上部结构传来的水平力能通过地下室顶板传至地下室部分的其他抗侧构件，即那些不是由上部结构构件延伸下来的抗侧力构件，如地下室外墙等。而大洞口严重削弱了楼板的整体性，甚至切断了主要的传力途径，不利于将水平力通过楼板分配到地下室各抗侧力构件上。

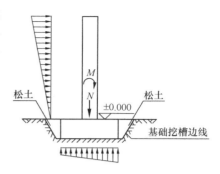

图 2.23-2　基底反力抵抗倾覆力矩

有人提出用开洞的面积率(简称开洞率)来考虑规范对洞口的限制，如提出开洞率不能大于 30％。实际上，洞口的影响不只是反映在其总面积大小上，其位置以及单个洞口的大小也很关键，有时更起决定性作用。例如，图 2.23-3(a)，(b)的开洞率相同，但图 2.23-3(a)的洞口对于核心筒所受剪力传至地下室外墙的影响远小于图 2.23-3(b)的。有些情况虽然楼板开洞率远小于 30％，如图 2.23-4 所示的机电管洞开在核心筒剪力墙的外侧，却对其剪力传至其他抗侧构件很不利。

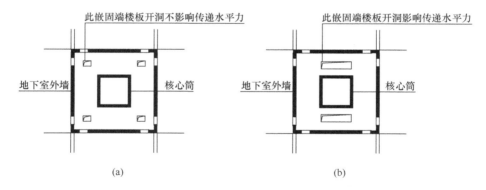

图 2.23-3　楼板开洞情况比较

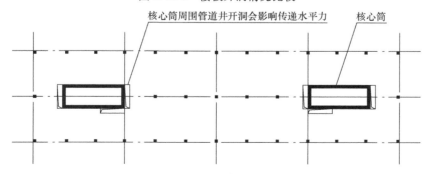

图 2.23-4　核心筒周围开洞

至于嵌固层楼板厚度 180mm，规范用词为"宜"，也即可以变通。据美国资料，当强震时，楼板常易开裂，因此，由楼板传递地震剪力时，宜只考虑板内钢筋的作用，并应注意钢筋的锚固。例如楼板钢筋锚入抗震墙内应有足够长度，至于楼板混凝土，因为强震时开裂，不宜考虑其传力作用。所以板的厚度与传力并无直接关系，当然较厚的板可以容纳较多的钢筋。确定地下室顶板板厚时，还应考虑柱网尺寸大小。当柱网为 8m 左右时，板厚 180mm 是合适的。但如果 8m 柱网内有井字形次梁或采用密肋楼盖时，则板厚完全可小于 180mm，甚至 120mm也是允许的。将嵌固端人为地定在某个水平位置是计算的需要，实质上，上部几十层高的结构不可能靠某一层楼板就将其固定住，而是通过该层楼板及其底下连接的抗侧力构件整体提供的约束作用来限制住上部结构的位移和转角。规范第 6.1.14 条也明确写为"嵌固部位"，因此要求设计嵌固层楼盖满足"强梁弱柱"值得商榷。抗规第 6.1.14 条的最后一句话："位于地下室顶板的梁柱节点左右梁截面实际受弯承载力之和不宜小于上下柱端实际受弯承载力之和"。实际上该条规定对于高层建筑一般是做不到的，因为高层建筑底层的柱截面通常达到 1000×1000，或者更大，而地下室顶板梁的截面高度常为 500～700mm，即使是考虑了楼板的翼缘作用，要由梁端来平衡柱端的受弯承载力是做不到的。据作者了解，此条文将来在规范修订时，可能会有所修改。

2.24 对框架-核心筒结构平面布置的理解和探讨

（原文刊于《建筑结构技术通讯》2007 年第 9 期）

程懋堃　张燕平　沈　莉

最近《建筑结构技术通讯》上，有一些讨论对框架-核心筒结构平面布置的看法，对此作者也提出一些自己的看法，在此提出与原文作者及读者共同商榷。

一、原文中指出，为减小框架-核心筒结构的剪力滞后现象，提高结构中间柱子的轴力，建议尽可能在外框架与核心筒间加设大梁，以增加抗侧刚度，使外柱内力也较均匀，这种思路是可以理解的，但是在实际工程中是很难实现的。目前一般建筑功能为办公楼的框架-核心筒结构，内筒与外框架的距离通常在 8m 以上，由于设备管线会布置在核心筒周围的上空，做大梁会严重影响建筑对净高的要求。所以在外框架与核心筒间加设楼面大梁的方法不太实用。

二、关于《高规》第 9.1.6 条规定，核心筒或内筒的外墙与外框架柱间的中距，抗震设计时大于 10m，宜采取另设内柱等措施。我们认为现在科技的进步，已有较多手段可以保证大跨度情况下楼层净高的问题，故在有可靠依据情况下可不受此限制（美国的写字楼外墙与内筒之常用距离为 40 英尺，约为 12.2m）。

《高规》规定主梁结构可按 (1/10-1/18) L_b 确定，L_b 为主梁计算跨度，但是随着近年大量兴建的高层建筑对层高的要求，国内一些设计单位已大量设计了梁高较小的工程，对于 8m 左右的柱网，框架主梁截面高度为 450mm 左右，宽度为 350～400mm 的工程也较多（高跨比为 1/17.8）。

美国 ACI 318—05 规定的梁高度　　　　　　　　　表 2.24-1

支承情况	简支梁续	一端连续梁	两端连续梁
高跨比	1/16	1/18.5	1/21

注：表中数据适用于钢筋屈服强度为 420MPa 时；配其他钢筋时，应乘以 $(0.4+f_{yk}/700)$。

新西兰 DZ3101094 规定的梁高度　　　　　　　　表 2.24-2

钢筋强度（MPa）	简支梁	一端连续梁	两端连续梁
300	1/20	1/23	1/26
400	1/17	1/19	1/22

一些国外规范规定的框架梁的高跨比见表 2.24-1，表 2.24-2。对比可见，我

国规范规定的高跨比下限 1/18，比国外规范要严的多。在选用时，上限 1/10 适用于荷载较大的情况，当设计人确有可靠依据，且工程上有需要时，梁的高跨比也可小于 1/18。

我院设计的北京金地中心工程为满足建筑净高的要求，A、B 塔两端简支的钢筋混凝土楼面次梁截面宽×高分别为 500×600，跨度（梁中到墙中）分别为 12.245m，10.075m，高跨比分别为 1/20.4，1/22.4。后者经过相应的足尺构件试验，结果表明该梁的强度、裂缝宽度及挠度均满足规范要求，到目前为止，该梁的施工后性能良好。

三、原文中建议采用宽扁梁，我们认为这并不能有效地减少梁的截面高度，而且宽扁梁自重较大，不利于抗震。决定梁截面高度有以下几个条件：

(1) 剪压比。考虑地震作用组合的框架梁，当跨高比大于 2.5 时，其截面组合的剪力设计值应符合 $V \leqslant 0.2 f_c b h_0 / \gamma_{RE}$，此条件一般较易满足。

(2) 梁端混凝土受压区高度。《混凝土规范》11.3.1 条指出，在计算中，计入纵向受压钢筋的梁端混凝土受压区高度应符合下列要求：一级抗震等级时，$x \leqslant 0.25 h_0$；二级抗震等级时，$x \leqslant 0.35 h_0$。

而配置纵向受压钢筋可以减小 x 值，且可以提高截面的延性。且纵向受压钢筋配置越多，截面延性越好。1961 年出版的《高层钢筋混凝土建筑的抗震设计》(Design of Multistory Reinforced Concrete Building for Earthquake Motions)，是美国抗震设计方面的经典著作，其作者 Blume 和 Newmark 均为当时抗震设计方面的权威（40 多年后的 2005 年的美国混凝土规范还将此书列为主要参考书之一）。在此，列出该书给出的 5 根梁的弯矩—曲率试验结果，见图 2.24-1。可以看出，随着梁受拉纵筋配筋率的提高，试件延性逐渐降低，试件 T4La 的配筋率高达 1.9%，已是脆性破坏。但在试件 C4xna 中，由于配置了足够的受压钢筋（约为受拉钢筋的 50%），即使配筋率高达 1.9%，延性仍很好。据此试验及其后一些验证试验，美国规范规定，抗震设计时，在梁端截面上，受压钢筋应不少于受拉钢筋的 50%。

(3) 梁的挠度应满足现行《混凝土规范》第 3.3.2 条的规定。在核算梁挠度时，可使用该条的注解，即可以利用施工时模板的合理起拱的有利条件，使得梁的截面高度减小后，其挠度还能符合规范要求。现在有一些计算软件，为编程方便，将楼面 T 形梁简化为矩形梁，需在计算挠度时注意。

(4) 梁裂缝验算依据现行《混凝土规范》表 3.3-4 的规定。

处于一类环境时，梁最大裂缝宽度限值 $\omega_{lim} = 0.3mm$，对于年平均相对湿度小于 60% 的地区，如华北、东北、西北等干旱地区，最大裂缝宽度限值可采用 0.4mm（符合规范要求）。

(5) 规范规定抗震设计时，梁端纵向受拉钢筋的配筋率 $\rho \leqslant 2.5\%$。美国混凝

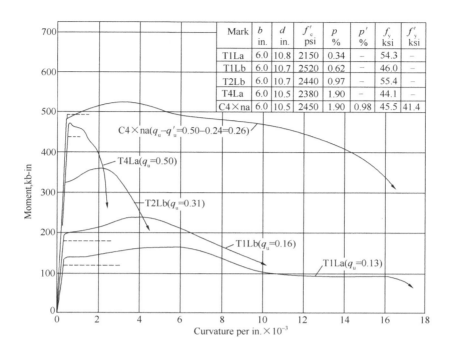

图 2.24-1　弯矩-曲率关系曲线

注：b 为梁宽，d 即 h_0，f_c' 为混凝土圆柱体试件抗压强度，约折合 C15～C20，ρ 及 ρ' 为纵向
　　受拉及受压钢筋的配筋率，f_y 及 f_y' 为纵向受拉及受压钢筋的屈服强度，约为 300～
　　400MPa。

土规范 ACI 318—05 第 21 章规定受弯构件的配筋率不超过 2.5%，解释如下：
"限制配筋率不超过 2.5%，主要是避免钢筋过于密集。次要方面，是限制常用
截面主梁的剪应力"。可见配筋率 2.5% 的限制与抗震设计并无太多直接关系，
从前文可知，受压钢筋对梁延性的提高有所贡献，按规范要求配足受压钢筋后，
受拉钢筋的配筋率略大于 2.5% 应该也是可以的。另外在设计中，当梁端的纵向
受力钢筋配筋率大于 2.5% 后，可以在梁端水平加腋，通过增大局部断面来解决
超筋的问题。

　　通过以上 5 个条件的分析和工程实践，可以说明一般不必用宽扁梁来解决梁
截面高度较小的问题。

　　四、预应力的使用使工程造价加大，且工期较长，一般不轻易采用。我院对
于跨度 8～8.4m 的框架梁，截面采用 400×500 的工程实例很多。如金地中心工
程，采用框架间加设 1～2 根次梁来减小框架梁承受的竖向荷载，见图 2.24-2，
结构高跨比可取到 1/22～1/23。

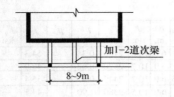

图 2.24-2　次梁方案　　　　图 2.24-3　预应力空心楼板方案

五、对于层高较小（如小于 3.6m），我院经常采用预应力空心楼板的平面布置方案（见图 2.24-3）。这样既能满足承载力和变形的要求，又能减轻结构自重，减少地震作用，跨度可达 14m。

第三篇　随　　笔

3.1 礼 士 路 忆 旧

程懋堃

我于 1950 年毕业于上海交通大学之后，先在上海私营建筑师事务所工作。1952 年底到北京，加入北京市兴业公司设计部（我的老师杨宽麟先生当时担任该设计部领导）。

当时北京市的建设，正在起步阶段，各方面都还比较落后。例如公共交通，除了解放前留下的有轨电车，新开通的公共汽车只有七条路线，即 1 路至 7 路，外加西直门至颐和园的专线。

复兴门外，都是一片片菜地。菜农用驴车运送肥料以及收获的蔬菜，沿现在的礼士路行走，沿途留下一堆堆驴粪，据说礼士路原名驴屎路，因为名字不雅，后改为礼士路。

设计院从城内搬至礼士路，起先只有一栋 2—3 层的坡顶办公楼。其时，复兴门外并无像样的房屋，所以在 1952 年前后，这栋楼被称为"复兴门外大楼"。1954 年底，设计院在礼士路建成新的办公楼。当时，兴业公司设计部并入北京市建筑设计院，成立第五设计室，我也随同进入设计院。原先兴业公司的同事，有不少不愿来设计院，纷纷另谋高就，找那些用高薪招聘人才的单位去了。而我想跟随杨宽麟先生学些本事（杨先生学识丰富，是解放前中国最好的结构工程师），当时我只有 24 岁，还没有结婚，单身没什么负担，况且设计院给的工资并不少（我被评为七级工程师，月薪 133.5 元，一般人收入多在四、五十元）。

顺便介绍一下当时技术人员的等级：工程师从一级至九级，技术员从九级至十三级，助理技术员从十三级至十六级。一、二级为总工程师，三四级为副总工程师。大学刚毕业一般定为十三级，工资 55 元。九级者，可以是工程师也可以是技术员。

设计院搬入新楼时，沈勃院长对设计人员的工作用具也下了功夫，其装备可算当时全国一流。（当时结构专业做计算时，加减法用算盘，乘除法用计算尺。）绘图桌可以升起成为倾斜面，便于制图。椅子则是可以用螺旋升降的，可根据绘图人的需要而调整。过去的"丁字尺"改为由悬线控制的直线尺，使用很方便。但总的来说，与现在用电脑是不能比的。绘图时，直、斜线条用鸭嘴笔，写字则用小钢笔，万一有错，则用刀片（男士们刮胡子用的双面刀片）仔细刮去。所以每到一个工程要出图时，只听见一片刮纸声。

当时，工程的规模都不大（与现在相比），面积超过 1 万 m² 者，就算大工程。由于工具落后，每当大一些的工程做设计时，常需在晚上加班。院里规定，晚上加班时间超过 10 点者，可以有 3 角钱的加班点心费，此钱并不发给个人，而是每天下午由各组组长统计人数后上报，然后到晚上 10 点，给加班者每人发一个義利食品厂生产的"果子面包"（售价为 3 角）。这种面包现在还有生产的，现在见了不免有一种亲切感，有时就买一个。

因为全院加班的人很多，所以一到晚上全楼灯火通明，因为全用的日光灯，所以远远望去，晶莹夺目，非常好看，附近老百姓称之为"水晶宫"。

从 1954 年年底设计院办公楼建成后，礼士路上陆续建了几栋与城市建设有关的办公楼，如规划局、建工局、市政工程公司等等。当时这条街，在北京算是最具规模的了。后来拍摄电影《战上海》，为了节约经费，就不全去上海，有的外景是在礼士路上拍的。

1956 年，周恩来总理做了《关于知识分子问题》的报告，建议不要把知识分子都当作"资产阶级知识分子"，认为经过解放后几年的学习，绝大部分知识分子已是"劳动人民的知识分子"，因此，要正确认识知识分子。报告一出，全国知识分子由衷地欢迎和拥护。设计院对设计人员的各方面也都加以照顾，如在食堂每个人都有固定的饭桌，桌上放着第二天的主副食单子，你可以点你所需要的，第二天中午你到食堂，热气腾腾的饭菜现成放在桌上了。

但是，到了 1957 年整风"反右"以后，发生了极大的变化，这些，以后有机会再回忆。

3.2 旧事：那家花园里的金元宝

程懋堃

北京东城有一条金鱼胡同，是一个繁华地区，其南侧是东安市场，并有吉祥戏院等。其北侧原来是那家花园，是清末大学士那桐的住所，园内建有亭台楼阁、假山鱼池等等，后来那家子孙衰败，将该花园出售给盐业银行总经理王绍贤。

解放后，王绍贤将该花园出售给市政府。政府将该花园之一部分建成和平宾馆，其余部分仍为花园。

国外来北京的游客，喜欢住中国式的园林建筑，不喜欢和平宾馆式的酒店（这类酒店在其国内很普遍）。因此，那家花园未拆除的中国式建筑很受国外游客欢迎。但北京的冬天温度很低，必须供应暖气，于是在花园北侧建了一个锅炉房（面积不大），并委托我设计一个砖烟囱（高度约 18m），记得当时我设计的烟囱基础直径约为 4m。施工图完成后，即由业主方面交给施工单位进行作业。

当时是 1955 年的春天，有一天施工单位的工地主任忽然打电话给我，让我到工地去一次。我问他，工程是否出了什么问题？他说，不是，你快来看，有好东西！我当即骑了自行车赶去。到了那里一看，就在烟囱基础部位，大约 2m 多深处，挖出了一个坛子，里面装了满满的金元宝。他们将金元宝全部倒出来，数了一下，一共有 80 个。用秤量得每个元宝重 50 两（当时 1 市斤等于 16 两）。我去时工地已经报告了文物局，因为地下挖出的宝物都要由文物局审查，判定属于何种文物。文物局派人审查后认为，不属于古文物，估计是八国联军侵占北京，那家离京避难，临走时将金元宝埋藏在花园内，可能那家埋宝者在外面病故，后人不知道有这坛金元宝，直到挖烟囱基础才发现大量金元宝。4000 两黄金，价格不菲，当时工地上一点没有隐瞒、私分、哄抢等情况，而是实实在在、如数上交。

知道这件事的人，现在在世的恐怕已不多了，所以写出来，留作纪念。

3.3 怀念老领导——老院长沈勃同志

程懋堃

我于1954年随北京市兴业公司建筑工程设计部合拼至北京市设计院新成立的第五设计室。担任结构二组的组长。当时设计室的组成，是每个室有四个建筑组，两个结构组，设备，电气，预算各一个组。1956年院里将各室的预算组集中到院里，成立预算科，科长刘宝熹。

1954年时，设计院的名称是"北京市设计院"，以后因属于市规划局领导，又曾称为"北京市规划局设计院"。

北京市设计院的成长壮大，与沈勃院长的领导有方是分不开的。许多年轻的设计院同志，大概不一定知道沈勃，但说起中央电视台的足球运动解说员张路，大概认识的就很多，其实，张路是沈勃的儿子，两个人长得一模一样。沈勃原来姓张，后来因在北京市做地下工作，就改名沈勃。

沈勃同志深知，一个设计单位能否办好，人才是第一位的。因此他非常重视人才的引进和培养。他知道杨宽麟先生是解放前后中国最杰出的结构工程师，而且手下还有一批优秀的建筑师和结构工程师，所以几次三番登门和杨先生谈话，打消顾虑，终于把这批人中的大部分（包括我）吸收到设计院。

在20世纪50年代，中国的大学还较少，毕业生大部分分配到各中央单位（大学毕业生必须服从国家统一分配，否则只好在家待着，没有工资和粮票），北京设计院是市级单位，分不到大学生，沈院长就决心自己培养，成立了夜大学，内设各种档次的学习班。像我们这样大学毕业已工作几年的，请清华大学的张维教授（教材料力学）和吴柳生教授（教钢筋混凝土）。还有一些班级，讲授从初中一年级直至大学的课程。另外还招了108名1954年的初中毕业生，俗称一百零八将，作为绘图员。以后这些人经过努力，有一些也成为院内的技术骨干。

其次，沈院长重视"硬件"的建设，在南礼士路上兴建一座新楼。当时设计人绘图都用手绘，所以照度必须好。楼内全部按高的照度标准安装日光灯（在当时是少有的）。由于任务繁忙，晚上常需加班，远远望去，灯火辉煌，人称"水晶宫"。绘图桌椅，全部新制，可以调节高度和角度等，在当时国内是第一流的。国际上是什么情况，当时因为很闭塞，所以也不知道。

再其次，是在可能的条件内，提高福利待遇。规定晚上加班到十点以后，可以有三角钱的加班点心费，不发现钱，而是发一个义利出的果子面包（售价三角）。食堂吃饭时，有第二天的菜单，你可以预订，每人坐固定的桌子（有编号），第二天中午到食堂，可以看到已经热气腾腾的放在桌子上了。大家来了，现成的吃饭，倍感亲切。

在1957年以后，这些都取消了。

大约在1958年，上级规定，将沈勃同志调到规划局，院内所谓八大总（内有两名被划为右派，劳动去了）也一同调到规划局。以后，设计院就见不到这些老领导了。

以后大约在2000年前后，有一次在颐和园昆明湖西岸，见到张路陪着他的父亲在休息。沈院长见到我这老部下，很高兴，问了很多设计院的情况，关切之情，溢于言表。我见他气色很好，也很高兴，也详细汇报了我所知道的情况。当他知道我已当了结构院总也深为高兴。

这是我最后一次见到我尊敬的老院长。

2014 年 7 月

3.4 民 国 旧 闻

近年，在表现解放前历史题材的影视剧中出现的一些场景和道具，很多与事实不符，出现"硬伤"，现举例如下：

1. 关于货币：南京国民政府于 1932 年实行币制改革，规定四家银行可以发行纸币称为"法币"即中央、中国、交通、农业，通称中、中、交、农。已经不用银圆。从 1927 年国民党北伐成功，到 1937 年抗战爆发，这十年间物价稳定，国民生产总值为每年约增加 9%。1940 年汪精卫在南京成立汉奸伪政府，成立"中央储备银行"，发行纸币，当时民间称之为"储备票"，这实际上是日本用以搜括民间财富的手段。

在电视剧《旗袍》中，有这么一个情节，特工总部丁默群将偷藏的国民政府用以印"法币"的铜版（面值 10 元）交给军统，说以后靠印钞票可以发财。实际上当 1943、44 年时，由于通货膨胀，法币已贬值几十倍，10 元面值的纸币已不值钱了。

以后一直到 1948 年底以后，国民党搞的"印制改革"完全失败，通货膨胀剧烈，物价飞涨，老百姓才不得已采用银圆。

2. 关于交通工具。

美国汽车，为了促销，车型每年都有变化，他们老百姓一看就知道是哪一年生产的汽车。但是在电视剧《西安事变》（发生在 1936 年 12 月）中，却有好几辆美国 1946、1947 年生产的轿车。

电视剧《吕梁英雄》中，日本军官坐的车，是美国吉普车！

许多电视剧中，解放前的国民党官员，都有专车，甚至一个科长都有，与事实完全不符！当时国民党中央政府，也只有次长（相当于副部长，一个部有两个次长，政务次长与常务次长）才有专车。当时交通部（统管公路、铁路、水路航运与民用航空）的常务次长凌鸿勋，也只有一辆老式别克汽车（1939 年的）。下面的司长都无车，更别说科长了。

南京政府规定，1946 年 1 月 1 日开始，所有车辆，由靠左走改为靠右走。只有铁路，因为涉及信号、道岔等问题，改动影响太大，由于铁路自成系统，与别的交通无关，所以未改，沿袭至今，铁路始终是靠左走。

抗战胜利（1945 年）以前，1943、44 年时，上海已没有人力车（俗称黄包车），都改成三轮车了。黄包车只能坐一个人，现在影视剧中，有的黄包车很宽，能坐 2 人，这是没有的。坐 2 个人还要拉着跑，是拉不动的。

供大众乘坐的电车（包括有轨与无轨），过去都分为头等与三等。头等是洋人与"高等华人"乘坐的，普通老百姓只能坐三等（与洋人相差不止一等！）。票价也有区别，三等比头等略便宜些。

3. 音乐

一些历史剧，演到解放前的音乐，常是影星周璇的歌曲，实际上，周的歌曲以及当时的歌星龚秋霞、白光等人的歌曲、仅在小市民中流行。"上流社会"和中产知识分子，喜欢的是美国电影中的插曲，以及外国的轻音乐、爵士乐等等，周璇的歌曲，不是"主旋律"。

影视剧中的留声机，都是伸出一个大喇叭，这是 20 世纪 20 年代前的老式产品，30 年代以后已经没有大喇叭了。

4. 服装

解放前，男人多穿长衫（北方也称长袍或大褂）或西服。现在有些电视剧中，男人穿的长袍，常为颜色鲜艳者，如杏黄、酱红、翠绿等，这在过去是从未有过的。我在解放前年轻时也穿长衫，冬天穿棉袍，因比较暖和，讲究者穿丝棉袍或皮袍。颜色多为藏蓝，黑色等，年轻人穿墨绿者，已很出风头了。

5. 其他

盘尼西林（即青霉素）是在二次大战期间，由英国人发明的，抗战胜利之后，才输入到中国。电视剧"51 号兵站"，演的是抗战时期，当时中国根本没有此药。

1941 年 12 月 8 日（美国为 12 月 7 日）日本偷袭珍珠港，美英等国于次日向日本宣战。这时，美、英等国与日本是交战国，美、英在中国的侨民，全部被关入集中营。在上海者关在郊区闵行吴家巷上海中学校舍内，该校占地五百多亩，规模很大。汇丰银行是英国人经营的，已经不能营业。所以电视剧《旗袍》中，丁默群要将金编钟藏在汇丰银行保险箱中，与历史事实不符。

电视剧《乔家大院》中，说银子已解到藩库，应为"户部"，是中央管理财政等业务的部，省一级才称为藩库。当时中央政府共有兵、吏、工、礼、户、刑等六个部，各司其职，现在北京有个地名，叫"六部口"，即是指此。

附录　一些报纸、杂志的报道

附录 1　勇于创新，建筑界人称"程大胆"
程懋堃　设计中国第一个旋转餐厅

（原文刊于《新京报》）

西苑饭店　首次中外合作

在我五十多年的设计生涯中，最有标志性的作品是北京西苑饭店。

1980 年开始设计西苑饭店，建筑师是美国人，结构负责人是我，机电工程师是英国人，现在看来是很典型的合作设计模式，在当时却是个突破。改革开放后，大量外国投资者涌入中国，他们投资建设的同时一般都带来了本国的设计师，因为觉得中国的技术落后，中国工程师水平低。西苑饭店是全国第一个中外合作设计的建筑工程。

西苑饭店有 700 多间客房，主楼高 23 层，当时设计上有一定难度。过去的规定，在主楼和周围的裙房之间要留一道缝，叫"沉降缝"。因为主楼较高，重量大，基础下沉会较多，而裙楼下沉少，留"沉降缝"是怕主楼下沉时带坏裙楼。但是西苑饭店设计时，美国人不希望留沉降缝，他说我们美国人都不做这个，你们中国人为什么要做？主要是因为西苑饭店的主楼和裙房之间有个室内游泳池，做沉降缝的话就没法做游泳池了，星级饭店又必须要有。

我想，你们美国人能做到的，我们为什么不能做到？于是和院内其他同志共同努力，决定不做沉降缝，而是在主楼和裙楼之间留一条"后浇带"——就是留下一段地方暂时不浇灌混凝土，等主楼和裙楼都完工后，沉降程度已经稳定的时候，再把这段混凝土补起来，这样就不会影响结构安全了。这个技术，全中国是我第一个用，直到现在大家还在用。

西苑饭店还是全国首次在高层建筑中采用"预应力叠合板"技术的工程，节约了模板。我还做了一个有风险的设计：大楼里每隔四米就有一道抗震的剪力墙，但是底层有个较大的餐厅，要去掉一些墙。习惯做法是用大梁来托起上面的墙，然后把底下掏空，可是我不用大梁来托，只是在餐厅顶部的墙里加了点钢筋，就承载起了上面的重量——这也是全国首创。

西苑饭店里还有第一个由中国人自己设计的旋转餐厅，旋转的地板面积也是当时全国最大的。我们施工时候的标准很高，要求旋转平稳，在地板上立一根香烟，转动起来香烟不倒。

改造五洲大酒店　人送外号"程大胆"

在多年的工程设计中，人家给我起个外号叫"程大胆"。我就是这样的性格，别人不敢做的，我总要试试看。打仗都没有敢说百分百打赢的，但只要事先考虑周到了，就敢豁出去干，有压力才有进步。

亚运村附近的五洲大酒店，是1990年亚运会时修建的，当时是三星级，到1999年想提升标准，把其中一栋楼改造成五星级大酒店，就感觉大堂不够气派，空间狭窄，柱子太多。他们就来问我，能不能拔掉八根柱子？像这种改造方案，最稳妥的做法是把要拔掉八根柱子的地方从上到下统统拆掉，再重新由下到上盖起来，可是这样花费很大。我说可以拔掉柱子，而且不用拆房子。怎么做呢？要拆的柱子先不动，把旁边的柱子加粗，顶上做个大梁。等大梁做完，支撑强度够了，再拔掉柱子。

这样做当然是有风险的，很多人心里忐忑。当时刚巧还有个黑龙江宾馆，在西二环，也是想拔掉门厅的两根柱子，我告诉他们我正在做五洲大酒店这个工程，不用拆房子，做个梁就可以了。可他们害怕，还是把门厅整个拆掉重新盖。

等到五洲大酒店改建完工，我接到有关负责人打来的电话，他们用仪器精确测量了完工后的大梁下沉程度，然后告诉我："程总，没问题啊！"我笑笑，心想我早知道不会有事的。

东长安街上有一栋40层高的中环世贸中心，最初设计时的计划是在基础下面打桩，因为它周围的高层建筑都打了桩。我看了这里的地质勘察报告，建议设计师取消打桩计划，不打桩也不会影响安全。他们采纳了我的建议，一根桩都没打，节省了几百万元的打桩费用和几个月的工期，建成后的效果也很好。

安全与节约　结构工程师的责任

结构工程师肩上的担子很重，既要保证建筑物的安全，又不能太浪费——有些工程师喜欢用大量的钢筋水泥，因为怕担责任。要是在"文革"时期，工程出了问题，先查你祖宗三代，看是什么出身。要是有地主什么的，完了，你就是阶级敌人，蓄意破坏社会主义建设。所以一些工程师胆子很小，不敢超越前人。

我经常会应邀去审查一些设计方案，其中一方面是政府在注重安全的同时也重视节约，另一方面业主也希望避免浪费，多用的钢筋只会增加成本，并不能给他们带来效益。

西长安街上的中国工商银行总行大楼，是美国一家著名的设计公司设计的，由于在重要干道上，总高度有限制，美方的设计方案是每层高度4m，总计10层。我去看了之后就说，长安街这个地方寸土寸金，如果每层做3.6m高，在总限高不变的情况下就能多做出一层楼来，多出大约5000m²的建筑面积，这个效益可不得了。美国人不干，说我们这个办公楼就要做 4m，3.6m 就不行。我说想办法总还是行的，比方说管道可以做扁一点，对使用没有影响，这都是可以解决的问题。基础荷载也是有富余的，多加一层的重量也没问题。最后市政府下通知，采纳了我的建议，建成后业主很满意。

还有上海的环球世贸中心 492m 高，美国人做的结构设计，上海的专家们审查了两次都没有通过，主要就是担心超高层建筑的安全问题。其实这个美国工程师经验很多，纽约世贸中心和香港的中国银行大楼都是他设计的，但上海审查老通不过，后来业主请来全国的一些专家论证。我第一个发言，说这个工程没问题，建议通过。因为我之前仔细看了方案，安全上是很有把握的。最后通过了，现在它已将完工，类似的情况还有南京的一个住宅，54 层高，他们以前没盖过那么高的，也是不敢做，找专家论证，我去那里就说可以放心做，提出了许多根据。现在这个工程已经建成好几年了，没有任何问题。

所以我现在常对年轻人说，要放胆去做，别人会的我们要会，别人不会做、不敢做的，我们也要会做、敢做，才能在激烈的竞争中立于不败之地。我国每年大约建成 20 亿 m² 的建筑物，是世界之最。如果每平方米能节约 10kg 钢材、0.03m³ 混凝土，一年下来就能节约两千万吨钢材和 1800 万吨水泥，而这并不难做到。在结构设计领域，节约潜力是很大的，结构工程师责任重大。

经验"这是老人的职业"

我父亲是土木工程师，1916 年北京大学毕业的，后来在国民党政府铁道部做铁路工程师。我受他影响，从小培养起了对土木工程的兴趣，高中时候就已经开始看一些有关工程知识的书了。后来考大学，我同时考取了清华和上海交大。因为解放前国民政府在南京，江南地区相对繁荣，知识分子们也愿意到经济条件好的学校去教书，再加上我家在上海，我就没有去读清华，而是选择了上海交大。

当年交大的目标是办成东方的 MIT（麻省理工学院），所有课程都用英文教授，我们使用的教材也都和英美国家的大学同步，我到现在还留着这些英文的教科书。其实在解放前，我们的知识水平和国外相比差距不大。但是解放后，先是片面强调苏联如何先进，什么都要学苏联的，而不是广泛地学习世界各国最好的技术。尤其到了"文革"时期，会讲外语的人就有"特务"嫌疑，我一生中成长最快的时期是四十多岁，"文革"快要结束时，我利用我的英文能力，看了很多外国书，边看边翻译，在院内油印出版，有些还手抄下来，积攒了很多宝贵资料。当时没有复印，遇到重要的图，我就拿张纸蒙在书上描。

刘力大师说建筑师是老人的职业，我深有同感，结构工程师也是老人的职业，经验很重要，尤其需要汲取别人的教训，引以为戒。这方面，国外杂志上有不少案例，比如对一些事故的详细研究分析。我今年78岁，还一直在学习，加入了4个外国的学会，这些学会能给我寄来国外最新的技术资料。前几天有外地设计院来人，问我一个工程问题，说是一栋220m高的办公楼，美国人设计，中方合作，可是美国人使用的一种计算方法，中方人员不了解，不敢轻信。我马上找出了2008年最新的美国混凝土规范，其中就有美国人用的这种计算方法。

现在我们国家和外国的技术差距已经不多了，至少在结构设计这一块，可以说外国人会的，我们也都会。可是我们做工作不如国外工程师细致，问题在哪里呢？人家做一个工程，设计费是我们的十倍、二十倍，可以慢工出细活。我们国家的工程师设计费很低，为了生活就只好拼命多做，以量取胜，必然导致不够细致，这是值得重视的问题。

附录 2　建国门外下新中国外交之榻

（原文刊于《新京报》2009 年 5 月 27 日）

■北京外事建筑小考

北京的外事建筑可追溯到辽代，会同元年（938）幽州升为南京（今北京）之后，利用原幽州城内较好的建筑悯忠寺作为接待使节馆舍。

明、清两代为接待来京少数民族官员及外国使臣而设立会同馆，在今宣武区南横街和东城区东交民巷等处建设了专用馆舍，相当于官方涉外招待所。

1900 年八国联军侵入北京后，东交民巷地区被划为使馆界，由各国驻军管理。随后 10 年间，各国按照各自的建筑风格纷纷建设使馆、兵营和银行等建筑，至今仍保存的旧使馆构成了北京近代建筑的重要面相。

1949 年后，许多友好国家与中国陆续建交，使馆建设迫在眉睫。根据周总理"把使馆从城里迁出，集中建馆"的指示，20 世纪五十、六十年代，建国门外使馆区和三里屯使馆区相继开始建设。

由于外国驻华使馆、机构、人员的急剧增加，从 1957 年起开始在使馆区周围集中建设外交公寓和外宾购物、文体活动场所。使馆区也就成为了外交公寓建设的原点。

齐家园外交公寓为北京第一批外交公寓，1957 年 7 月兴建。其中第一栋外交公寓于 1959 年 12 月建成，南临建国门外大街，东至秀水东街，为板式住宅楼；在经过了数次加固和整修之后，这一组公寓的外观已经今非昔比。

1954 年 4 月，新中国总理兼外长周恩来出现在日内瓦会议上时，世界的目光充满了好奇与不信任，美国代表团团长杜勒斯拒绝了周恩来伸出来的手。尽管如此，《时代》的记者表达了他对日内瓦会议上"中国气息"的强烈感受："上周，周恩来站在了世界面前，显示了一个巨人决心把美国和西方赶出亚洲，渴望吃掉那半个世界，无论付出多少血汗，也要把它自己由贫穷变得强大的表情和声音。"近二十年后，尼克松主动伸出了手。

在新中国成立十年的外交中，苏联的名字始终被放到外交名单的首位，除了"一边倒"地站在社会主义阵营里，和部分第三世界国家建交外，与英国建立代办级外交关系，新中国几乎再没有朋友。

涉外饭店让外国人感觉拘束

荒芜地段上兴建外交公寓

1959 年 12 月，第一批各国外交驻华工作人员入驻齐家园外交公寓。用指示针来标明楼层的电梯里，一位英国老太太对开管电梯的服务人员说，"你们中国的电梯太慢了，不好。"开管电梯的人立刻反驳回去："这电梯是你们英国生产的。"

开管电梯人对资本主义国家的"敏锐的爱国主义情绪"，在当时被传为佳话。"现在听来有点耍赖。"北京市建筑设计研究院顾问总工程师程懋堃现年 79 岁，在做齐家园外交公寓的结构工程师时，才 26 岁。他解释说，当时的中国生产不了电梯，为了建新中国成立后的第一个外交公寓，设计师们从上海将洋房里 20 世纪 20、30 年代的老式英国电梯，拆下来运到了北京。

1955 年起在建国门外的齐家园附近，建外大街北侧、日坛公园西南侧开始修建第一使馆区——建国门外外国驻华使馆区。在 1956 年前，城墙还在，东单到建国门是两条胡同，建国门外"什么都没有"，"一直到 1956 年后才改成一条大马路"。

1957 年初步建成第一使馆区，占地约 60 公顷，建有各类使馆 41 座，程懋堃说，除了苏联、东欧社会主义国家、非洲的埃及等国、北欧以及半建交的英国等国的大使和大使家眷入住使馆外，其他使馆工作人员都住在北京饭店、新侨饭店等饭店里，饭店生活让外交人员们觉得受拘束，而将外国使节和记者集中起来，对于管理在华外国人也方便不少。在使馆区附近建第一批外交公寓，是新中国在与苏联关系冷冻前的外交第一阶段。

水晶宫里的建筑设计

齐家园外交公寓并非苏式建筑

1956 年时，与共和国同龄的北京市建筑设计研究院，接到设计第一座外交公寓的任务。因为外国使节、工作人员居住要求紧迫，"当时我们设计院的楼里每天晚上都灯火通明，周围老百姓都叫它是水晶宫，不只是设计外交公寓项目，北京市绝大多数重大建设项目都是我们设计研究院设计的，那时候正是在一穷二白基础上搞建设，那一年上马的工程比较多，都是些大项目。"

程懋堃摊开当年他亲笔绘制的建筑结构图，回忆当年的天天加班，"当时没有计算机，没有 CAD 制图，只能用计算尺计算。每天加班登记后，可以有 3 毛钱加班费，当时可以买一个义利的果汁面包当夜宵，已经十分满意了。"而天天赶图，赶出来的图纸被严格把关，稍微有点问题，就会被通报批评。

程懋堃毕业于上海交大，而同时完成齐家园外交公寓建筑设计的工程师也来自上海。"这位工程师是从美国留学回来的，在解放前就比较了解外国人的生活习惯，也了解外国人公寓的建筑结构。齐家园外交公寓并非人们所想象的是苏式建筑。"站在 90 年代加固后的外交公寓前，程懋堃指点建筑说，外墙当年让苏联专家称道的清水砖墙已经包裹在钢筋水泥里，底下包裹装饰的水刷石被蘑菇石给替代了，当年硬木窗户已经改成了铝合金窗，阳台栏杆也换了。

零碎钢筋现场拼接

预制板中间的白色丝绸

"当时盖房子挺困难的，国力还很弱，全国一年总钢产量才500万吨，那一年工程又特别多，比如工人体育场当时也开始建了，钢材不够用。"程懋堃举例子说，钢筋不够用，工地就跟他商量说，能不能将截短的零碎钢筋头接起来用，就像拿零碎布料去拼凑一件衣服似的，按照当时的规范，一根钢筋顶多只能有一个接头才能保证安全，咬咬牙，在经过安全测评后，程懋堃和工地想办法用三四根接头拼起来的钢筋被运用在了实际施工中。

另一个问题是，当时都是砖墙承重砖砌体，抗震性不好，但做不了钢筋水泥混凝土，就用预制板，因为外交公寓的房间比一般房间大，预制板高5.4米，可是板和板之间有小裂缝，虽然中国人不在乎这些裂缝，但是既然涉及外事，苏联人就找当时的国务院外事管理司去提意见。建设设计者实验了半天，终于用白色真丝绸子附在两块板的缝隙间，用柔性的真丝撑住硬邦邦的缝隙，再刷浆，这样就"天衣无缝"，看不见缝隙了。

砖混结构，清水红砖墙面，平屋顶，檐口、窗套及首层外墙面刷上灰白色水刷石饰面，顶上是民族形式的雀替装饰，中部7层，两翼6层；东西两端5层，一凹一凸的立面，使得建筑本身动静有致。

齐家园之后外交公寓群起林立，公寓内如今有两成非外籍人士

在齐家园第一座外交公寓的南面不远，就是当年程懋堃参与设计、同时兴建的永安里。程先生说尽管是同期建设，但永安里和外交公寓的内部设施不能同日而语。前者的民居里是水泥地面，而外交公寓里的实木地板、门窗、油漆墙面都比较讲究，厨房、卫生间用马赛克。

"窗户上用铜，这在当时装修材料种类少，又没有国外进口的情况下是很奢侈的，当时电线都不用铜。"程懋堃记得在1957年他被打成右派时候，齐家园第一幢外交公寓的结构已经基本完成，这个长度212米的单体建筑，即将成为当时北京最大的民用建筑。

在1958年8月程懋堃下放改造前，他还参加了第一座外交公寓旁边国际俱乐部的项目设计，同时设计起的是四幢小楼，"等四幢小的外交公寓陆续建成后，1959年，整个齐家园公寓投入使用了。"

"50年代兴建齐家园，60年代在东直门外的三里屯附近兴建了第二使馆区，也兴建了三里屯外交公寓，和美国建交后，70年代掀起与西方国家建交热，在建国门外又建起了新的外交公寓，至于以后的塔园、亮马桥外交公寓，是随着使馆区人员不断增多，80年代末90年代初在亮马河北面开辟了第三使馆区。"曾在齐家园外交公寓担任过五年物业管理部经理的孟冬昌历数北京外交公寓的建筑小史，他现在所在的建国门外外交公寓，正是 70 年代兴起的又一批外交人员居住区。

"程老师提到的那四幢小楼，已经在 1996 年拆除，重新建设新楼了。"北京外交人员房屋服务公司齐家园物业管理部张跃经理说，在 1998 年之前，齐家园外交公寓的主要居住者是各国驻华使馆外交官、联合国驻京机构、在华登记的外国记者、世界银行系统的工作人员。

1998 年之后，由于涉外公寓逐渐增多，外国人被允许在朝阳区范围内租赁办公房屋。尽管如此，齐家园外交公寓里的外交官、联合国机构组织和外国记者，依然占常住人口的 80％，"他们选择这里，主要是因为安全、方便。"

本版采写/《新京报》记者　潘波

附录3　程懋堃：艺高人胆大

（原文刊于《北京规划建设》2010年第4期）

《螃蟹》诗云："未游沧海早知名，有骨还从肉上升。莫道无心畏雷电，海龙王处也横行。"螃蟹周身铁甲，却肉味鲜美，然大家受固有观念的束缚，多浅试辄止，所以，鲁迅先生才由衷盛赞"第一个敢于吃螃蟹的人是勇士"。著名的建筑结构专家程懋堃先生就是一位敢吃螃蟹、不惟规范、不惟先例、敢于创新的勇士。他不仅用自己的学识和胆识托起了一道道有形的混凝土大梁，也用自己的热情和风趣吸引并感染着周围的人。

钟情土木　名校夯基

"我是80后"，刚一落座，八十高龄的程老就幽了一默。岁月如歌，历经磨砺，他对事业永不止步的执着追求，智慧与自信却不问世事变迁依旧似年轻时。

1930年3月15日，程懋堃生于南京。其父1916年毕业于北京大学，后在国民党政府铁道部出任铁路工程师，参与修建了湘桂铁路、宝天铁路等。受父亲影响，他从小就培养起了对土木工程的兴趣，高中时已开始阅读有关工程方面的书籍。1946年，从江苏省立上海中学毕业的他，同时考取了清华大学和上海交通大学。"因为解放前国民政府在南京，江南地区相对繁荣，知识分子们也愿意到经济条件好的学校去教书，再加上我家在上海，我就没有去读清华，而是选择了上海交大土木工程系。"那一年，他16岁，是班上年纪最小的大学生。

"这是我64年前的课本，"程老小心翼翼地打开一本泛黄的英文书，"当年交大的目标是办成东方的MIT（麻省理工学院），所有课程都用英文讲授。"学生使用的教材也都和英美国家同步，不过国外的课本太贵，他和同学们用的都是上海龙门书局影印的教科书及各种教辅参考书。至今，程老依然完好地保留着这些英文教材，也珍藏着学校生活的点滴片断。如大二时，在校园内进行工程测量，若见到漂亮美眉，来自"和尚班"的他们会立马将视线来个乾坤大挪移；大三时，他们会利用闲暇时间给中学生当家教以赚取零花钱。虽然程总述说中的校园生活充满了乐趣，但实际上，学习并不轻松。为了学好专业，大家有如上了弦的发条，丝毫也不敢松懈。当时有一个顺口溜在交大流传甚广："一年级买蜡烛，二年级买眼镜，三年级买痰盂，四年级买棺材"。由于课业繁重，且营养不良，留级者有之，退学者有之，更有甚者，英年即早逝。"入学时，我们班有 81 人，可到毕业时只剩 50 来人了。"程老一声叹息，眼神顿时黯淡下来。

技术成长　名师高徒

我国传统建筑，在哲学审美上，注重达观平和的世俗情趣；在建筑材料上，以砖、木为主，所以，现代的高层建筑领域更多借鉴了西方的结构理论和技术理论。走近程懋堃，我们会发现，他的设计有着常人无法比拟的大胆和创意。因为熟谙英美建筑结构技术的他深信：将现实条件和力学美融合在一起，加之对结构前卫的认识使他能够做出前所未有的设计。当然，名师出高徒，程总认为自己的技术成长历程，离不开两位前辈的悉心教导。

一位是北京市建筑设计院结构总工程师杨宽麟先生。1950 年，刚大学毕业的程懋堃进入上海基泰建筑结构工程设计事务所，参与设计了上海华东生化制品研究所、办公楼及车间，上海西门妇孺医院等。1952 年，他只身北上，成为北京兴业公司建筑工程设计部的一名工程师。从此，在杨宽麟先生的亲自指导下，参与了北京新侨饭店、王府井百货大楼等北京解放后第一批多层混凝土框架结构工程的设计。"杨总让我受益最深的，是明白了两个道理：一是基本上没有不可能的，二是不能迷信书、迷信规范。"后来，程懋堃发现杨先生的观点和古代先贤的思想其实是不谋而合的。如宋代学者朱熹说过："读书无疑者，需教有疑。小疑则小悟，大疑则大悟，不疑则不悟。"徐光启则说自己："启生平善疑"，"欲求所以然之故……虽先儒所因仍，名流所论述，援徵辩证，如云如雨，必不敢轻信所疑，妄书一字。"而现代著名学者钱学森先生也指出："在考虑利弊的情况下，一个人要善于冒险，敢于冒险。不敢冒险的人成不了大事。"在建筑界，大家都亲切地称程懋堃为"程大胆"，"其实就是和杨总学的，胆子特别大，什么都敢干。"程总一再强调，不要墨守成规，不要迷信规范。他说，规范是一些有经验的研究人员与工程师共同研究的成果，是根据实际工程经验与科研成果综合编制而成的，它并不代表我国的最高技术水平，有时是各种因素折中的产物。要想编出完全适应于各种工程情况的规范，实际上是不可能的。因此，不能把任何工程情况都由规范来解决，规范绝不是万能的。它只能代表过去的成果，不能预见新事物的成长、新技术的诞生，所以，千万不能以"规范上没有"而不让新技术、新体系、新结构产生。

另一位对他影响至深的是清华大学的张维教授。1955 年，北京市建筑设计院在沈勃院长的努力下开办学习班，邀请张维教授讲材料力学、吴柳生教授讲钢筋混凝土。已有五年实践工作经验的程懋堃参加了张教授的学习班，他将理论与实践融会贯通，力学知识得到进一步深化，"这种学习效果比在大学中好百倍，所以我主张大家工作几年后最好再重新进修一次。"一年后，结业考试，程懋堃名列榜首。

结构创新　精彩纷呈

结构工程是人类文明的脊梁。如果没有结构，我们可能还处于穴居野外的蒙昧状态。在当代建筑创作中，结构和技术创新的含量越来越高，结构在建筑中的角色也由原来的配合部分上升到主导建筑形式的地位，因此，建筑结构技术的创新和发展已成为关注的焦点。在自主创新的道路上，程懋堃先生一直大胆探索，推陈出新，精彩纷呈。

之一：王府井百货大楼

在程总的办公室，不仅有他珍藏了60多年的影印版英文教材，也有50多年前用铅笔手绘的王府井百货大楼结构设计图。待程总徐徐展开图纸后，我定睛一看，落款日期是1953年4月29日。

1953年，由国家投资建设的王府井百货大楼提上日程，时年23岁的程懋堃与另3位同事一起承担了整个建筑结构设计工作。王府井百货大楼是钢筋混凝土结构，建筑面积约2万 m²。当时设备很落后，"加减法靠算盘，乘除等的计算就用计算器。"雨水管的设计是该项目的一大亮点。一般来说，大楼的雨水管都是靠在外墙上，可百货大楼的面积太大，只能从柱子里排水，然而百货大楼的柱子太细，只有300mm×300mm。"很细的柱子里再插根管，一般人不敢这么做。"程懋堃初生牛犊不畏虎，在细柱里埋设了一根100mm×100mm的排水管，成功地解决了排水问题。"在这个工程里，我初步锻炼出了胆量。"程总自豪地说。

1955年，王府井百货大楼开业，被誉为"新中国第一店"，在国内外享誉极高。

之二：建国门外外交公寓

1956年，与共和国同龄的北京市建筑设计院，接到设计第一座外交公寓的任务。因为外国使节、工作人员居住要求紧迫，于是准备在建国门外的齐家园附近，建外大街北侧、日坛公园西南侧开始修建第一使馆区——建国门外外国驻华使馆。程懋堃任结构工程师。

"当时我们设计院的楼里每天晚上灯火通明，周围老百姓都叫它'水晶宫'。"程懋堃摊开当年他亲笔绘制的建筑结构图，回忆当年的加班情景，"没有计算机，没有CAD制图，只能用计算尺计算。每天加班登记后，有3毛钱加班费，可以买一个义利的果子面包当夜宵，已经十分满意了。"虽然天天赶图，但赶出来的图纸被严格把关，稍微有点问题，就会被通报批评。

"那时盖房子挺困难的，国力还很弱，全国一年总钢产量才500万吨。1956

年上马的工程特别多，而且都是些大项目，所以钢材供应严重不足，有些工程因为没有钢材就停工了。"程总的笑容中略带苦涩。总面积为 3.2 万 m² 的外交公寓是当时最大的单栋建筑，虽然选择了砖混结构，但钢筋还是不够用，工地就跟他商量说，能不能将截短的零碎钢筋头焊接起来用，就像拿零碎布料去拼凑一件衣服似的。可按照当时的规范，一根钢筋顶多只能有一个接头才能保证安全。万般无奈之际，在经过安全测评后，程懋堃和工地想办法用三四个接头拼起来的钢筋被运用在了实际施工中。"接头只要是合格的，强度不会有影响，甚至会更高，所以说规范不一定对。"程总分析说。

另一个让人棘手的难题是，当时木材紧缺，不能支模板做现浇混凝土，只好用预制板。因为外交公寓的房间比一般房间大，预制板长 5.4m，可是板和板之间有小裂缝，虽然中国人对此并不在乎，但既然涉及外事，苏联人就此去找了当时的国务院外事管理司提意见。怎么办？设计师们实验了半天，最后用白色丝绸粘在两块板的缝隙间，再刷上油漆，这样一来，"天衣无缝"，缝隙终于看不见了。

程总还提到一个有趣的小故事，因为建外交公寓时，国内还生产不了电梯，可又无处购买，设计师们只好将上海旧楼里 20 世纪二三十年代的老式英国电梯拆下来运到了北京。1959 年 12 月，第一批各国外交驻华工作人员入驻齐家园外交公寓。用指示针来标明楼层的电梯里，一位英国老太太对开管电梯的服务人员说，"你们中国的电梯太慢了，不好。"开电梯的人立刻反驳回去："这电梯是你们英国生产的。"开电梯人对资本主义国家的"敏锐的爱国主义情绪"，在当时被传为佳话。

之三：西苑饭店

在程懋堃先生 60 年的设计生涯中，最具标志性的作品当属北京西苑饭店。

1980 年，西苑饭店开始设计。程老介绍说："西苑饭店是全国第一个中外合作设计的建筑工程。建筑师是美国人，结构负责人是我，机电工程师是英国人，现在看来是很典型的合作设计模式，在当时却是个突破。"该项目中，程懋堃在建筑结构上实现了多项创新之举。

西苑饭店总建筑面积为 7.3 万 m²，有 700 多间客房，主楼高 23 层。在过去的规范中有规定，主楼和周围的裙房之间要留一道缝，叫"沉降缝"。因为主楼较高，重量大，基础下沉会较多，而裙楼下沉少，留"沉降缝"是怕主楼下沉时带坏裙楼。但美国建筑师不希望留沉降缝，说"美国人都不做这个"。另外，因为西苑饭店的主楼和裙房之间有个室内游泳池，留沉降缝的话就没法做游泳池了，星级饭店又必须要有。喜欢挑战的程懋堃想："美国人能做到的，我们为什么不能做到？"于是，他和胡庆昌、苏立仁等一批结构工程师共同努力，经过实验论证，决定不做沉降缝，而是在主楼和裙楼之间留一条"后浇带"——就是留下一段地方暂时不浇灌混凝土，等主楼和裙楼都完工后，沉降程度已经稳定的时候，再把这段混凝土补起来，这样就不会影响结构安全了。程总也成为了国内第一个在高层建筑与裙房之间不留沉降缝而设后浇带的创始者。

西苑饭店还是全国首次在高层建筑中采用"预应力叠合板"技术的工程，节约了模板。当时施工单位想采用一种"预应力叠合板"的新技术。与此同时，上海也有施工单位想采用，可上海的设计院认为没有这方面的规范，不能做。北京的施工单位找到程总，在参考国外规范的基础上，他经过深思熟虑后，告知对方没问题，可以做。"总是先有工程实践，后有设计规范，不可能先有设计规范，后有工程实践。"

西苑饭店中，程总另一个有风险的设计是采用钢筋混凝土墙作为框支梁（上托 20 层）。大楼里每隔 4m 就有一道抗震的剪力墙，但是底层有个较大的餐厅，需要去掉一些墙。习惯做法是用大梁来托起上面的墙，然后把底下掏空，可是程总没有这样做，只是在餐厅顶部的墙里加了点钢筋，就承载起了上面的重量。这也是全国首创。

之四：五洲大酒店

为迎接北京亚运会的举行，1989 年，亚运村附近的五洲大酒店开业。1999 年，为提升标准，准备将其中的一栋楼由三星级改造成五星级大酒店。因为酒店大堂柱子太多，空间狭窄，显得不够气派，于是，改造方找到程懋堃，问能否拔掉八根柱子？根据以往经验，像这种改造方案，最稳妥的做法是把要拔掉八根柱子的地方从上到下统统拆掉，再重新由下到上盖起来，可是这样花费很大。程总经过一番计算，认为可以拔掉柱子，而且不用拆房子。怎么做呢？要拆的柱子先不动，把旁边的柱子加粗，顶上做个大梁。等大梁做完，支撑强度够了，再拔掉柱子。

对程总的大胆构想，很多人心存疑虑，心里忐忑不安。当时恰巧位于西二环边上的黑龙江宾馆，也想拔掉门厅的两根柱子，于是，程总把自己在五洲大酒店的做法告诉了他们，可对方不敢冒这风险，还是把门厅整个拆掉了重新盖。等到五洲大酒店改建完工，他们用仪器精确测量了大梁下沉程度后，有关负责人欣喜地打电话告之程总："没问题啊！"说到这里，程总开心地笑了笑，"我早知道不会有事的。"

"我就是这样的性格，别人不敢做的，我总要试试看。打仗都没有敢说百分百赢的，但只要事先考虑周到了，就敢豁出去干，有压力才有进步。"正因此，他在自己主持或指导设计过的工程中不断挑战，勇于创新。如在北京新世纪饭店结构工程设计中，创造出了"劲性配筋高强度混凝土"和桩墙合一的新技术；在西客站项目中，他采用了 45m 跨度重型预应力钢桁架；在首都机场项目中，采用了超长基础板，可调荷载预应力钢桁架等新技术。

除积极探索新技术外，程懋堃还不遗余力地推广新技术，如后张无粘结预应力、大直径灌柱桩、钢筋机械连接、预应力叠合板等。"北京市建筑工程研究院最赚钱的两大项目——后张无粘结预应力和钢筋机械连接，都是我帮他们推广的。"程总爽朗地笑着。位于复兴门内的中央电化教育馆是最早应用钢筋机械连接技术的，这座被称为"变形金刚"的建筑，一开始就想采用新技术，可当时国内尚无先例，大家都持谨慎态度。程总却很乐观，"钢筋机械连接技术在美国早就有了，我们为什么不能用呢，只须我们把要求定得更严一点，在做法上与国外没有两样，肯定不会有问题。"现在，随着各类高层建筑、大跨度建筑等工程的迅速发展，程总所推崇的建筑结构新技术已得到广泛应用。

低碳建筑　大有可为

建筑百年大计，安全第一，反映在设计上首当其冲就是结构。如果把建筑比喻为人体，结构就是他的骨骼。结构设计安全是所有从事结构设计与研究工作者必须面对和回答的问题。

谈到时下赞誉颇多的北京新地标建筑，程懋堃并不以为然。他强调，结构工程师的职责是，既要保证建筑物的安全，又不能太浪费。"如果将构件截面任意加大，材料用量任意增多，这个工作，建筑师也能做。"程总认为，当前国内的建筑结构设计中，有一个不容忽视的现象，就是浪费太严重。有不少钢筋混凝土高层建筑的用钢量，已远远超过国外同等高度钢结构的用钢量，其不合理可见一斑！

位于西长安街上的中国工商银行总行大楼，由美国一家著名的设计公司设计。因为在重要干道上，建筑高度有严格限制，美方的设计方案是每层高度 4m，总计 10 层。后来，程懋堃实地勘察了以后，认为在寸土寸金的长安街，如果每层设计为 3.6m 高，在总限高不变的情况下就能多盖一层楼，可多出大约 5000m² 的建筑面积，效益非常大。这能行得通吗？"只要想办法，肯定可以解决。"如管道做扁一点，对使用不会产生影响。而基础荷载是有富余的，多加一层的重量也没问题。最后市政府下发通知，采纳了程总的建议，建成后业主非常满意。

上海的环球世贸中心 492m 高，也是美国人做的结构设计，上海的专家们审查了两次都没有通过，主要就是担心超高层建筑的安全问题。"其实美国工程师在这方面的经验很多，纽约世贸中心和香港的中国银行大楼都是他们设计的。"后来业主请来全国的相关专家论证。在会上，程懋堃第一个发言，说这个工程没问题，建议通过。因为他之前仔细看了方案，安全上是很有把握的。最后终于通过了审查。

318

程总算了一笔账，我国每年大约建成 20 亿 m² 的建筑物，是世界之最，如果每平方米能节约 10kg 钢材、0.03m³ 混凝土，一年下来就能节约 2000 万 t 钢材和 1800 万 t 水泥，而这并不难做到。"在建筑结构设计领域，节约潜力是很大的。而且，生产 1t 水泥就要释放 1t 二氧化碳，生产 1t 钢铁要释放 1.6t 二氧化碳。节能减排正是建设低碳社会所提倡的。"看来，走可持续发展之路，建设低碳建筑，结构工程师大有可为。

敢为人先，是一面旗帜，一种气魄，一种力量。说到自己的大胆创举，程总解释，结构创新并不是蛮干，而是基于实践、分析、论证所产生的自信。为此，除了要具备精湛的专业知识，还必须具有其他相关知识的深厚底蕴，所以，闲暇之余，他博览群书，广泛涉猎建筑工程、文学、艺术等诸多领域，力争其设计风格以独特的创意超越平凡。"一个人的兴趣应该很广泛，搞结构设计，脑子要灵活，这样才不会因循守旧、墨守成规，也不会人云亦云、亦步亦趋。"无论是小众化的古典音乐、京戏、围棋，还是大众化的名著、武侠小说，都是程总所爱。"我家有 300 多张古典音乐的光盘，有一对很好的音箱；我的眼睛是看《西游记》近视的，《红楼梦》从头到尾已认真看过六七遍。"不过，最让他痴迷的还是自己的专业。虽然年事已高，不能再在工程一线指点江山，激扬文字，但程老依然以极大的学习热情紧跟国外先进技术的脚步。他长期订阅欧美出版的杂志，想方设法购买国外最新出版的技术书籍，并加入了美国混凝土学会、高层建筑委员会、欧洲国际桥梁与结构工程学会、英国结构工程师学会等四个外国学会，因为"这些学会能给我寄来国外最新的技术资料，我要学习人家新的概念和做法，学点新东西，希望在有生之年还能做点贡献。"也正因此，院里只要有国外工程遇到难题，同事们最先想到的一定是他。如最近院里接了一个利比亚的工程项目，在该国，英国混凝土规范和美国混凝土规范都可以用，程总帮他们解答了疑惑后，主动将自己收藏的《美国混凝土规范》等参考书借给了对方，"借我的书现在还有没还的。"程总开玩笑说。

万丈高楼平地起，建筑向高空伸展难，向地下深进更难。只有越来越多的结构工程师像程老一样，不断突破和创新，建筑才能步步高、尺尺深，才能将人类社会带往一片更加宽广的领域。

附录4 耄期不倦于勤

访全国工程设计大师程懋堃

（原文刊于《工程建设与设计》2011年第6期）

程懋堃是一个敢于负责的人却将质疑精神奉为圭臬：古人云，"读书无疑者，须教有疑，有疑者，却要无疑，到这里方是长进。"这对我们是不无裨益的，无论是治学还是研究都要敢于探索。遵循原则不等于墨守成规，规范不是圣经，不可迷信！不能盲从！

记者：在业内您是德高望重的长者，"也取得了非凡的成就。请问是怎样的机缘让您选择了这个行业的"？

程懋堃：这完全是环境使然，家父是国民政府的铁道工程师，他参与修筑了湘桂铁路和宝天铁路。1937年中日战争爆发后，家父就把我们几个孩子送到上海法租界生活。在那里比较安全，也可以受到相对良好的教育，这样他在外面工作就没有后顾之忧了。我父亲经常在外面工作，老人家的身教重于言传。当时我家里的藏书也都是关于工程建筑方面的，从小的耳濡目染让我对这个行业产生了浓厚的兴趣。

1946年，我考上了上海交通大学，顺理成章地选修土木工程系。上海交大致力于打造成东方的MIT，教学也是和麻省理工同步的。我们采用的是麻省理工的全英文教材。这也为我们在以后快速地消化吸收英美的先进技术打下了很好的语言基础。

1950年毕业后，我先是留在上海基泰建筑结构工程设计事务所工作。后来，应杨宽麟先生的邀请来到北京，在北京兴业公司建筑工程设计部任工程师。1954年底，原公私合营的北京兴业公司合并到北京市设计院，在北京市设计院一干就是60年。

记者：您用了4年的时间完成了从上海基泰建筑结构工程设计事务所到北京兴业公司再到北京市建筑院的三级跳，是什么原因让您在北京市设计院一待就是60年？

程懋堃："近朱者赤近墨者黑"，杨宽麟先生对我的影响很大。他是我父亲的好友，也是我的导师。在他的指导下我设计了王府井百货大楼、新侨饭店等。之所以能在北京市设计院待一辈子，是因为北京市设计院是个人发展的很好平台。

优秀的平台可以造就精英，现在我们院有 12 位大师。这个数字是全国最多的，我们院的实力还是相当雄厚的。打个比方，同一所大学毕业的学生，分到县级医院的学生与分到协和医院的学生是没法相比的。在小医院里做一辈子手术也难得碰到几例疑难手术，而在大医院里工作的医生，可以说，从一开始就注定了他们在专业上能走多远。现在我们院的培养模式就是让青年人在实际工作中积累经验、开阔眼界。院里很多有经验的老专家都在发挥传帮带的作用，青年人可以迅速成长为院里的中坚力量。现在我是北京市建筑设计研究院的顾问，不具体负责项目设计，但谁有了疑难问题都可以来问我。其实，不只是我们院的人来找我解决问题，还有很多不认识的人打电话来请教我，我也会给他们做解答。不是我好为人师，答疑解惑是我应尽的本分。帮别人解决了难题，我自己也很开心。

记者：一个人取得的成功经验固然重要，个人的努力也是至关重要的，您是如何通过自身的努力来实现的？

程懋堃：人生的意义就是做自己喜欢做的事，对自己所从事的事业的热爱，不必要太崇高只要认真去做就够了。我自认为就是那种热爱事业的人，从 20 几岁起我就是地道的"信徒"了。那个时候，我还没有结婚也没有什么负担，几乎每个星期天都骑车到王府井的新华书店去看书。技术知识一旦钻进去就乐趣无穷，读书也成了我的一种嗜好。

1957 年我被打成右派，下放到农场去劳动。有一次领队说："有一本技术书谁要买，到我这儿来登记。"当时没有人举手，其实大家心里都想买，可都不敢举手。下放劳动就是要你改造世界观的，谁还有胆量提出来看书？可我这个人就是硬骨头。既然领队提出来了，我想买就第一个举手。当时，领队狠狠地瞪了我一眼，其他的人看我举手了也都跟着举手。领队也没办法了，我们这些人也赢得了小小的胜利。

不是读书成瘾，不学习就要落后。现在我是美国混凝土学会、高层建筑委员会、欧洲国际桥梁与结构工程学会和英国结构工程师学会这 4 个学会的会员。交了年费他们会给我寄来我订购的英文专业书籍。

记者：您说您是程大胆，能谈谈"程大胆"的由来吗？

程懋堃："程大胆"是我们行业里的人给我取的绰号，我这个大胆是有章可循的。第一，遇事要有担当敢承担，要有自己的见解。1956 年，在建建外外交公寓的时候，做 5.4m 的预制板没有钢材，面临着停工的危险。当时我们国家钢的年产量只有 $500 \times 10^4 t$，钢材非常地紧张。施工单位说他们能找到一些钢筋短头，和我商量能不能用这些短头焊接起来用。后来看了他们的焊接工艺之后，就大胆地用了短头钢筋焊接的钢筋做预制板。过去规范规定 1 根钢筋只能用 1 个焊接头，建外的外交公寓的预制板钢筋可能有 3～4 个接头。这在某种程度上我是"犯规"了，可我为国家避免了财产损失。很多人会在得失上权衡利弊，毕竟损

321

失是国家的责任是个人的。尤其是在外事工程上，这要承担政治风险的，这需要胆量也需要魄力。

第二，对知识的信仰不等于迷信，不要迷信权威、书本。我参与编制了很多行业规范，不仅是规范的维护者，也是规范的"破坏者"。规范不是圣经也不能一成不变，国家的宪法还要做修改呢。行业规范分别在 1974 年、1989 年、2002 年和 2010 年做了四次修订。1989 年制定的规范中有些规范是不合理的，我就联系外省市 7 个院的人来北京开会。我们 8 个院联名提出修改意见送到主管部门。我们 8 个院被称为"八国联军"进北京，我是"八国联军"的司令。另外，我在我编写的规范里面，也有我认为正确而不合"规范"的，我会坚持我认为是正确的东西。

第三，艺高才能人胆大，这是基于实践、分析、论证所产生的自信。20 世纪 80 年代末，我国高层住宅刚刚兴起，首座高层住宅是在房山区建的，地下室的墙面出现了问题，墙体出现蜂窝麻面和"狗洞"，这个工作事故可能会导致整个大楼被拆除。我去现场诊断，用锤子敲了敲墙体听了听回音，果断地对施工方说可以补救不需要拆除，这样挽救了一个建筑公司，也为国家节约了财产。科学是严谨的，大胆也不是盲目的。我平时去工地，有时用锤子到处敲打。在敲敲打打多了我才能辨别出强度有没有问题，一锤子下去才能举重若轻。

记者：您两度提到了节约材料，您是如何理解"低碳"理念的？

程懋堃：建筑理念保守是浪费的源头，低碳的精髓就是节约。少用些钢筋，少用些水泥，自然而然地就绿色低碳了。结构做到恰到好处就可以。过多的保守只能是大自然的负担，要知道烧制 1t 水泥要排放 1t 的 CO_2。我国建设高层钢筋混凝土建筑，用钢量比美国同样条件的钢结构建筑用钢量还要多，我在 2006 年《建筑结构》杂志上曾写过文章谈到此事。

后记：

师者，所以传道授业解惑也。为人之师，程老对于求知者的教诲让人如沐春风。程老自己却始终以"学者"的身份去探究学问，成就了他在专业领域的高深造诣。家庭的熏陶固然重要，个人的奋进更是必不可少。程老很谦和，在谈及自己取得的成就时程老总是那么的淡然，在说到做学问他又保持着孩童般的新奇。

老牛自知黄昏晚，不用扬鞭自奋蹄。一位八旬老人依然与时俱进走在科技的前沿，仍然躬身修改英文目次，这种孜孜不倦的精神让人高山仰止。